西北工业大学专著出版基金资助项目

风力机设计理论与结构动力学

廖明夫　宋文萍　王四季　王俨剀　等编著

西北工业大学出版社

【内容简介】 本书深入地介绍了风湍流理论和湍流模型,系统地论述了翼型理论、设计和实验方法。本书引入动态人流理论,分析了非稳态流动条件下风力机的载荷;建立了风力机整机动力学模型,介绍了模态分析方法和系统仿真方法,并结合风力机结构动力学,分析了控制策略的稳定性;介绍了风电场 SCADA 系统,阐述了叶轮动平衡理论以及风力机不对中产生的机理,并给出了实例。

本书包含了笔者在风电领域研究和研发多年的成果和经验。特别是风力机的翼型设计、气动和结构设计、载荷计算、稳定性分析、风电场监测、现场动平衡等方面的内容,可直接作为风电工程师的设计指南。另外,本书中包含大量的图、表和数据,与正文文字相得益彰,有助于读者理解掌握。

本书可用作风电机组设计师的指导书、风电专业的教科书,也宜作为参考书,供风电技术人员使用。

图书在版编目(CIP)数据

风力机设计理论与结构动力学/廖明夫等编著 . —西安:西北工业大学出版社,2013.12
ISBN 978 - 7 - 5612 - 3899 - 8

Ⅰ.①风… Ⅱ.①廖… Ⅲ.①风力发电机—设计—理论研究②风力发电机—结构动力学—研究 Ⅳ.①TM315

中国版本图书馆 CIP 数据核字(2014)第 012932 号

出版发行:西北工业大学出版社
通信地址:西安市友谊西路 127 号   邮编:710072
电　　话:(029)88493844　88491757
网　　址:www.nwpup.com
印 刷 者:陕西向阳印务有限公司
开　　本:727 mm×960 mm　　1/16
印　　张:20.75
字　　数:372 千字
版　　次:2014 年 2 月第 1 版　2014 年 2 月第 1 次印刷
定　　价:55.00 元

前　　言

　　风能利用的高速发展,引起全球的关注。我国在短短几年间,跃居风电装机容量全球第一,在世界十大风电机组制造商中,我国有四家。但对于这一新兴的交叉学科领域,我国在人才、技术、装备等方面基础薄弱,风电机组的自主设计仍然是我国风电行业的"短板",急需从理论、方法、经验以及学科交叉的角度提供指导和支持。

　　另外,风电机组单机容量和尺寸也在快速增大,从 20 年前单机额定功率约 600 kW、叶轮直径约 50 m 增大到今天的单机容量为 6.5 MW、叶轮直径约为 150 m 的规模。结构柔性加大,流构耦合效应更加突出,气流非稳态流动的影响增大,结构与控制系统之间、子结构与子结构之间、机组与电网之间耦合增强。这些变化给大型风电机组的设计、运行和维护带来了空前的困难。

　　为此,笔者在长期从事风力发电技术人才培养和科学研究的基础上撰写《风力机设计理论与结构动力学》专著,旨在为风电机组设计人员提供设计参考,为风电专业教育提供专业教材,以抛砖引玉,稍缓当前行业之急需。

　　本书深入地介绍了风特性、湍流理论和湍流模型,为非稳态流动条件下风力机载荷分析奠定基础。湍流是风的特性之一,也是在风力机上产生动载荷的主要来源。我国地域辽阔,风况多变,风湍流的形式可能会不同。因此,不同地域运行的风电机组所受的动态载荷可能差别较大。设计风力机时,应运用对应的湍流模型,预估载荷。若干学者正在研究风湍流,拟针对我国典型风况,建立相应的湍流模型。国际标准 IEC 61400—1:Design Requirements—2005 推荐使用 Mann 模型。Mann 模型涉及的理论非常复杂,一般的设计人员难于理解,应用时也难于入手。为此,本书对 Mann 模型进行了深入的分析,详细研究了 Mann 模型的推导过程和求解步骤,以支持对 Mann 模型的理解和运用,有助于改进湍流模型。

　　我国一直无支撑风力机叶片设计的翼型族。西北工业大学 乔志德 教授和宋文萍教授在"863"项目支持之下,研制出我国第一套风力机叶片翼型族。本书以此成果为基础,系统地论述翼型理论、翼型设计和实验方法、不同翼型的特点以及应用。

当进行风力机设计时,一般情况下,采用稳态动量-叶素理论(Betz 和 Schmitz 理论,或者 Glauert 理论)进行风力机的气动设计和载荷计算。这对于中、小型风电机组是合适的。但对于大型风电机组,叶片在风载荷作用下,变形很大,非稳态流动的影响不能忽略。另外,在变工况过程中(如偏航、变桨等),风的非稳态特性更加突出,作用在叶片上的动载荷会很大,利用经典的动量-叶素法计算载荷不完全适合。因此,本书在介绍稳态动量-叶素理论的基础上,引入动态入流理论,以分析非稳态流动条件下风力机的载荷,并与美国可再生能源实验室的测试结果进行比较。从结果可以看出,非稳态流动的影响确实是明显的,在载荷分析中应予以考虑。

近年来,大型风电机组故障率较高,而振动故障是其中主要故障之一。笔者在15 个风电场对 60 多台风电机组进行了振动测试和诊断。测试和诊断结果说明,结构动力学设计以及结构动力学与控制耦合设计必须要贯彻到风电机组的设计之中。为此,本书建立了风力机整机和主要部件的动力学模型,介绍了模态分析方法和系统仿真方法,阐述了变桨变速风力机的控制策略,并与风力机结构动力学相结合,分析了控制策略的稳定性,列举了力矩控制和偏航控制引起的风力机失稳振动实例。这些内容都是风力机控制系统设计的要点。

针对风电机组的运行和维护,介绍了风电场 SCADA 系统的原理和设计,提出了利用变桨信号和转速信号监测风电机组振动故障的方法,详细阐述了风力机叶轮动平衡理论,以实例说明了叶轮现场动平衡的步骤和效果。轴系不对中是大型风电机组频发的严重故障。齿轮箱和发电机故障很大一部分是由不对中引起的。本书全面剖析了不对中产生的原因,分析了多爪弹性联轴器的受力和变形,揭示了风力机不对中的振动特征,并给出了诊断实例。

本书包含了笔者在风电领域教学、研究和研发多年的成果和经验,特别是风力机的翼型设计、气动和结构设计、载荷计算、稳定性分析、风电场监测、现场动平衡等方面的内容,可直接作为风电工程师的设计指南。另外,书中包含大量的图、表和数据,与正文文字相得益彰,章节相对独立,有助于读者理解掌握。本书可用作风电机组设计师的指导书、风电专业的教科书,也宜作为参考书,供风电技术研究人员使用。

本书共分 8 章,各章的内容安排如下:

第 1 章介绍了风特性,特别是对风湍流理论进行了详细论述。湍流模型是描述风特性的重要手段。在国际标准 IEC 61400—1 中推荐了三种湍流模型。本章系统地解读了这三种湍流模型,对其中的 Mann 模型进行了深入的分析,详细研究了推导过程和求解步骤,并发现和更正了国际标准 IEC 61400—1 中的错误,以支持对 Mann 模型的理解和运用。

第 2 章介绍了风力机翼型的设计。翼型是风力机叶片设计的基础。本章首先介绍翼型空气动力学的基础知识,包括翼型的几何定义和主要气动参数、翼型的分类与性能特征、翼型的基本技术要求、翼型气动特性与几何特性的关系,描述风力机翼型相对于传统航空翼型的特殊性和国外已有的风力机翼型及新风力机翼型的特点,阐述目前发展的风力机翼型气动特性分析方法与设计方法。最后介绍了NPU‐WA 风力机翼型族的设计、风洞实验和性能指标。该翼型族是在本章笔者承担的"十一五"国家高技术研究发展计划目标导向类项目《先进风力机翼型族的设计与实验研究》中,以 乔志德 教授为主专门针对兆瓦级风力机叶片设计的翼型族。

第 3 章介绍了风力机的动量‐叶素设计方法,论述 Betz 和 Schmitz 理论,这是风力机设计的基础。

第 4 章针对大型风力机,提出了对动量‐叶素理论的修正,以用于偏航状态和考虑动态入流的气动载荷计算。考虑了非稳态的气流流动以及尾迹效应,计算结果与美国可再生能源国家实验室的实验结果进行了对比,便于读者理解和应用。

第 5 章和第 6 章运用传递矩阵法对风力机进行建模和模态分析,为风力机结构动力学设计提供方法和工具。

第 7 章描述了风力机的控制策略和方法。把控制策略与结构动力学相结合,分析系统的稳定性,以指导控制系统的设计。

第 8 章介绍了风电场监控系统(SCADA 系统)的设计、风力机现场动平衡技术以及风力机不对中故障的机理和治理方法,并列举实例加以说明。

本书前言由廖明夫撰写。第 1 章由廖明夫、赵文超、刘前智编写。第 2 章由宋文萍、韩忠华、余雷、刘俊编写。第 3 章、第 4 章、第 5 章和第 6 章由廖明夫、黄巍、王四季、王俨剀、董礼编写。第 7 章和第 8 章由廖明夫、马振国、吕品、王四季、王俨剀、宋晓萍、杨伸记编写。廖明夫对全书进行了统编和校对。尹尧杰负责最终的统稿、校对和图、表修正。本书有关 NPU－WA 翼型族设计的主要内容是在 乔志德 教授的专著、论文、科研报告、讲座演讲稿的基础上，结合笔者的研究休会撰写的。谨以此书表达对乔老师的深切怀念。

在编写过程中，R. Gasch 教授、贺德馨教授和施鹏飞教授给予了很多帮助和支持，在此表示特别的感谢。笔者感谢西北工业大学、柏林工业大学旋转机械与风能装置测控研究所以及风力机翼型设计"863"课题组的全体同仁。

感谢国家技术研究发展计划课题 2007AA052448 和 2012AA051301 的支持，感谢美国可再生能源实验室（NREL）提供的实验测试数据。最后感谢西北工业大学出版社的大力支持！

因编写时间仓促，水平有限，书中不当之处，恳请读者谅解和指正。

编著者
2013 年 7 月

目　　录

第1章 风资源与风湍流

正确了解风特性是风电项目规划与风力机设计的基础。湍流是风的特性之一，也是在风力机上产生动载荷的主要原因。我国区域辽阔，风况多变，风湍流的形式可能会不同。因此，不同区域运行的风力发电机组（简称风电机组）所受的动态载荷可能差别较大。设计风力机时，应运用对应的湍流模型，预估载荷。若干学者正在研究风湍流，拟针对我国典型风况，建立对应的湍流模型。国际标准 IEC 61400—1：Design Requirements—2005 推荐使用 Mann 模型。Mann 模型涉及的理论非常复杂，一般的设计人员难于理解，应用时也难于入手。

为此，本章深入地介绍了风特性、湍流理论和湍流模型，对 Mann 模型进行了深入的分析，详细研究了推导过程和求解步骤，以支持对 Mann 模型的理解和运用。在本章中，首先论述风的形成、风系；其次阐述大气附面层内平均风速的特性，包括风切变、平均风速的分布和风向分布；然后介绍脉动风速的特征，包括风湍流时间相关、空间相关和风功率谱等；最后，总结风能工程中常见的风湍流模型，并对 von Karman 各向同性模型和 Mann 模型中所涉及的流体力学基本理论和谱张量表达式推导过程作了详细论述。

1.1 风 的 形 成

1.1.1 风形成的原因

在相同高度上，两点之间的大气压差是形成空气流动的原因。而大气压差主要是由于大气层中不同时间和空间内空气所接受的太阳辐射强度不同造成的。受到地理纬度、下垫面物理属性等因素的影响，地球表面接受到的太阳辐射是不均匀的，使得空气的加热不均匀，从而产生了温度差和压力差。单位距离间的气压差叫作气压梯度，气压梯度力是由大气压差产生的力，并且方向始终指向低压区。

由于地球自转的存在，因此空气还受到科氏力的作用，科氏力也称为地球偏旋转力。在科氏力作用下，北半球气流向右侧偏转，而南半球的气流始终向左偏转[1]。这样，风向并不是完全沿气压梯度力的方向，而是要发生一定的偏转。大气真实运动是这两种力影响的结果。

自由大气中,如果等压线是直线,那么当气压梯度力和地转偏向力相平衡时,空气运动将沿着等压线方向作水平等速直线运动,这种空气运动称为地转风。地转风是平衡运动,它受到的合外力等于零,没有加速度。

自由大气中,如果等压线是曲线,那么当水平气压梯度力、地转偏向力、惯性离心力这三个力达到平衡时,空气水平运动称为梯度风。风沿等压曲线作惯性等速曲线运动[1-3,5-6]。

1.1.2 大气环流

大气环流,一般是指大范围的大气运行现象,既包括平均状态,也包括瞬时现象。其水平尺度是最大的,在数千千米;垂直尺度在 10 km 以上;时间尺度是最长的,在数天以上。通常认为影响大气环流的主要因素有太阳辐射、地球自转、海陆分布不均匀等。

大气环流的主要表现:全球尺度的东西风带、三圈环流[2](哈得莱环流、费雷尔环流和极地环流)、定常分布的平均槽脊、高空急流以及西风带中的大型扰动等。大气环流既是地-气系统进行热量、水分、角动量等物理量交换以及能量交换的重要机制,也是这些物理量的输送、平衡和转换的重要结果。

三圈环流又称为行星风系。地球上的风带和湍流是由三圈环流所推动的。三圈环流在地面附近的流场上形成了低纬度东北信风带、中纬度信风带及高纬度东北风带。而在高空流场中,形成了低纬度西风带、中纬度东风带和高纬度西风带,如图 1-1 所示。三圈环流是一个理想化的模型,实际的环流要比三圈环流理想模型复杂得多。另外,在高空流场中,都是西风占据主导风向[1-3,5-6]。

1.1.3 季风和局地环流[1-3,5-6]

大气环流是全球尺度上的大气循环。季风和局地环流则属于区域性的大气环流。季风和局地环流对风能利用有重要影响,必须加以了解。

1. 季风

大范围风向随季节而有规律改变的盛行风称为季风。季风主要是由于海陆热力差、行星季风和高原的地形作用引起的,并形成了海陆季风、行星季风。青藏高原夏季的热源作用和冬季的冷源作用对维持和加强南亚季风起到了重要的作用。

我国是一个季风型气候国家,主要受到东亚季风的影响。东亚季风的夏季风主要特征是高温、潮湿、多阴雨、来临慢;冬季风的特征是来临快、强度大、大风、干冷等。

2. 海陆风

海陆风是由海面和陆地之间的昼夜热力差异而引起的。白天由海面吹向陆地的风,称为"海风";夜间由陆地吹向海面的风,称为"陆风"。海陆风是以一天为周期进行变化的。

海陆风的强度在海岸线附近最大。随着远离海岸线,海陆风的强度逐渐减小。海风的风速一般比陆风的要大,可达 4~7 m/s,而陆风一般只有 2 m/s 左右。在低纬度地区,日照射比较强,因此,海风比较明显,特别是在夏季。

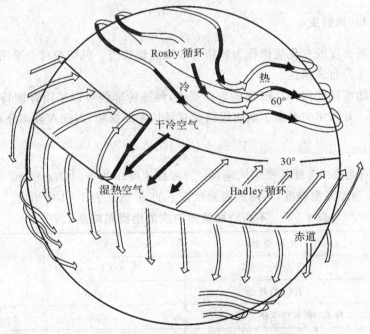

图 1-1　全球风系[3]

3. 山谷风

山谷风的形成原理跟海陆风是类似的。白天,山坡接受太阳光热较多,成为一只小小的"加热炉",空气增温较多;而山谷上空,同高度上的空气因离地较远,增温较少。于是山坡上的暖空气不断上升,并在上层从山坡流向谷底,谷底的空气则沿山坡向山顶补充,这样便在山坡与山谷之间形成一个热力环流。下层风由谷底吹向山坡,称为谷风。到了夜间,山坡上的空气受山坡辐射冷却影响,"加热炉"变成了"冷却器",空气降温较多;而谷地上空,同高度的空气因离地面较远,降温较少。于是,山坡上的冷空气因密度大,顺山坡流入谷地,谷底的空气因汇合而上升,并从上面向山顶上空流去,形成与白天相反的热力环流。

谷风的平均速度约为 2~4 m/s,有时可达 7~10 m/s。谷风通过山隘的时候,风速加大。山风比谷风风速小一些,但在峡谷中,风力加强。谷风所达厚度一般约在谷底以上 500~1 000 m,这一厚度会随气层不稳定程度的增加而增大。

1.2 平均风速特性

1.2.1 风切变

风速随高度的变化规律称为风切变或风速轮廓线。风切变可以采用对数律分布或指数律分布来描述。

在离地面高度为 100 m 内的表面层中,风速轮廓线可以采用普朗特对数律分布来描述。对数律中考虑了地面粗糙度对风切变的影响,因此对数律分布为[6]

$$V(z) = \left(\frac{u_*}{\kappa}\right) \ln \left(\frac{z}{z_0}\right) \tag{1-1}$$

式中,$V(z)$ 为高度 z 处的平均风速;u_* 为摩擦速度;κ 为卡门(Karman)常数,一般取 0.4;z_0 为地面粗糙度,不同地表面状态下的 z_0 值在表 1-1 中给出。

表 1-1 不同地面类型对应的地面粗糙度 z_0[1,5]

地面类型	z_0/m
平静的水面	0.000 1 ~ 0.001
开阔的耕地	0.03
乔木、灌木较少的草原、荒原	0.1
森林	0.3 ~ 1.6
建筑物较多的郊区	1.5
城市中心	2.0

如果已知地面粗糙度 z_0,把高度 z_1 和 z_2 分别代入式(1-1),则可得到高度 z_2 处 V_2 的表达式:

$$V_2(z_2) = V_1(z_1) \frac{\ln (z_2/z_0)}{\ln (z_1/z_0)} \tag{1-2}$$

工程科学数据库(ESDU)给出了一个适合于离地高度 $z = 300$ m 内的风轮廓线[7]:

$$V(z) = \left(\frac{u_*}{\kappa}\right) \left[\ln\left(\frac{z}{z_0}\right) + 34.5 fz/u_*\right] \tag{1-3}$$

式中，$f = 2\Omega\sin\phi$（Ω 为地球自转角速度，$\Omega = 7.27 \times 10^{-5}$ rad/s，ϕ 为地理纬度），一般情况下，取 $f = 10^{-4}$ s^{-1}。

指数分布律，又称赫尔曼指数公式，计算风切变时比较简单。赫尔曼的指数公式：

$$\frac{V_1(z_1)}{V_2(z_2)} = \left(\frac{z_1}{z_2}\right)^\alpha \tag{1-4}$$

式中，$V_1(z_1)$ 和 $V_2(z_2)$ 分别为高度 z_1 和 z_2 处的风速。风切变指数 α 的取值与高度 z、地面粗糙度、大气层以及地貌有关[4]。在我国建筑结构载荷规范中将地貌分为 A，B，C，D 四类，每一类地貌都有对应的 α 的取值[8]。因此，测量得到的 α 值只适用于所测量的风场以及高度 z_1 和 z_2，不宜用于另外的高度。因此，式（1-4）的应用受到局限。IEC 标准中认为 $\alpha = 0.2$[9]。

1.2.2 平均风速分布

平均风速的分布可以用概率论中的概率密度函数及累计分布函数来表示。概率密度函数 $p(V)$ 可用于描述平均风速的概率分布；累计分布函数 $P(V)$ 可用于描述平均风速的累计分布：

$$p(V) = \frac{\mathrm{d}P(V)}{\mathrm{d}V} \tag{1-5}$$

在风能工程领域，一般采用 Weibull 分布函数来描述风频分布 $p(V)$。Weibull 分布函数的数学表达式为

$$P(V) = 1 - \exp\left[-\left(\frac{V}{A}\right)^k\right] \tag{1-6}$$

Weibull 分布的概率密度函数可表示为

$$p(V) = \frac{k}{A}\left(\frac{V}{A}\right)^{k-1} \exp\left[-\left(\frac{V}{A}\right)^k\right] \tag{1-7}$$

式中，A 为尺度因子，是平均风速 V 的度量；k 为形状因子，用于描述分布曲线的形状，代表不同的气候和地貌特征。如果风速相对均值波动小，则 k 值较大；若波动大，则 k 值小。

平均风速 V 与 A 和 k 的关系可近似表达为

$$V \approx A\left(0.568 + \frac{0.434}{k}\right)^{1/k} \tag{1-8}$$

当 $k = 1.5 \sim 4.0$ 时，式（1-8）近似为 $V \approx 0.9A$。

当风场规划时,了解风向分布很重要。根据风向分布布置风机的微观地址,可以使风机的尾流相互影响减小。风向分布可以用风向玫瑰图的形式来表达,在风向玫瑰图中,各方位的辐射线长度代表风向频度。风向玫瑰图也可以按不同的风速等级来绘制,一般将风速等级定为 $0 \sim 2$ m/s,$2 \sim 4$ m/s,$4 \sim 8$ m/s 和大于 8 m/s 四个区间。

1.3 脉动风速的特性

大气湍流脉动风速的发生机理可以分为动力学机理和热力学机理两大类。前者主要从大尺度剪切流中获取能量,后者则主要由热对流引起[10],通常情况下,动力和热力同时起作用。大气边界层平均场的稳定性对于研究大气湍流的发生具有非常重要的意义。

1.3.1 湍流强度

一段时间 T 内的平均风速为

$$V = \frac{1}{T} \int_0^T v(t) \, \mathrm{d}t \qquad (1-9)$$

其均方值(方差)为

$$\sigma^2 = \frac{1}{T} \int_0^T \left[v(t) - V \right]^2 \mathrm{d}t \qquad (1-10)$$

均方值是风速波动程度的度量。

湍流强度 I 定义为脉动风速均方根值与平均风速之比:

$$I = \frac{\sigma}{V} \qquad (1-11)$$

式中,V 为平均风速,一般指 10 min(即 600 s)的平均风速。由于不同平均时间的长度会影响湍流均方值,所以使用时要说明平均风速与均方值是由多长平均时间得到的。

一般将平均风速方向定义为风速的纵向分量,在水平面内与纵向分量垂直的分量称为横向;而将垂直方向的分量称为竖向。由定义可知,三个分量的湍流强度的定义分别为

$$I_u = \frac{\sigma_u}{V}, \quad I_v = \frac{\sigma_v}{V}, \quad I_w = \frac{\sigma_w}{V} \qquad (1-12)$$

式中,u 为风速的纵向分量;v 为风速的横向分量;w 为风速的竖向分量。

在大气附面层的地表层中(离地面高度 $z \leqslant 100$ m 范围内),三个风速分量的

湍流均方根值是不同的。一般地,有 $\sigma_u > \sigma_v > \sigma_w$。在风工程中,重点研究的是纵向分量 σ_u,其他两个分量的湍流方差以纵向分量 σ_u 的百分数形式给出。在参考文献[8—9]和参考文献[11—12]中,都给出了关于湍流强度的计算公式。当使用这些公式时,要注意其使用范围。

湍流方差及湍流强度的概念在风场模拟和载荷计算时极为重要,它们是模拟脉动风场的关键参数。国际标准 IEC 61400—1 针对不同的风力机设计要求,给出了不同的计算方法。

1.3.2 湍流相关性

在本小节中,将湍流统计学中的基本理论用于脉动风速的分析中,介绍时间相关函数、空间相关函数和相干函数在描述脉动风速中的具体应用。

1. 时间相关函数与各态历经定律

时间相关函数是具有零均值的随机变量脉动项 x 在 t 时刻和 $t+\tau$ 时刻乘积的平均值作为延迟时间 τ 的函数。它是脉动项 $x(t)$ 与延迟后 $x(t+\tau)$ 之间相似性的度量,表示为

$$R_{xx}(t,t+\tau) = E(x(t)x(t+\tau)) \tag{1-13}$$

自相关系数可以用于描述随机变量相关性的大小,其表达式为

$$\rho_{xx}(\tau) = \frac{E(x(t)x(t+\tau))}{\sigma_x^2} \tag{1-14}$$

互相关函数是指具有零均值的两个随机变量 x 及 z 在 t 时刻和 $t+\tau$ 时刻乘积的平均值作为延迟时间 τ 的函数。它是随机量 $x(t)$ 与延迟后的随机量 $z(t+\tau)$ 之间相似性的度量,表示为

$$R_{xz}(t,t+\tau) = E(x(t)z(t+\tau)) \tag{1-15}$$

互相关系数定义为

$$\dot{\rho}_{xz}(t,t+\tau) = \frac{E(x(t)z(t+\tau))}{\sigma_x \sigma_z} \tag{1-16}$$

以风速脉动分量为例,在构造分量 u 与 w 的互相关函数 $E(u(t)w(t+\tau))$ 后,可得到互相关系数为

$$\rho_{uw}(\tau) = \frac{E(u(t)w(t+\tau))}{\sigma_u \sigma_w} \tag{1-17}$$

互相关系数 ρ_{uw} 的绝对值越小,表示这两个时刻上随机变量 u 与 w 在统计学上的联系越小;反之,则表示在统计学上的联系越紧密。

一般情况下,假设脉动风速是平稳过程,即有下式成立:

$$R_{uu}(t,t+\tau) = R_{uu}(\tau) \tag{1-18}$$

式(1-18)是平稳过程各态历经定理。也就是说,脉动风速的相关函数 $R_{uu}(t, \tau)$ 只和时间间隔有关。这意味着在一段时间脉动风速中,脉动风速分量 u, v, w 几乎取尽了所有可能出现的值。根据各态历经定律,平稳风速过程的系统平均值可以用一次实验或一段长时间模拟风速的时间平均值来代替。

2. 空间相关函数与空间平稳过程

空间相关函数指的是具有零均值的随机变量 x 在不同位置 r_1 和 r_2 乘积的平均值作为空间距离 $\xi = |r_1 - r_2|$ 的函数。它是随机量 $x(r_1)$ 与相距 $\xi = |r_1 - r_2|$ 的随机量 $x(r_1 + \xi)$ 之间相似性的度量。相关函数可写作:

$$R_{xx}(r_1, r_2) = E(x(r_1)x(r_2)) \tag{1-19}$$

类似的,空间自相关系数可表示为

$$\rho_{xx}(r_1, r_2) = \frac{E(x(r_1)x(r_2))}{\sigma_x^2} \tag{1-20}$$

空间互相关函数及互相关系数的定义与空间自相关函数的定义类似,在这里不再赘述。

一般地,假设脉动风速是空间平稳随机过程。也就是说,空间脉动风速的空间相关函数只与两点的相对位置有关,而与两点本身的空间位置无关,即

$$R_{xx}(r_1, r_2) = R_{xx}(\xi) \tag{1-21}$$

成立。

式(1-21)中的 ξ 表示空间两点的相对位置。空间平稳态的湍流也称为均匀湍流。

3. 泰勒(Taylor)冻结假设

假设风湍流在空间是均匀的,Taylor 认为,当平均流动速度 V 较大时,即纵向湍流脉动速度 $u \ll V$ 时,湍流场好像被"冻结"了一样,以平均速度 V 平移。

在 Taylor 假设下,有如下的时空对应关系:

$$u(t) = u\left(\frac{x}{V}\right) \quad \text{或} \quad u(x) = u(Vt) \tag{1-22}$$

式中, u 为纵向脉动风速。

通常 Taylor 冻结假设用于把湍流速度的时间序列转换为空间序列。在工程实际中,通常采用测量单点脉动风速,获得其时间相关函数,再转换成空间相关函数。Taylor 冻结假设将频率谱和波数谱联系了起来。在后文的 Mann 模型中,用到了 Taylor 冻结假设。不过,Mann 模型中使用的是 Taylor 冻结假设的推广,即将空间相关函数转化为时间相关函数,使 Mann 模型适合于高风速的情况。

1.3.3 风湍流中的谱

1. 频谱

时间相关函数的傅里叶变换称为对应相关变量的频谱。在脉动风速中,二阶脉动分量 u 的相关函数 $R_{uu}(\tau)$ 可以转换到频率空间的脉动速度频谱:

$$S_{uu}(f) = \frac{1}{2\pi} \int_{-\infty}^{\infty} R_{uu}(\tau) \exp(-if\tau) \mathrm{d}\tau \qquad (1-23)$$

式(1-23)的逆变换为

$$R_{uu}(\tau) = \int_{-\infty}^{\infty} S_{uu}(f) \exp(if\tau) \mathrm{d}f \qquad (1-24)$$

令 $\tau = 0$,则 $R_{uu}(0) = \sigma_u^2$,式(1-24)变为 $R_{uu}(0) = \int_{-\infty}^{\infty} S_{uu}(f) \mathrm{d}f$,则可得

$$\sigma_u^2 = \int_{-\infty}^{\infty} S_{uu}(f) \mathrm{d}f \qquad (1-25)$$

式中,$S_{uu}(f)$ 为脉动速度的自谱,也称功率谱。具有式(1-25)性质的功率谱 $S_{uu}(f)$ 称为双边谱。

2. 波谱

空间相关函数的傅里叶变换称为对应相关变量的波数谱,简称波谱。在脉动风速中,分量 u 空间相关函数的二阶相关函数 $R_{uu}(\boldsymbol{\xi})$ 的波谱为

$$\Phi_{uu}(\boldsymbol{k}) = \frac{1}{(2\pi)^3} \int_{-\infty}^{\infty} \int_{-\infty}^{\infty} \int_{-\infty}^{\infty} R_{uu}(\boldsymbol{\xi}) \exp(-i\boldsymbol{k} \cdot \boldsymbol{\xi}) \mathrm{d}\xi_1 \mathrm{d}\xi_2 \mathrm{d}\xi_3 \qquad (1-26)$$

利用逆变换,可得

$$R_{uu}(\boldsymbol{\xi}) = \int_{-\infty}^{\infty} \int_{-\infty}^{\infty} \int_{-\infty}^{\infty} \Phi_{uu}(\boldsymbol{k}) \exp(i\boldsymbol{k} \cdot \boldsymbol{\xi}) \mathrm{d}k_1 \mathrm{d}k_2 \mathrm{d}k_3 \qquad (1-27)$$

同样的,令 $\boldsymbol{\xi} = \boldsymbol{0}$,有

$$\sigma_u^2 = \int_{-\infty}^{\infty} \int_{-\infty}^{\infty} \int_{-\infty}^{\infty} \Phi_{uu}(\boldsymbol{k}) \mathrm{d}k_1 \mathrm{d}k_2 \mathrm{d}k_3 \qquad (1-28)$$

3. 相干函数

在频率中,脉动风速的相关性可以用相干函数来表示。相干函数的频率和间距的函数,定义为

$$\mathrm{Coh}(r, f) = \frac{|S_{ij}(f)|}{\sqrt{S_{ii}(f)S_{jj}(f)}} \qquad (1-29)$$

式中,r 为空间两点的距离;f 为频率;$S_{ij}(f)$ 为间距为 r 的空间两点互功率谱;$S_{ii}(f)$,$S_{jj}(f)$ 分别为两点的自功率谱。

达文波特(Davenport)和泊诺夫斯基(Panofsky)给出了空间相干函数的表达

式[13-14]。当使用这些相干函数时,要注意其使用条件。特别需要注意的是,该相干函数是哪个分量哪个方向的相干函数。

当进行三维风场的模拟时,相干函数是非常重要的,它描述了空间不同点的相互关系。

1.4 湍流模型及湍流理论

1.4.1 von Karman 湍流模型

在本小节中,将结合各向同性湍流谱张量及 von Karman 能谱,着重介绍各向同性风湍流模型的推导过程,以及由于各向同性假设带来的局限性。首先,将给出均匀湍流场和各向同性湍流场的定义;接着,推导各向同性速度谱张量的表达式;最后,结合 von Karman 能谱,给出各向同性谱张量的功率谱、方差的表达式,并给出这一模型的不足之处。

1. 均匀湍流场和各向同性湍流场

均匀湍流场是指当空间任意 n 个点构成的空间几何构型平移时,脉动速度的任意 n 阶统计相关函数的值不变;而各向同性湍流场是指,当空间任意 n 个点构成的空间几何构型平移和转动时,脉动速度的任意 n 阶统计相关函数的值不变。由定义可知,均匀湍流指脉动速度的任意阶的统计相关与坐标系的平移无关;而均匀各向同性湍流可以表述为脉动速度的任意阶的统计相关与坐标系的平移和刚性转动无关。

2. 不可压各向同性湍流场的速度谱张量[15]

物理空间中各向同性湍流场在谱空间中也是各向同性的。它的二阶速度谱张量函数有如下的形式:

$$\Phi_{ij}(\boldsymbol{k}) = F(k)k_i k_j + G(k)\delta_{ij} \tag{1-30}$$

式中,$F(k)$ 与 $G(k)$ 均为波数 k 的任一偶函数;k 为波数幅值。

根据连续方程,不可压均匀湍流场的速度谱张量具有如下的性质:

$$k_i \Phi_{ij}(\boldsymbol{k}) = k_j \Phi_{ij}(\boldsymbol{k}) = 0 \tag{1-31}$$

将式(1-31)应用到式(1-30)中,得

$$G(k) = -k^2 F(k) \tag{1-32}$$

由式(1-32)可知,不可压各向同性湍流场中的二阶速度谱张量只有一个独立函数,式(1-30)可改写为

$$\Phi_{ij}(\boldsymbol{k}) = (k_i k_j - \delta_{ij} k^2) F(k) \tag{1-33}$$

由式(1-33)可知,湍流动能谱只是波数幅值的函数,与波数方向无关。

$\Phi_{ii}(\boldsymbol{k})/2$ 是脉动能谱,它在谱空间中是球对称的,其表达式为

$$\Phi_{ii}(\boldsymbol{k})/2 = -k^2 F(k) \tag{1-34}$$

将式(1-34)在波数空间的球面上进行积分,就可以得到湍流动能谱在 k 到 $k+\mathrm{d}k$ 范围内的分布,即能谱 $E(k)$。简化后可以得到能谱的表达式:

$$E(k) = -4\pi k^2 F(k) \tag{1-35}$$

将式(1-35)代入式(1-30)中,可得速度谱张量为[15]

$$\Phi_{ij}(\boldsymbol{k}) = \frac{E(k)}{4\pi k^2}(\delta_{ij}k^2 - k_i k_j) \tag{1-36}$$

由式(1-36)可知,只要给定各向同性均匀湍流的能谱,就可以计算各向同性湍流的任意二阶谱张量。

3. von Karman 能谱[16]

1948 年,von Karman 建议,能谱具有以下的表达式:

$$E(k) = \alpha \varepsilon^{2/3} L^{5/3} \frac{(Lk)^4}{[1+(Lk)^2]^{17/6}} \tag{1-37}$$

式中,ε 为湍流动能谱的黏性耗散率;L 为湍流尺度;α 为经验值,约等于 1.7。von Karman 双边谱的表达式为

$$\left.\begin{aligned} F_1(k_1) &= \frac{9}{55}\alpha \varepsilon^{2/3} L^{5/3} \frac{1}{(1+L^2 k_1^2)^{5/6}} \\ F_i(k_1) &= \frac{3}{110}\alpha \varepsilon^{2/3} L^{5/3} \frac{3+8L^2 k_1^2}{(1+L^2 k_1^2)^{11/6}} \quad (i=2,3) \end{aligned}\right\} \tag{1-38}$$

利用 von Karman 能谱,可以得到各向同性湍流的方差为

$$\sigma_{\mathrm{iso}}^2 = \sigma_{11}^2 = \sigma_{22}^2 = \sigma_{33}^2 \approx 0.688\alpha \varepsilon^{2/3} L^{2/3} \tag{1-39}$$

所有的协方差均为零。

4. 各向同性湍流模型的优、缺点

各向同性湍流模型的优点:它可以很好地描述速度单点谱和交叉谱的高频部分;同时,它也可以很好地描述相对于湍流积分尺度 L,空间尺度很小的湍流。此外,结合 von Karman 能谱,可以得到交叉谱的解析解,并能很好地符合−5/3幂次律。

各向同性湍流模型的缺点:由模型得到的方差 σ_u^2,σ_v^2,σ_w^2 是相同的,在附面层的实验中,数据并不支持上述结论。实际上,根据平均时间的不同,$\sigma_w^2/\sigma_u^2 \approx 0.25$,$\sigma_v^2/\sigma_u^2 \approx 0.5 \sim 0.7$[22]。对于大型风电机组,或者复杂地形,各向同性湍流的假设不完全成立。

1.4.2 经验风谱模型

本小节将主要介绍一些在风能工程中常用的经验风谱模型。这些模型都是在大量测风数据基础上得到的。

1. 达文波特(Davenport) 谱[17]

Davenport 谱是 1961 年 A. G. Davenport 根据世界上不同地点、不同高度上实测得到 90 多次强风条件下的纵向功率谱,并对其作平均后建立起来的。Davenport 谱的表达式为

$$\frac{fS_u(f)}{kV_{10}^2} = \frac{4x^2}{(1+x^2)^{4/3}}, \quad x = \frac{1\,200f}{V_{10}} \tag{1-40}$$

式中,f 为脉动风频率;$S_u(f)$ 为纵向功率谱密度;V_{10} 为 10 m 高处的纵向平均风速;k 为地面粗糙度系数,$k = 0.003 \sim 0.03$。

地面粗糙度系数 k 取决于地貌,它与风速轮廓线指数 α 的对应关系见表1-2。

表 1-2   地面粗糙度系数 k 与风速轮廓线指数 α 的对应关系

k	0.004 2	0.006 3	0.009 4	0.026
α	0.12	0.16	0.20	0.30

式(1-40)是离地高度为 10 m 处的纵向湍流功率谱,但它并没有反映大气运动中湍流功率谱随高度的变化。另外,在 Davenport 谱中还假设湍流积分尺度 L 是一个常数,导致 Davenport 功率谱在高频区域内高估了功率谱的值。

2. Harris 谱[18]

Harris 对 Davenport 谱进行了改进,其纵向湍流功率谱密度为

$$\frac{fS_u(f)}{u_*^2} = \frac{4x}{(2+x^2)^{5/6}}, \quad x = \frac{1\,800f}{V_{10}} \tag{1-41}$$

式中,u_* 为摩擦速度。Harris 谱依然没有考虑湍流功率谱密度随高度的变化。

3. Kaimal 谱[19]

纵向 Kaimal 谱的表达式为

$$\frac{fS_u(f)}{u_*^2} = \frac{52.5n}{(1+33n)^{5/3}} \tag{1-42}$$

式中,$n = fz/U$。Kaimal 谱考虑了湍流功率谱随高度的变化。

4. Simiu 谱[20]

纵向 Simiu 谱的表达式为

$$\frac{fS_u(f)}{u_*^2} = \frac{100n}{(1+50n)^{5/3}} \tag{1-43}$$

式中，$n = fz/U$。同样的，Simiu 谱考虑了湍流功率谱随高度的变化。注意，Kaimal 谱和 Simiu 谱的表达式都是双边的。

在本小节中，给出了建立在测风数据上的经验风谱模型。目前，风工程中常见的功率谱都有一定的局限性，特别是在本小节中阐述的功率谱模型都是在大气中性层中建立的。实际上，当低风速时，大气稳定度对湍流特性有影响，在不同大气稳定度下测得的功率谱形状是不同的[4]。

1.4.3　Mann 模型

1. Mann 模型的推导过程[21]

大气附面层内的流场可以分解为平均风速项与脉动风速项，即

$$\tilde{\boldsymbol{u}} = \boldsymbol{U} + \boldsymbol{u} \tag{1-44}$$

式中，$\boldsymbol{U} = \begin{bmatrix} U_1 & U_2 & U_3 \end{bmatrix}^{\mathrm{T}}$，$U_i(i=1,2,3)$ 为三个方向上的平均风速，其中

$$U_1 = x_3 \frac{\mathrm{d}U_1}{\mathrm{d}x_3} \boldsymbol{e}_1 \tag{1-45}$$

式中，U_1 为风速纵向分量的平均速度。$\boldsymbol{x} = \begin{bmatrix} x_1 & x_2 & x_3 \end{bmatrix}^{\mathrm{T}}$，$x_i(i=1,2,3)$ 为三个方向上的位置坐标；$\boldsymbol{u} = \begin{bmatrix} u_1 & u_2 & u_3 \end{bmatrix}^{\mathrm{T}} = \begin{bmatrix} u & v & w \end{bmatrix}^{\mathrm{T}}$，$u_i(i=1,2,3)$ 为三个方向上的脉动风速。

为了与式(1-44)中的标识保持一致，在本小节中，平均风速用 U 表示，脉动风速用 u 表示。式(1-45)表明，在 Mann 模型中，认为风轮廓线在所研究的范围内是线性的。这样，可以在很大程度上简化模型，使得快速畸变理论可以简单地得到应用。

将式(1-45)推广到三个分量上，得到更普遍的表达式：

$$U_i(\boldsymbol{x}) = x_j \frac{\partial U_i}{\partial x_j} \tag{1-46}$$

式中，$\partial U_i/\partial x_j$ 为一个常数张量。由式(1-46)可知，$\partial U_i/\partial x_j$ 对应的张量矩阵为

$$\nabla \boldsymbol{U} = \begin{bmatrix} 0 & 0 & 0 \\ 0 & 0 & 0 \\ \dfrac{\mathrm{d}U_1}{\mathrm{d}x_3} & 0 & 0 \end{bmatrix} \tag{1-47}$$

不可压流体的 N-S 基本方程为

$$\frac{\partial \tilde{u}_i}{\partial t} + \tilde{u}_j \frac{\partial \tilde{u}_i}{\partial x_j} = -\frac{1}{\rho} \frac{\partial p}{\partial x_i} + \nu \frac{\partial^2 \tilde{u}_i}{\partial x_j \partial x_j} \tag{1-48}$$

式中,假设运动黏度系数 υ 是常数。在上述的 N-S 方程中,忽略了空气的重力和地球的自转。利用式(1-44),将式(1-48)分解到湍流平均项和脉动项,可得

$$\frac{\partial u_i}{\partial t} + U_j \frac{\partial U_i}{\partial x_j} + U_j \frac{\partial u_i}{\partial x_j} + u_j \frac{\partial U_i}{\partial x_j} + u_j \frac{\partial u_i}{\partial x_j} = -\frac{1}{\rho} \frac{\partial p}{\partial x_i} + \upsilon \frac{\partial^2 u_i}{\partial x_j \partial x_j}$$

$$(1-49)$$

根据式(1-46)可知,式(1-49)中左边第二项为零,即

$$U_j \frac{\partial U_i}{\partial x_j} = 0 \qquad (1-50)$$

具体推导过程如下所述。

首先,将式(1-50)在三个分量上展开,可得

$$U_j \frac{\partial U_i}{\partial x_j} = U_1 \frac{\partial U_i}{\partial x_1} + U_2 \frac{\partial U_i}{\partial x_2} + U_3 \frac{\partial U_i}{\partial x_3} \qquad (1-51)$$

在大气附面层中,只有纵向分量的平均风速 $U_1 \neq 0$。因此,只有在纵向分量上式(1-51)存在;其余两个分量平均速度为零。

将式(1-51)在第一分量上展开,可得

$$U_j \frac{\partial U_1}{\partial x_j} = U_1 \frac{\partial U_1}{\partial x_1} + U_2 \frac{\partial U_1}{\partial x_2} + U_3 \frac{\partial U_1}{\partial x_3} \qquad (1-52)$$

分析式(1-52),只有 $\partial U_1/\partial x_3 \neq 0$,但 $U_3 = 0$,故式(1-50)成立。由上述推导可知,可以剔除式(1-49)中左边表达式的第二项。

其次,忽略了式(1-49)中的非线性项,即在平均剪切率很大的情况下,认为平均速度流场输送的动量远远大于湍流脉动输送的动量[23]。在这种假设情况下,有

$$u_j \frac{\partial u_i}{\partial x_j} = 0 \qquad (1-53)$$

在风力机的高度范围 z 内,大气雷诺数 Re 相当大。载荷计算中,所感兴趣的也是更大尺度上的湍流。因此在这里,忽略了黏性项[24]。

通过上述的简化,式(1-49)变为

$$\frac{\partial u_i}{\partial t} + U_j \frac{\partial u_i}{\partial x_j} + u_j \frac{\partial U_i}{\partial x_j} = -\frac{1}{\rho} \frac{\partial p}{\partial x_i} \qquad (1-54)$$

定义速度场的全导数为

$$\frac{Du_i}{Dt} = \frac{\partial u_i}{\partial t} + U_j \frac{\partial u_i}{\partial x_j} = \frac{\partial u_i}{\partial t} + x_k \frac{\partial U_j}{\partial x_k} \frac{\partial u_i}{\partial x_j} \qquad (1-55)$$

式(1-54)可以改写为

$$\frac{Du_i}{Dt} = -\frac{1}{\rho} \frac{\partial p}{\partial x_i} - u_j \frac{\partial U_i}{\partial x_j} \qquad (1-56)$$

压强方程可以通过对式(1-49)求散度得到。式(1-49)的散度为

$$\frac{\partial U_i}{\partial x_i}\frac{\partial U_i}{\partial x_j}+\frac{\partial U_i}{\partial x_i}\frac{\partial u_i}{\partial x_j}+\frac{\partial u_j}{\partial x_i}\frac{\partial U_i}{\partial x_j}+\frac{\partial u_j}{\partial x_i}\frac{\partial u_i}{\partial x_j}=-\frac{1}{\rho}\frac{\partial^2 p}{\partial x_i \partial x_i} \qquad (1-57)$$

对式(1-57)进行整理,可得

$$-\rho\left(\frac{\partial U_j}{\partial x_i}\frac{\partial U_i}{\partial x_j}+2\frac{\partial U_i}{\partial x_j}\frac{\partial u_j}{\partial x_i}+\frac{\partial u_j}{\partial x_i}\frac{\partial u_i}{\partial x_j}\right)=\mathbf{\nabla}^2 p \qquad (1-58)$$

$$\mathbf{\nabla}^2 p=\frac{\partial^2 p}{\partial x_i \partial x_i}$$

同样的,利用式(1-46),可以证明:

$$\frac{\partial U_j}{\partial x_i}\frac{\partial U_i}{\partial x_j}=0 \qquad (1-59)$$

忽略式(1-58)中的非线性项,可得压强方程为

$$\mathbf{\nabla}^2 p=-\rho\left(2\frac{\partial U_i}{\partial x_j}\frac{\partial u_j}{\partial x_i}\right) \qquad (1-60)$$

对式(1-60)作傅里叶变换,可得

$$-\rho\left(2\frac{\partial U_j}{\partial x_i}ik_j\,\mathrm{d}Z_i(\boldsymbol{k})\right)=k^2\mathrm{d}\prod(\boldsymbol{k}) \qquad (1-61)$$

式中,标量 $\prod(\boldsymbol{k})$ 为压强的傅里叶变换,即

$$p(\boldsymbol{x})=\int e^{i\boldsymbol{k}\cdot\boldsymbol{x}}\mathrm{d}\prod(\boldsymbol{k}) \qquad (1-62)$$

根据快速畸变理论的基本方程,并利用傅里叶方法,可以求得速度方程的解为[22]

$$\frac{\mathrm{D}u_i}{\mathrm{D}t}=-u_k\frac{\partial U_l}{\partial x_k}\left(\delta_{il}-2\frac{k_ik_l}{k^2}\right) \qquad (1-63)$$

通过式(1-63)不能直接计算湍流张量谱。为此,对上述结果的两边利用广义傅里叶-斯蒂尔吉斯积分[25](Fourier-Stieltjes integral):

$$\boldsymbol{u}(x)=\int e^{i\boldsymbol{k}\cdot\boldsymbol{x}}\mathrm{d}\boldsymbol{Z}(\boldsymbol{k},t) \qquad (1-64)$$

为求解快速畸变理论所对应的谱张量,应对式(1-63)的左、右两边进行广义的傅里叶-斯蒂尔吉斯积分。

为了对式(1-63)左侧进行傅里叶变换,首先作 $U_j(\partial u_i/\partial x_j)$ 的傅里叶变换为

$$U_j\frac{\partial u_i}{\partial x_j}=x_k\frac{\partial U_j}{\partial x_k}\frac{\partial u_i}{\partial x_j}=\frac{\partial U_j}{\partial x_k}\left(\delta_{kj}u_i+x_k\frac{\partial u_i}{\partial x_j}\right)=\frac{\partial U_j}{\partial x_k}\frac{\partial(x_ku_i)}{\partial x_j} \qquad (1-65)$$

式(1-65)中,根据式(1-46)或式(1-47),有

$$\frac{\partial U_j}{\partial x_k}\delta_{kj}u_i=0 \qquad (1-66)$$

式(1-65)中,对 $\partial(x_k u_i)/\partial x_j$ 进行傅里叶变换,可得

$$\frac{\partial(x_k u_i)}{\partial x_j} = \frac{\partial}{\partial x_j}\left[x_k \int \exp(\mathrm{i}\boldsymbol{k}\cdot\boldsymbol{x})\mathrm{d}Z_i(\boldsymbol{k},t)\right] \tag{1-67}$$

对式(1-67)进行如下转换:

$$\frac{\partial(x_k u_i)}{\partial x_j} = \frac{\partial}{\partial x_j}\left[x_k \int \exp(\mathrm{i}\boldsymbol{k}\cdot\boldsymbol{x})\mathrm{d}Z_i(\boldsymbol{k},t)\right] =$$

$$\frac{\partial}{\partial x_j}\left\{\int \frac{1}{\mathrm{i}}\left[\frac{\partial}{\partial k_k}\exp(\mathrm{i}\boldsymbol{k}\cdot\boldsymbol{x})\right]\mathrm{d}Z_i(\boldsymbol{k},t)\right\} =$$

$$\frac{\partial}{\partial x_j}\left[\int \frac{1}{\mathrm{i}}\frac{\partial}{\partial k_k}\exp(\mathrm{i}\boldsymbol{k}\cdot\boldsymbol{x})\,\mathrm{d}Z_i(\boldsymbol{k},t)\right] =$$

$$-\frac{\partial}{\partial x_j}\left[\int\int \frac{1}{\mathrm{i}}\frac{\partial}{\partial k_k}\exp(\mathrm{i}\boldsymbol{k}\cdot\boldsymbol{x})\frac{\partial\,\mathrm{d}Z_i(\boldsymbol{k},t)}{\partial k_k}\right] =$$

$$-\int k_j \exp(\mathrm{i}\boldsymbol{k}\cdot\boldsymbol{x})\frac{\partial\,\mathrm{d}Z_i(\boldsymbol{k},t)}{\partial k_k} \tag{1-68}$$

结合式(1-68),式(1-64)左侧变为

$$\frac{\mathrm{D}u_i(\boldsymbol{x},t)}{\mathrm{D}t} = \int \mathrm{e}^{\mathrm{i}\boldsymbol{k}\cdot\boldsymbol{x}}\left[\frac{\partial \mathrm{d}Z_i(\boldsymbol{k},t)}{\partial t} - \frac{\partial U_i}{\partial x_k}k_j\frac{\partial \mathrm{d}Z_i(\boldsymbol{k},t)}{\partial k_k}\right] \tag{1-69}$$

快速畸变理论波数的解为[22]

$$\frac{\mathrm{d}k_k}{\mathrm{d}t} = -k_j\frac{\partial U_j}{\partial x_k} \tag{1-70}$$

将式(1-70)代入式(1-69)中,可得

$$\frac{\mathrm{D}u_i(\boldsymbol{x},t)}{\mathrm{D}t} = \int \mathrm{e}^{\mathrm{i}\boldsymbol{k}\cdot\boldsymbol{x}}\left[\frac{\partial \mathrm{d}Z_i(\boldsymbol{k},t)}{\partial t} + \frac{\mathrm{d}k_k}{\mathrm{d}t}\frac{\partial \mathrm{d}Z_i(\boldsymbol{k},t)}{\partial k_k}\right] = \int \mathrm{e}^{\mathrm{i}\boldsymbol{k}\cdot\boldsymbol{x}}\left[\frac{\mathrm{D}\mathrm{d}Z_i(\boldsymbol{k},t)}{\mathrm{D}t}\right] \tag{1-71}$$

式(1-71)就是速度场全导数的傅里叶变换式。

同样,对快速畸变理论结果的右侧进行广义傅里叶-斯蒂尔吉斯积分,可得

$$-u_k\frac{\partial U_l}{\partial x_k}\left(\delta_{il} - 2\frac{k_i k_l}{k^2}\right) = \int \frac{\partial U_l}{\partial x_k}\left(-\delta_{il} + 2\frac{k_i k_l}{k^2}\right)\mathrm{e}^{\mathrm{i}\boldsymbol{k}\cdot\boldsymbol{x}}\,\mathrm{d}Z_k(\boldsymbol{k},t) \tag{1-72}$$

由前文可知,只有 $\mathrm{d}U_1/\mathrm{d}x_3 \neq 0$,因此当下标 $l=1,k=3$ 时,式(1-72)不为零,则式(1-72)可改写为

$$-u_3\frac{\partial U_1}{\partial x_3}\left(\delta_{i1} - 2\frac{k_i k_1}{k^2}\right) = \int \frac{\mathrm{d}U_1}{\mathrm{d}x_3}\left(-\delta_{i1} + 2\frac{k_i k_1}{k^2}\right)\mathrm{e}^{\mathrm{i}\boldsymbol{k}\cdot\boldsymbol{x}}\,\mathrm{d}Z_3(\boldsymbol{k},t) \tag{1-73}$$

联立式(1-71)和式(1-73),可以得出

$$\int \mathrm{e}^{\mathrm{i}\boldsymbol{k}\cdot\boldsymbol{x}}\left[\frac{\mathrm{D}\mathrm{d}Z_i(\boldsymbol{k},t)}{\mathrm{D}t}\right] = \int \mathrm{e}^{\mathrm{i}\boldsymbol{k}\cdot\boldsymbol{x}}\frac{\mathrm{d}U_1}{\mathrm{d}x_3}\left(-\delta_{i1} + 2\frac{k_i k_1}{k^2}\right)\mathrm{d}Z_3(\boldsymbol{k},t) \tag{1-74}$$

将式(1-74)进行简化,并利用无量纲时间 $\beta = \left(\dfrac{\mathrm{d}U}{\mathrm{d}z}\right)t$ 来表示,可得

$$\frac{\mathrm{D}\mathrm{d}Z_i(\boldsymbol{k},\beta)}{\mathrm{D}\beta} = \left(-\delta_{il} + 2\frac{k_i k_1}{k^2}\right)\mathrm{d}Z_3(\boldsymbol{k},\beta) \tag{1-75}$$

式(1-75)就是参考文献[22]中 Mann 提出的 US 模型最终公式。对式(1-75)求解就可得到 Mann 模型。

为了求解式(1-75),首先将式(1-75)在 w 分量上展开,得

$$\frac{\mathrm{D}\mathrm{d}Z_3(\boldsymbol{k},\beta)}{\mathrm{D}\beta} = 2\frac{k_3 k_1}{k^2}\mathrm{d}Z_3(\boldsymbol{k},\beta) \tag{1-76}$$

对式(1-76)变形后,左、右两边分别积分,得

$$\int \mathrm{D}\mathrm{d}Z_3(\boldsymbol{k},\beta) = \int 2\frac{k_3 k_1}{k^2}\mathrm{d}Z_3(\boldsymbol{k},\beta)\mathrm{D}\beta \tag{1-77}$$

式(1-77)左边的积分结果为

$$\int_0^\beta \mathrm{D}\mathrm{d}Z_3(\boldsymbol{k},\beta) = \mathrm{d}Z_3(\boldsymbol{k},\beta) - \mathrm{d}Z_3(\boldsymbol{k}_0,0) \tag{1-78}$$

式(1-77)右边的积分结果为

$$\int_0^\beta 2\frac{k_3 k_1}{k^2}\mathrm{d}Z_3(\boldsymbol{k},\beta)\mathrm{D}\beta = (1-k^2)\mathrm{d}Z_3(\boldsymbol{k},\beta)\Big|_0^\beta =$$
$$(1-k^2)\mathrm{d}Z_3(\boldsymbol{k},\beta) - (1-k_0^2)\mathrm{d}Z_3(\boldsymbol{k}_0,0) =$$
$$\mathrm{d}Z_3(\boldsymbol{k},\beta) - \mathrm{d}Z_3(\boldsymbol{k}_0,0) - [k^2\mathrm{d}Z_3(\boldsymbol{k},\beta) - k_0^2\mathrm{d}Z_3(\boldsymbol{k}_0,0)] \tag{1-79}$$

结合式(1-78)和式(1-79),可得

$$\mathrm{d}Z_3(\boldsymbol{k},\beta) = k_0^2/k^2\ \mathrm{d}Z_3(\boldsymbol{k}_0,0) \tag{1-80}$$

将式(1-75)在第一个分量 u 上展开:

$$\frac{\mathrm{D}\mathrm{d}Z_1(\boldsymbol{k},\beta)}{\mathrm{D}\beta} = \left(-1 + 2\frac{k_1 k_1}{k^2}\right)\mathrm{d}Z_3(\boldsymbol{k},\beta) \tag{1-81}$$

对式(1-81)进行变形后,两边进行积分,得

$$\int \mathrm{D}\mathrm{d}Z_1(\boldsymbol{k},\beta) = \int \frac{k_1^2 - k_2^2 - k_3^2}{k^2}\ \mathrm{d}Z_3(\boldsymbol{k},\beta)\mathrm{D}\beta \tag{1-82}$$

式中,$k^2 = k_1^2 + k_2^2 + k_3^2$。

式(1-82)左边的积分结果为

$$\int_0^\beta \mathrm{D}\mathrm{d}Z_1(\boldsymbol{k},\beta) = \mathrm{d}Z_1(\boldsymbol{k},\beta) - \mathrm{d}Z_1(\boldsymbol{k}_0,0) \tag{1-83}$$

利用式(1-80)的结论,式(1-83)的右边可转化为

$$\int \frac{k_1^2 - k_2^2 - k_3^2}{k^2}\mathrm{d}Z_3(\boldsymbol{k},\beta)\mathrm{D}\beta = \int \frac{k_1^2 - k_2^2 - k_3^2}{k^2}\frac{k_0^2}{k^2}\mathrm{d}Z_3(\boldsymbol{k}_0,0)\mathrm{D}\beta \tag{1-84}$$

由于 $\mathrm{D}[\mathrm{d}Z_3(\boldsymbol{k}_0,0)]/\mathrm{D}\beta = 0$,故可将式(1-84)改写为

$$\int \frac{k_1^2 - k_2^2 - k_3^2}{k^2} \mathrm{d}Z_3(\boldsymbol{k}, \beta) \mathrm{D}\beta = \mathrm{d}Z_3(\boldsymbol{k}_0, 0) \int \frac{k_0^2(k_1^2 - k_2^2 - k_3^2)}{k^4} \mathrm{D}\beta \tag{1-85}$$

为了保持与参考文献[22]一致,定义 ζ_1 为第一分量 u 中 $\mathrm{d}Z_3(\boldsymbol{k}_0, 0)$ 的系数,即可得 ζ_1 的表达式为

$$\zeta_1 = \int \frac{k_0^2(k_1^2 - k_2^2 - k_3^2)}{k^4} \mathrm{D}\beta \tag{1-86}$$

同样的,将式(1-75)在第二个分量 v 上展开,得

$$\frac{\mathrm{D}\mathrm{d}Z_2(\boldsymbol{k}, \beta)}{\mathrm{D}\beta} = 2 \frac{k_2 k_1}{k^2} \mathrm{d}Z_3(\boldsymbol{k}, \beta) \tag{1-87}$$

对式(1-87)变形后,两边进行积分,得

$$\int \mathrm{D}\mathrm{d}Z_2(\boldsymbol{k}, \beta) = 2 \int \frac{k_2 k_1}{k^2} \mathrm{d}Z_3(\boldsymbol{k}, \beta) \mathrm{D}\beta \tag{1-88}$$

式(1-88)左边的积分结果为

$$\int_0^\beta \mathrm{D}\mathrm{d}Z_2(\boldsymbol{k}, \beta) = \mathrm{d}Z_2(\boldsymbol{k}, \beta) - \mathrm{d}Z_2(\boldsymbol{k}_0, 0) \tag{1-89}$$

利用式(1-80)的结论,式(1-89)的右边可转化为

$$\int 2 \frac{k_2 k_1}{k^2} \mathrm{d}Z_3(\boldsymbol{k}, \beta) \mathrm{D}\beta = \int 2 \frac{k_2 k_1}{k^2} \frac{k_0^2}{k^2} \mathrm{d}Z_3(\boldsymbol{k}_0, 0) \mathrm{D}\beta \tag{1-90}$$

由于 $\mathrm{D}[\mathrm{d}Z_3(\boldsymbol{k}_0, 0)]/\mathrm{D}\beta = 0$,故可将式(1-90)改写为

$$2 \int \frac{k_2 k_1}{k^2} \mathrm{d}Z_3(\boldsymbol{k}, \beta) \mathrm{D}\beta = 2 \mathrm{d}Z_3(\boldsymbol{k}_0, 0) \int \frac{k_0^2 k_1 k_2}{k^4} \mathrm{D}\beta \tag{1-91}$$

同样的,为了保持与参考文献[22]一致,定义 ζ_2 为第二分量 v 中 $\mathrm{d}Z_3(\boldsymbol{k}_0, 0)$ 的系数,即 ζ_2 的表达式为

$$\zeta_2 = 2 \int \frac{k_0^2 k_1 k_2}{k^4} \mathrm{D}\beta \tag{1-92}$$

求得 ζ_1 和 ζ_2 后,就可得到式(1-75)的解:

$$\begin{bmatrix} \mathrm{d}Z_1(\boldsymbol{k}, \beta) \\ \mathrm{d}Z_2(\boldsymbol{k}, \beta) \\ \mathrm{d}Z_3(\boldsymbol{k}, \beta) \end{bmatrix} = \begin{bmatrix} 1 & 0 & \zeta_1 \\ 0 & 1 & \zeta_2 \\ 0 & 0 & k_0^2/k^2 \end{bmatrix} \begin{bmatrix} \mathrm{d}Z_1^{\mathrm{iso}}(\boldsymbol{k}_0, 0) \\ \mathrm{d}Z_2^{\mathrm{iso}}(\boldsymbol{k}_0, 0) \\ \mathrm{d}Z_3^{\mathrm{iso}}(\boldsymbol{k}_0, 0) \end{bmatrix} \tag{1-93}$$

式(1-93)中的变量 $\boldsymbol{Z}$ 与湍流谱张量的关系式为[15]

$$\lim_{\mathrm{d}\boldsymbol{k} \to 0} \frac{\langle \mathrm{d}Z_i^*(\boldsymbol{k}) \mathrm{d}Z_j(\boldsymbol{k}) \rangle}{\mathrm{d}k_1 \mathrm{d}k_2 \mathrm{d}k_3} = \Phi_{ij}(\boldsymbol{k}) \tag{1-94}$$

利用式(1-93)和式(1-94),就可以得到 Mann 模型的谱张量。以 Φ_{11} 为例,推导谱张量的公式。

由式(1-93)可知,Φ_{11} 可以分解为如下的表达式:

$$\Phi_{11}(\boldsymbol{k}) = \lim_{\mathrm{d}\boldsymbol{k}\to 0} \frac{\langle \mathrm{d}Z_1^*(\boldsymbol{k},\beta)\,\mathrm{d}Z_1(\boldsymbol{k},\beta)\rangle}{\mathrm{d}k_1\mathrm{d}k_2\mathrm{d}k_3} = \lim_{\mathrm{d}\boldsymbol{k}\to 0} \frac{\langle(\mathrm{d}Z_1^{\mathrm{iso}}+\zeta_1\mathrm{d}Z_3^{\mathrm{iso}})^2\rangle}{\mathrm{d}k_1\mathrm{d}k_2\mathrm{d}k_{30}} =$$
$$\Phi_{11}^{\mathrm{iso}} + 2\zeta_1\Phi_{13}^{\mathrm{iso}} + \Phi_{33}^{\mathrm{iso}} \qquad (1-95)$$

式中，$k_3 = k_{30} - \beta k_1$（当 $\beta=0$ 时，$k_3 = k_{30}$）。利用 von Karman 谱张量公式(1-36)，当 $\mathrm{d}k_i$ 为无穷小时，有

$$\left.\begin{aligned}
\lim_{\mathrm{d}\boldsymbol{k}\to 0}\frac{\langle \mathrm{d}Z_1^{*\,\mathrm{iso}}\mathrm{d}Z_1^{\mathrm{iso}}\rangle}{\mathrm{d}k_1\mathrm{d}k_2\mathrm{d}k_{30}} &= \Phi_{11}^{\mathrm{iso}}(k_0) = \frac{E(k_0)}{4\pi k_0^4}(k_0^2 - k_1^2)\\
\lim_{\mathrm{d}\boldsymbol{k}\to 0}\frac{\langle \mathrm{d}Z_3^{*\,\mathrm{iso}}\mathrm{d}Z_3^{\mathrm{iso}}\rangle}{\mathrm{d}k_1\mathrm{d}k_2\mathrm{d}k_{30}} &= \Phi_{33}^{\mathrm{iso}}(k_0) = \frac{E(k_0)}{4\pi k_0^4}(k_0^2 - k_{30}^2) = \frac{E(k_0)}{4\pi k_0^4}(k_1^2 + k_2^2)\\
\lim_{\mathrm{d}\boldsymbol{k}\to 0}\frac{\langle \mathrm{d}Z_1^{*\,\mathrm{iso}}\mathrm{d}Z_3^{\mathrm{iso}}\rangle}{\mathrm{d}k_1\mathrm{d}k_2\mathrm{d}k_{30}} &= \Phi_{13}^{\mathrm{iso}}(k_0) = \frac{E(k_0)}{4\pi k_0^4}(-k_1 k_{30})
\end{aligned}\right\} \quad (1-96)$$

结合式(1-95)与式(1-96)，可得

$$\Phi_{11}(\boldsymbol{k}) = \frac{E(k_0)}{4\pi k_0^4}\left[k_0^2 - k_1^2 - 2k_1 k_{30}\zeta_1 + (k_1^2 + k_2^2)\zeta_1^2\right] \qquad (1-97)$$

式(1-97)就是参考文献[22]中 Mann 模型谱张量 $\Phi_{11}(\boldsymbol{k})$ 的公式。谱张量其余分量的推导过程与 $\Phi_{11}(\boldsymbol{k})$ 的推导过程相同，在此不再赘述。这里直接给出其余的谱张量。

$$\Phi_{22} = \frac{E(k_0)}{4\pi k_0^4}\left[k_0^2 - k_2^2 - 2k_2 k_{30}\zeta_2 + (k_1^2 + k_2^2)\zeta_2^2\right] \qquad (1-98)$$

$$\Phi_{33} = \frac{E(k_0)}{4\pi k^4}(k_1^2 + k_2^2) \qquad (1-99)$$

$$\Phi_{12} = \frac{E(k_0)}{4\pi k_0^4}\left[-k_1 k_2 - k_1 k_{30}\zeta_2 - k_2 k_{30}\zeta_1 + (k_1^2 + k_2^2)\zeta_1\zeta_2\right] \qquad (1-100)$$

$$\Phi_{13} = \frac{E(k_0)}{4\pi k_0^2 k^2}\left[-k_1 k_{30} + (k_1^2 + k_2^2)\zeta_1\right] \qquad (1-101)$$

$$\Phi_{23} = \frac{E(k_0)}{4\pi k_0^2 k^2}\left[-k_2 k_{30} + (k_1^2 + k_2^2)\zeta_2\right] \qquad (1-102)$$

在得到 Mann 模型的谱张量公式以后，利用谱张量与交叉谱函数之间的关系式：

$$\chi_{ij}(k_1, \Delta y, \Delta z) = \int_{-\infty}^{\infty}\int_{-\infty}^{\infty}\Phi_{ij}(\boldsymbol{k})\mathrm{e}^{\mathrm{i}(k_2\Delta y + k_3\Delta z)}\mathrm{d}k_2\mathrm{d}k_3 \qquad (1-103)$$

可以得到空间两点的交叉谱。式中，Δy 为横向空间两点间的距离；Δz 为竖向空间两点间的距离。

功率谱函数 $F(k_1)$（即空间单点谱）与谱张量分量的关系表达式为

$$F_i(k_1) = \chi_{ii}(k_1, 0, 0) = \int_{-\infty}^{\infty}\int_{-\infty}^{\infty}\Phi_{ii}(\boldsymbol{k})\mathrm{d}k_2\mathrm{d}k_3 \qquad (1-104)$$

方差与协方差可以表示为

$$\sigma_{ij} = \langle u_i u_j \rangle = \int \Phi_{ij}(\boldsymbol{k}) \mathrm{d}\boldsymbol{k} \tag{1-105}$$

综上所述,求解 Mann 模型谱张量的关键步骤是确定 ζ_1 和 ζ_2。在参考文献 [22] 中,Mann 将 ζ_1 和 ζ_2 表示为

$$\left.\begin{aligned} \zeta_1 &= C_1 - k_2/k_1 C_2 \\ \zeta_2 &= k_2/k_1 C_1 + C_2 \end{aligned}\right\} \tag{1-106}$$

式中,C_1 和 C_2 分别为

$$\left.\begin{aligned} C_1 &= \frac{\beta k_1^2 (k_0^2 - 2k_{30}^2 + \beta k_1 k_{30})}{k^2 (k_1^2 + k_2^2)} \\ C_2 &= \frac{k_2 k_0^2}{(k_1^2 + k_2^2)^{3/2}} \arctan \left[\frac{\beta k_1 (k_1^2 + k_2^3)^{1/2}}{k_0^2 - k_{30} k_1 \beta} \right] \end{aligned}\right\} \tag{1-107}$$

式(1-106)和式(1-107)是积分式(1-86)和式(1-92)的积分结果。但深入分析之后,发现 C_1 的表达式是不正确的,即从积分式(1-86)和式(1-92)得不到上述的 C_1 表达式。以下不妨予以证明。

首先,对积分式(1-86)和式(1-92)进行微分,得到

$$\left.\begin{aligned} \frac{\mathrm{D}\zeta_1}{\mathrm{D}\beta} &= \frac{k_0^2 (k_1^2 - k_2^2 - k_3^2)}{k^4} \\ \frac{\mathrm{D}\zeta_2}{\mathrm{D}\beta} &= 2 \frac{k_0^2 k_1 k_2}{k^4} \end{aligned}\right\} \tag{1-108}$$

然后,对式(1-106)进行微分,为便于区分,将式(1-106)的微分记为 $(\zeta_1)'$,$(\zeta_2)'$,$(C_1)'$ 和 $(C_2)'$,其表达式为

$$\left.\begin{aligned} (\zeta_1)' &= (C_1)' - k_2/k_1 (C_2)' \\ (\zeta_2)' &= k_2/k_1 (C_1)' + (C_2)' \end{aligned}\right\} \tag{1-109}$$

接着,对式(1-107)进行微分,得到 $(C_1)'$ 与 $(C_2)'$。$(C_1)'$ 的具体推导过程如下:

$$(C_1)' = \left[\frac{\beta k_1^2 (k_0^2 - 2k_{30}^2 + \beta k_1 k_{30})}{k^2 (k_1^2 + k_2^2)} \right]' = \frac{k_1^2}{k_1^2 + k_2^2} \left[\frac{\beta (k_0^2 - 2k_{30}^2 + \beta k_1 k_{30})}{k^2} \right]' =$$

$$\frac{k_1^2}{k_1^2 + k_2^2} \left[\frac{k^2 \left[(k_0^2 - 2k_{30}^2 + \beta k_1 k_{30}) + \beta k_1 k_{30} \right] + 2\beta k_1 k_3 (k_0^2 - 2k_{30}^2 + \beta k_1 k_{30})}{k^4} \right] =$$

$$\frac{k_1^2}{k_1^2 + k_2^2} \left\{ \frac{\left[k_0^2 - (\beta k_1)^2 - 2\beta k_1 k_3 \right] (k_0^2 - 2k_{30}^2 + 2\beta k_1 k_{30}) + 2\beta k_1 k_3 (k_0^2 - 2k_{30}^2 + \beta k_1 k_{30})}{k^4} \right\}$$

$$\tag{1-110}$$

其中,$k_0^2 = k_1^2 + k_2^2 + k_{30}^2 = k^2 + (\beta k_1)^2 + 2\beta k_1 k_3$。

式(1-110)的难度在于整理括号内的分子项,这里引入变量 A_1 和 A_2,并令:

$$A_1 = [k_0^2 - (\beta k_1)^2 - 2\beta k_1 k_3][k_0^2 - 2k_{30}^2 + 2\beta k_1 k_{30}] \tag{1-111}$$

$$A_2 = 2\beta k_1 k_3 (k_0^2 - 2k_{30}^2 + \beta k_1 k_{30}) \tag{1-112}$$

则式(1-110)括号内的分子项可表示为

$$[k_0^2 - (\beta k_1)^2 - 2\beta k_1 k_3][(k_0^2 - 2k_{30}^2 + 2\beta k_1 k_{30})] +$$
$$2\beta k_1 k_3 (k_0^2 - 2k_{30}^2 + \beta k_1 k_{30}) = A_1 + A_2 \tag{1-113}$$

利用 $k_0^2 = k^2 + (\beta k_1)^2 + 2\beta k_1 k_3$,将 A_1 展开,得

$$A_1 = k_0^2 (k_0^2 - 2k_{30}^2 + 2\beta k_1 k_{30}) - (\beta k_1)^2 (k_0^2 - 2k_{30}^2 + 2\beta k_1 k_{30}) -$$
$$2\beta k_1 k_3 (k_0^2 - 2k_{30}^2 + 2\beta k_1 k_{30}) \tag{1-114}$$

注意 A_1 中第三项与 A_2 可以合并:

$$A_1 + A_2 = k_0^2 (k_0^2 - 2k_{30}^2 + 2\beta k_1 k_{30}) - (\beta k_1)^2 (k_0^2 - 2k_{30}^2 + 2\beta k_1 k_{30}) -$$
$$2\beta^2 k_1^2 k_3 k_{30} \tag{1-115}$$

利用 $k_0^2 = k_1^2 + k_2^2 + k_{30}^2$,式(1-115)中的第一项可变为

$$k_0^2 (k_0^2 - 2k_{30}^2 + 2\beta k_1 k_{30}) = k_0^2 (k_1^2 + k_2^2 - k_{30}^2 + 2\beta k_1 k_{30}) =$$
$$k_0^2 (k_1^2 + k_2^2) - k_0^2 k_{30}^2 + 2\beta k_1 k_{30} k_0^2 \tag{1-116}$$

利用 $k_{30} = k_3 + \beta k_1$,式(1-114)中的第二项与第三项之和可转化为

$$-(\beta k_1)^2 (k_0^2 - 2k_{30}^2 + 2\beta k_1 k_{30}) - 2\beta^2 k_1^2 k_3 k_{30} =$$
$$-\beta^2 k_1^2 (k_0^2 - 2k_{30}^2 + 2\beta k_1 k_{30} + 2k_3 k_{30}) =$$
$$-\beta^2 k_1^2 [k_0^2 - 2k_{30}^2 + 2k_{30}(\beta k_1 + k_3)] =$$
$$-\beta^2 k_1^2 k_0^2 = -\beta^2 k_1^2 [(k_1^2 + k_2^2) + k_{30}^2] \tag{1-117}$$

$$A_1 + A_2 = [k_0^2 - (\beta k_1)^2 - 2\beta k_1 k_3](k_0^2 - 2k_{30}^2 + 2\beta k_1 k_{30}) +$$
$$\beta (k_0^2 - 2k_{30}^2 + \beta k_1 k_{30}) 2k_1 k_3 =$$
$$k_0^2 (k_1^2 + k_2^2) - k_0^2 k_{30}^2 + 2\beta k_1 k_{30} k_0^2 - \beta^2 k_1^2 [(k_1^2 + k_2^2) + k_{30}^2] =$$
$$k_0^2 (k_1^2 + k_2^2) - k_0^2 (k_{30}^2 - 2\beta k_1 k_{30} + \beta^2 k_1^2) - \beta^2 k_1^2 (k_1^2 + k_2^2) =$$
$$k_0^2 (k_1^2 + k_2^2) - k_0^2 k_3^2 - \beta^2 k_1^2 (k_1^2 + k_2^2) =$$
$$k_0^2 (k_1^2 + k_2^2 - k_3^2) - \beta^2 k_1^2 (k_1^2 + k_2^2) \tag{1-118}$$

$$(C_1)' = \frac{k_1^2}{k_1^2 + k_2^2} \times$$

$$\frac{[k_0^2 - (\beta k_1)^2 - 2\beta k_1 k_3](k_0^2 - 2k_{30}^2 + 2\beta k_1 k_{30}) + \beta (k_0^2 - 2k_{30}^2 + \beta k_1 k_{30}) 2k_1 k_3}{k^4} =$$

$$\frac{k_1^2}{k_1^2 + k_2^2} \frac{k_0^2 (k_1^2 + k_2^2 - k_3^2) - \beta^2 k_1^2 (k_1^2 + k_2^2)}{k^4} = \frac{k_0^2 k_1^2 (k_1^2 + k_2^2 - k_3^2)}{k^4 (k_1^2 + k_2^2)} - \frac{k_1^4 \beta^2}{k^4}$$

$$\tag{1-119}$$

C_2 的微分 $(C_2)'$ 求解过程如下：

$$(C_2)' = \left\{ \frac{k_2 k_0^2}{(k_1^2 + k_2^2)^{3/2}} \arctan\left[\frac{\beta k_1 (k_1^2 + k_3^2)^{1/2}}{k_0^2 - k_{30} k_1 \beta} \right] \right\}' =$$

$$\frac{k_2 k_0^2}{(k_1^2 + k_2^2)^{3/2}} \left\{ \frac{1}{1 + \left[\frac{\beta k_1 (k_1^2 + k_3^2)^{1/2}}{k_0^2 - k_{30} k_1 \beta} \right]^2} \left[\frac{k_1 (k_1^2 + k_3^2)^{1/2}}{k_0^2 - k_{30} k_1 \beta} + \frac{\beta k_1 (k_1^2 + k_3^2)^{1/2} k_{30} k_1}{(k_0^2 - k_{30} k_1 \beta)^2} \right] \right\} =$$

$$\frac{k_2 k_0^2}{k_1^2 + k_2^2} \frac{k_1 (k_0^2 - k_{30} k_1 \beta) + \beta k_{30} k_1^2}{(k_0^2 - k_{30} k_1 \beta)^2 + \beta^2 k_1^2 (k_1^2 + k_3^2)} =$$

$$\frac{k_1 k_2 k_0^2}{k_1^2 + k_2^2} \frac{k_0^2 - k_{30} k_1 \beta + \beta k_{30} k_1}{k_0^4 + (k_{30} k_1 \beta)^2 - 2 k_0^2 k_{30} k_1 \beta + \beta^2 k_1^2 (k_0^2 - k_{30}^2)} =$$

$$\frac{k_1 k_2 k_0^2}{k_1^2 + k_2^2} \frac{k_0^2}{k_0^4 - 2 k_0^2 k_{30} k_1 \beta + \beta^2 k_1^2 k_0^2} = \frac{k_1 k_2 k_0^2}{k_1^2 + k_2^2} \frac{1}{k_0^2 - 2 k_{30} k_1 \beta + \beta^2 k_1^2} =$$

$$\frac{k_1 k_2 k_0^2}{k_1^2 + k_2^2} \frac{1}{k_0^2 - 2(k_3 - k_1 \beta) k_1 \beta + \beta^2 k_1^2} = \frac{k_1 k_2 k_0^2}{k_1^2 + k_2^2} \frac{1}{k_0^2 - 2 k_3 k_1 \beta - \beta^2 k_1^2} =$$

$$\frac{k_1 k_2 k_0^2}{k_1^2 + k_2^2} \frac{1}{k^2} = \frac{k_1 k_2 k_0^2}{(k_1^2 + k_2^2) k^2} \tag{1-120}$$

利用式 $(1-109)$ 和 $(C_1)'$ 与 $(C_2)'$ 微分结果式 $(1-119)$、式 $(1-120)$，得

$$\left. \begin{aligned} (\zeta_1)' &= \frac{k_0^2 k_1^2 (k_1^2 + k_2^2 - k_3^2)}{k^4 (k_1^2 + k_2^2)} - \frac{k_1^4 \beta^2}{k^4} - k_2/k_1 \left[\frac{k_1 k_2 k_0^2}{(k_1^2 + k_2^2) k^2} \right] \\ (\zeta_2)' &= k_2/k_1 \left[\frac{k_0^2 k_1^2 (k_1^2 + k_2^2 - k_3^2)}{k^4 (k_1^2 + k_2^2)} - \frac{k_1^4 \beta^2}{k^4} \right] + \frac{k_1 k_2 k_0^2}{(k_1^2 + k_2^2) k^2} \end{aligned} \right\} \tag{1-121}$$

对式 $(1-121)$ 进行整理，得

$$\left. \begin{aligned} (\zeta_1)' &= \frac{k_0^2 (k_1^2 - k_2^2 - k_3^2)}{k^4} - \frac{k_1^4 \beta^2}{k^4} \\ (\zeta_2)' &= 2 \frac{k_0^2 k_1 k_2}{k^4} - \frac{k_1^4 \beta^2}{k^4} \end{aligned} \right\} \tag{1-122}$$

比较式 $(1-108)$ 与式 $(1-122)$，发现由 C_1 和 C_2 显式表达式 $(1-106)$ 微分得到的 $(\zeta_1)'$ 和 $(\zeta_2)'$ 与对积分式 $(1-86)$ 和式 $(1-92)$ 微分求得的结果不一致。当应用 Mann 模型时，应采用本书提出的积分表达式。

为慎重起见，进行了实例数值验证。实例取自参考文献[27]。参考文献[25] 中用 Mann 模型对 Kaimal 谱[19,26] 进行模拟，得到的 Kaimal 谱参数为

$$\left. \begin{aligned} \Gamma &= 3.9 \\ L &= 0.59z \\ \alpha \varepsilon^{2/3} &= 3.2 \frac{u_*^2}{z^{2/3}} \end{aligned} \right\} \tag{1-123}$$

利用上述参数,并根据式(1-106)和式(1-107)求得模拟的 Kaimal 谱,结果如图 1-2 所示。在低波数范围,该结果与参考文献[25]中图 4 的结果差别较大。

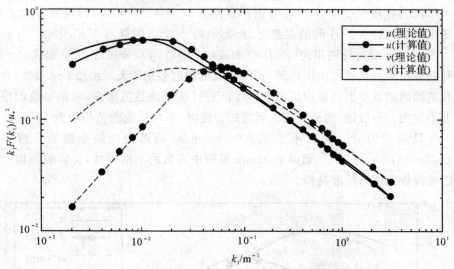

图 1-2　式(1-106)和式(1-107)得到的模拟结果

同样利用上述的 Kaimal 谱参数,但根据积分式(1-86)和式(1-92)得到 ζ_1 和 ζ_2 得到模拟的 Kaimal 功率谱,如图 1-3 所示,与参考文献[25]的结果一致,更接近 Kaimal 谱的理论值。

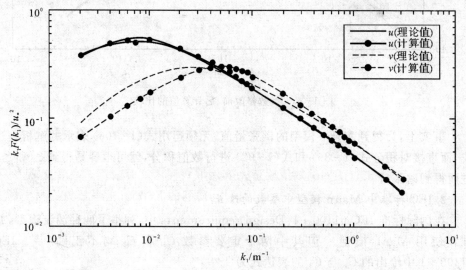

图 1-3　积分式(1-86)和式(1-92)得到的模拟结果

为了更加精确地比较图 1-2 与图 1-3 的差别,从图 1-2 与图 1-3 所示中各选取两点比较其分量 v 的模拟值与理论值的差别。在这里选取波数 $k_1 = 0.01$ 与 $k_1 = 0.02$。在图 1-2 中,$k_1 = 0.01$ 时的误差为 65.9%,$k_1 = 0.02$ 时误差为 42.9%;在图 1-3 中,$k_1 = 0.01$ 时的误差为 29.7%,$k_1 = 0.02$ 时误差为 17.0%。

图 1-4 所示为分别用式(1-106)和式(1-107)与积分式(1-86)和式(1-92)计算所得结果的比较。由图可见,在低波数范围内差别较大。由图 1-4 可知,在高波数范围内两组参数的模拟值基本一致;但是,在低波数范围内,两组参数的模拟值差别很大。一般地,当研究湍流风速的特性时,平均风速的值指的是 10 min(即600 s)风速的均值。假设平均风速为 10 m/s,则可得的最小波数分辨率为$2\pi(1/600)/10 \approx 0.001$。而由于 Mann 模型中参数的不准确性,会影响到模拟功率谱低波数范围内的准确性。

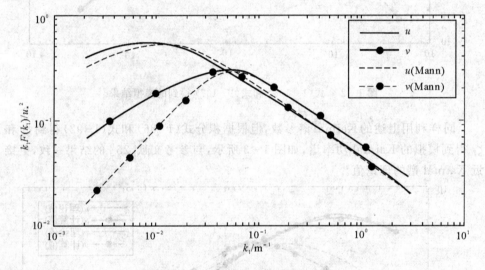

图 1-4　参数修改前、后计算值的比较

事实上,为得到 Mann 模型的谱张量值,无须运用式(1-106)表示的解析表达式,而直接对积分式(1-86)和式(1-92)进行数值积分,就可很容易得到 ζ_1 和 ζ_2,进而得到谱张量。

2.IEC 标准中 Mann 模型中参数的改正

在国际标准 IEC 61400—1:Design requirements 中,列举了两种湍流模型,并推荐使用 Mann 模型。但其中两个重要参数 C_1 和 C_2 均不正确[9,21]。IEC 61400—1 中给出的 C_1 与 C_2 的表达式为

$$C_1 = \frac{\beta k_1^2 (k_0^2 - 2k_{30}^2 + \beta k_1 k_{30})}{k^2 (k_1^2 + k_2^2)}$$

$$C_2 = \frac{k_2^2 k_0^2}{(k_1^2 + k_2^2)^{3/2}} \arctan \left[\frac{\beta k_1 (k_1^2 + k_2^3)^{1/2}}{k_0^2 - k_{30} k_1 \beta} \right]$$

$$(1-124)$$

式中,C_1 的表达式与参考文献[22]中的相同;C_2 的表达式属于抄写错误,因为 C_2 应为关于波数 k 的无量纲参数。

图1-5所示是根据式(1-124),并利用 Mann 模型模拟 Kaimal 谱的参数组合, 即通过式(1-123)模拟得到的结果。图中,未带点的曲线是由 Kaimal 谱功率公式 计算得到的理论值。由图可知,IEC 标准中的参数是不正确的,应对其做出调整。

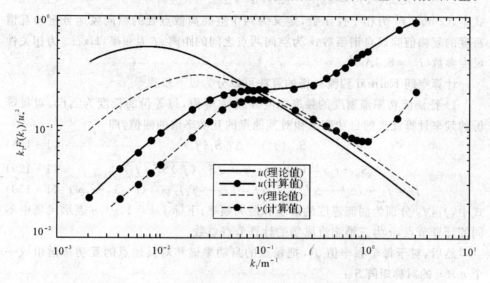

图 1-5 使用 IEC 标准中的参数得到的结果

1.4.4 湍流模型算法实现实例

为了更加清楚地阐述如何使用风谱模型产生脉动风速,在本节中给出了两个 生成脉动风速的算例。

【算例1】 基于 Kaimal 谱模型,利用 Veers 总结的产生脉动风速的方法[21], 得到了可用于风力机载荷计算的三维脉动时程风速。

纵向风速分量的标准差 σ_1 由下式给出[9]:

$$\sigma_1 = I_{15}(0.75V_H + b) \qquad (1-125)$$

式中,$b=5.6$ m/s;I_{15} 为风速为 15 m/s 时的湍流强度,针对不同的风场选取 0.16,

0.14,0.12 三种不同的湍流强度。

在 IEC 61400—1 中,给出了高度 H 处 Λ_1 的表达式:

$$\Lambda_1 = \begin{cases} 0.7H & (\text{当 } H < 60 \text{ m}) \\ 42 \text{ m} & (\text{当 } H > 60 \text{ m}) \end{cases} \quad (1-126)$$

当计算三维风场时,需要考虑空间各点之间的相互影响。通常,在湍流模型中,用相干性函数 $\text{Coh}(r,f)$ 来表达空间点之间的湍流速度关系,定义为两个空间离散点处的互谱密度幅值和自谱密度幅值的比值。IEC 标准用如下的指数相关模型和 Kaimal 自谱来确定纵向速度分量的空间相关性[9]:

$$\text{Coh}(r,f) = \exp\{-12\,[(fr/V_{\text{hub}})^2 + (0.12r/L_c)^2]^{0.5}\} \quad (1-127)$$

式中,$\text{Coh}(r,f)$ 为相干性函数,定义为两个空间离散点处的纵向风速分量的互谱密度的复幅值除以自谱函数;r 为空间两点之间的距离;f 为频率,Hz;L_c 为相关性尺度参数($L_c = 8.1\Lambda_1$)。

计算空间 Kaimal 湍流风场的算法可以分为以下步骤[21]。

1) 把湍流功率谱密度的频率宽度分成 m 等份,每等份的长度为 Δf。对每等份的频率计算此点的自功率谱和对其他点的互功率谱的幅值,即

$$S_{j,j}(f_i) = \Delta f\, S_j(f_i) \quad (1-128)$$

$$S_{j,k}(f_i) = \text{Coh}_{j,k}(r,f_i)\,\overline{\sqrt{S_{j,j}(f_i)S_{k,k}(f_i)}} \quad (1-129)$$

$$f_i = f_1 + i\Delta f - \Delta f/2, \quad \Delta f = (f_2 - f_1)/m \quad (i = 1,\cdots,m) \quad (1-130)$$

式中,f_1,f_2 分别为湍流速度的最小和最大频率;下标 $j,k = 1,\cdots,n$ 表示风场中不同的计算节点,n 为三维湍流风场的计算节点总数。

然后,对于每个频率值 f_i,把每点的自功率谱和对其他点的互功率谱组成一个 $n \times n$ 的对称矩阵 $\boldsymbol{S}_i$:

$$\boldsymbol{S}_i(j,k) = \begin{cases} S_{j,j}(f_i) & (j = k) \\ S_{j,k}(f_i) & (j \neq k) \end{cases} \quad (1-131)$$

2) 将 $\boldsymbol{S}_i$ 进行 Cholesky 矩阵分解:

$$\boldsymbol{S}_i = \boldsymbol{H}_i \cdot \boldsymbol{H}_i^{\text{T}}$$

式中,$\boldsymbol{H}_i$ 为下三角矩阵;$\boldsymbol{H}_i^{\text{T}}$ 为 $\boldsymbol{H}_i$ 的转置矩阵。

3) 对于每个 f_i,产生 n 个在区间 $[0,2\pi]$ 均匀分布的随机角度值 φ_j,利用这 n 个随机角度构造一个 $n \times n$ 的对角矩阵 $\boldsymbol{X}_i$,即

$$\boldsymbol{X}_{i(j,k)} = \begin{cases} \mathrm{e}^{i\cdot\theta_j} & (j = k) \\ 0 & (j \neq k) \end{cases} \quad (1-132)$$

4) 计算在频率 f_i 下每个点的离散傅里叶变换值为

$$V_i = \boldsymbol{H}_i \cdot \boldsymbol{X}_i \cdot \boldsymbol{1} \quad (1-133)$$

式中，**1** 表示值均为 1 的 $n \times 1$ 阶列向量，列向量 **1** 的作用是对 $\boldsymbol{H}_i \cdot \boldsymbol{X}_i$ 的结构矩阵每一行求和。

构造一个 $n \times m$ 的矩阵 $\boldsymbol{V} = \begin{bmatrix} \boldsymbol{V}_1 & \boldsymbol{V}_2 & \cdots & \boldsymbol{V}_m \end{bmatrix}$，则 $\boldsymbol{V}$ 的第 i 行表示第 i 个点在各个频率上的离散傅里叶变换值，对 $\boldsymbol{V}$ 的每一行进行傅里叶逆变换，可得出每个点随时间变化的湍流速度。

模拟 3-D Kaimal 湍流风场时，取湍流风速的频率取值范围 $[0.000\,2, 10]$。为了模拟 Kaimal 三维风场，首先建立了如图 1-6 所示的空间网格。在空间共选取了五组不同高度处的计算点，每组高度选取了五个数据点。

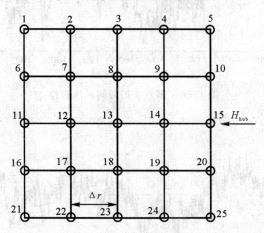

图 1-6　3-D Kaimal 湍流风场的网格示意图

利用 Kaimal 谱模型和式(1-127)，选取如图 1-6 所示的网格，网格间距选取 $\Delta r = 15$ m，轮毂高度 $H_{hub} = 80$ m，轮毂高度处平均风速 $V_{hub} = 15$ m/s，平均风速选用式(1-4)进行计算，其中 α 取 0.2。选用低湍流度风场，湍流强度选为 12%。各个高度处的设定标准差利用式(1-44)，湍流尺度的计算公式为式(1-126)。各个高度处的平均风速、湍流标准差、湍流尺度见表 1-3。

表 1-3　3-D Kaimal 湍流风场的相关参数

高度 /m	平均风速 /(m·s⁻¹)	设定标准差 /(m·s⁻¹)	湍流强度 /(%)	湍流尺度 /m
110	15.99	2.111	15.74	340.2
95	15.52	2.069	15.86	340.2
80	15	2.022	16.0	340.2
65	14.39	1.968	16.18	340.2
50	13.65	1.901	16.43	283.5

图 1-7 ~ 图 1-11 给出了节点 1、节点 6、节点 13、节点 19、节点 25 处的 200 s 模拟脉动风速。表 1-4 从统计学方面分析了模拟结果与设定值的符合情况。结果表明:产生的脉动风速达到了工程应用的要求,完全可以用于风力机的荷载计算。

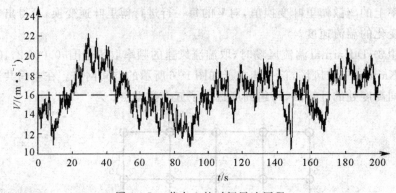

图 1-7　节点 1 的时间风速历程

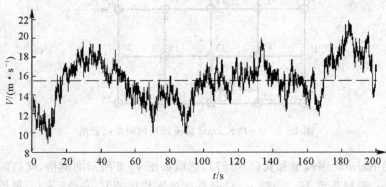

图 1-8　节点 6 的时间风速历程

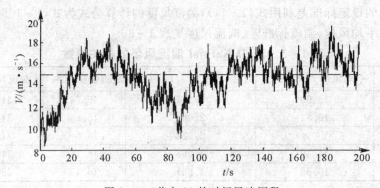

图 1-9　节点 13 的时间风速历程

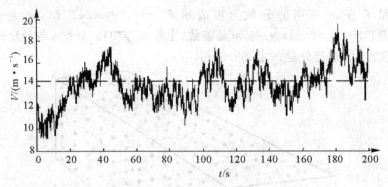

图 1-10   节点 19 的时间风速历程

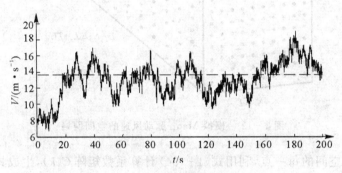

图 1-11   节点 25 的时间风速历程

表 1-4   3-D Kaimal 湍流风场的模拟结果

节点	高度 /m	模拟标准差 /(m·s^{-1})	与设定标准差的误差 /(%)
1	110	2.076	1.66
6	95	2.058	0.53
13	80	2.045	1.14
19	65	2.002	1.73
25	50	1.950	2.58

【算例 2】   利用 Mann 模型模拟脉动风速。其算法在参考文献[9]和[26]中有所阐述。现将算法步骤进行如下总结。

1) 定义 Mann 模型的空间网格。对如图 1-12 所示的空间网格,定义其空间内分量 x 各个点坐标为 $x = n_x \Delta L_x (n_x = 1, \cdots, N_x)$,$\Delta L_x$ 是空间两点的间距;无量纲

波数向量 k 在 x 方向的分量上可表示 $k_1 = k_x = m2\pi L/L_x$，$m = -N_x/2$，$-N_x/2+1,\cdots,N_x/2-1,N_x/2$，$m$ 是整数(注意，$m \neq 0$)。分量 y 与分量 z 的坐标与波数的定义方法与分量 x 定义方法相同。

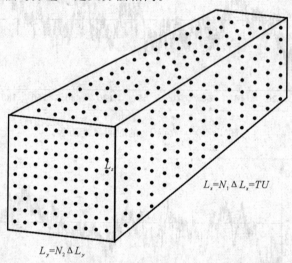

图 1-12 模拟 Mann 脉动风速的空间网格

2) 对于空间的每一点，利用式(1-134)计算系数矩阵 $\boldsymbol{C}(\boldsymbol{k})$，生成具有零均值，单位方差的高斯随机复向量 $n_x(k_1,k_2,k_3)$，$n_y(k_1,k_2,k_3)$，$n_z(k_1,k_2,k_3)$，并得到该点 $\boldsymbol{C}(\boldsymbol{k}) \times \boldsymbol{n}(\boldsymbol{k})$ 的 3×1 矩阵，即

$$\begin{bmatrix} u(x,y,z) \\ v(x,y,z) \\ w(x,y,z) \end{bmatrix} = \sum_{k_1,k_2,k_3} \mathrm{e}^{\mathrm{i}(xk_1+yk_2+zk_3)} \boldsymbol{C}(\boldsymbol{k}) \begin{bmatrix} n_u(k_1,k_2,k_3) \\ n_v(k_1,k_2,k_3) \\ n_w(k_1,k_2,k_3) \end{bmatrix} \quad (1-134)$$

其中

$$\boldsymbol{C}(\boldsymbol{k}) = (\Delta k_1 \Delta k_2 \Delta k_3)^{1/2} \frac{E^{1/2}(\boldsymbol{k}_0)}{(4\pi)^{1/2} \boldsymbol{k}_0^2} \begin{bmatrix} k_2\zeta_1 & k_3-k_1\zeta_1+\beta k_1 & -k_2 \\ k_2\zeta_2-k_3-\beta k_1 & -k_1\zeta_2 & k_1 \\ \dfrac{k_0^2 k_2}{k^2} & -\dfrac{k_0^2 k_1}{k^2} & 0 \end{bmatrix}$$

3) 对空间某一点的脉动风速值，可以利用式(1-134)计算得到。对于空间网格内的所有点，均采用式(1-134)进行计算，就可以得到所有网格点的脉动风速。

算例在进行具体计算时，利用了 Mann 模型模拟 Kaimal 谱的参数组合，即

$$\left.\begin{array}{l} \Gamma = 3.9 \\ L = 0.59z \\ \alpha\varepsilon^{2/3} = 3.2\dfrac{u_*^2}{z^{2/3}} \end{array}\right\} \qquad (1-135)$$

当模拟 Mann 模型时,空间点数对模拟结果有重要影响[26]。由空间波数的定义可知,波数范围是由空间点数与空间间距决定的。模拟脉动风速时基本参数见表 1-5。

表 1-5　Mann 模型分量 u 所使用的网格点数和空间间距

平均风速 /(m·s⁻¹)	高度 /m	方向 u 的网格间距 /m	方向 u 的点数 N_1	采样频率 /Hz
15	80	3	1 024	13.33

模拟得到的三个分量 60 s 脉动风速如图 1-13 ～ 图 1-15 所示。

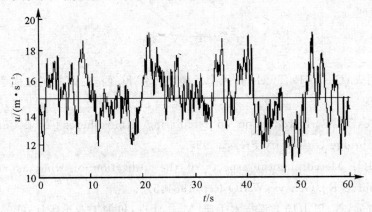

图 1-13　分量 u 的 60 s 脉动风速

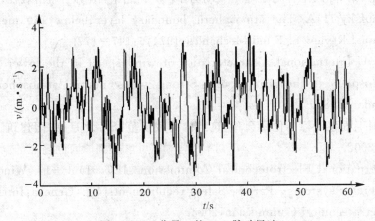

图 1-14　分量 v 的 60 s 脉动风速

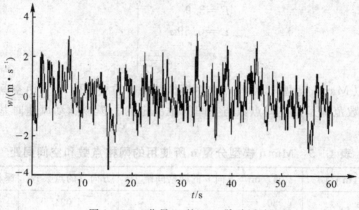

图 1-15　分量 w 的 60 s 脉动风速

参 考 文 献

[1] 廖明夫,Gasch R,Twele J. 风力发电技术[M]. 西安:西北工业大学出版社,
2009.

[2] James I N. Introduction to circulating atmospheres [M]. Cambridge:
Cambridge University Press, 1995.

[3] WMO. Meteorological aspects of the utilization of wind as an energy
resource[R]. Geneva:WMO Rep,1981:575.

[4] 宫清远,等. 风电场工程技术手册[M]. 北京:机械工业出版社,2004.

[5] 贺德馨,等. 风工程与工业空气动力学[M]. 北京:国防工业出版社,2006.

[6] Panofsky H A. The atmospheric boundary layer below 150 meters[J].
Annual Review of Fluid Mechanics,1974,6:147-177.

[7] ESDU International. Characteristics of wind speed in the lower layers of
atmosphere in the near ground:Strong winds(neutral atmosphere)[R].
London,1982.

[8] 中国工程建设标准化协会.建筑结构荷载规范[S].北京:中国建筑工业出版
社,2002.

[9] International Electrotechnical Commission. IEC 61400—1 Wind turbine
generator systems—Part 1:Safety requirements[S]. Geneva:International
Electrotechnical Commission,2004.

[10]　胡非. 湍流间歇性与大气边界层[M]. 北京：科学出版社，1995.

[11]　ESDU. Characteristics of atmospheric turbulence near the ground，part Ⅲ：Variations in space and time for strong wind（near atmosphere）[R]. London：Engineering Sciences Data Unit，1974.

[12]　Frost W，Lonf B H，Turner R E. Engineering handbook on the atmospheric environmental guidelines for use in wind turbine generator development[R]. Washingtow：NASA TP－1359，1978.

[13]　Davenport A G. The dependence of wind load on meteorological parameters. In proceedings of the international research seminar on wind effects on building and structures[C]. Toronto：University of Toronto Press，1967：19－82.

[14]　Panofsky H A，Thomson D W，Su Uivan D A，et al. Two－point velocity statistics over lake Ontario[J]. Bound－Layer Met. ，1974，7：247－256.

[15]　Batchelor G K. The theory of homogeneous turbulence[M]. Cambridge：Cambridge university press，1953.

[16]　von Karman T. Progress in the statistical theory of turbulence[J]. Proc. Nat. Acad. Sci. ，1948，34：141－168.

[17]　Davenport A G. The spectrum of horizontal gustiness near the ground in high winds[J]. J. Royal Meteorol. Soc. ，1961，87（372）：194－211.

[18]　Harris R I. The nature of the wind. （In the modern design of wind sensitive structures）[R]. London：Construction Industry Research and Information Association，1971.

[19]　Kaimal J C，Wyngaard J C，Izumi Y，et al. Spectral characteristics of surface-layer turbulence[J]. Royal Meteorol. Soc. ，1972，87：194－211.

[20]　Simiu E，Scanlan R H. Wind effects on structures：an introduce to wind engineering[M]. 2nd ed. New York：John Wiley&Sona，1985.

[21]　Veers P S. Three-dimensional wind simulation[R]. NM：Sandia National Laboratories，1988.

[22]　Mann J . The spatial structure of neutral atmospheric surface-layer turbulence[J]. Fluid Mech. ，1994，273（1）： 141－168.

[23]　张兆顺，崔桂香，许春晓. 湍流理论与模拟[M]. 北京：清华大学出版社，2005.

[24]　Mann J，Ott S，Jørgensen B H，et al. WAsP Engineering 2000 [M].

Roskilde Denmark：Risoe National Laboratory，2002.

[25] Pope S B. Turbulent flows[M]，Cambridge：Cambridge University Press，2010.

[26] Mann J. Wind field simulation[J]. Prob. Engng. Mech.，1998,13(4)：269 - 282.

[27] Kaimal J C，Finnigan J J. Atmospheric boundary layer flows：their Structure and Measurement[M]. New York：Oxford University Press，1994.

第2章 风力机翼型族设计与风洞实验

风力机的核心部件是叶片(叶轮)。叶片利用空气动力学原理获取风能并驱动发电机运转将风能转换为电能。叶片设计技术是风电机组设计的一项关键技术,风力机叶片的性能决定了风力发电机的风能利用效率、载荷特性、噪声水平等。而作为叶片剖面的翼型是构成叶片外形的基本要素,是叶片设计的技术基础和核心技术,是决定叶片性能的最重要因素。因此,高性能风力机翼型设计对于提高叶片风能捕获能力、降低叶片系统载荷和质量有着重要意义。

本章2.1节介绍了翼型空气动力学的基础知识,包括翼型的几何定义和主要气动特性参数、翼型的分类与性能特征、翼型的基本技术要求、翼型气动特性与几何特性的关系等。2.2节介绍了风力机翼型相对于传统航空翼型的特殊性和国外已有的风力机翼型及新风力机翼型的特点。2.3节阐述目前发展的风力机翼型气动特性分析方法与设计方法。2.4节介绍 NPU-WA 风力机翼型族。该翼型族是在本章笔者承担的"十一五"国家高技术研究发展计划目标导向类项目《先进风力机翼型族的设计与实验研究》中,以 乔志德 教授为主专门针对兆瓦级风力机叶片设计的翼型族。它包含适合配置在叶尖到叶根不同位置的7个翼型,相对厚度分别为15%,18%,21%,25%,30%,35%及40%。2.5节介绍 NPU-WA 风力机翼型族的风洞实验验证及风力机翼型相关风洞实验技术。2.6节描述 NPU-WA 风力机翼型族的气动特性及与国外同类翼型的风洞实验结果对比。最后,给出本章的总结与展望。

2.1 翼型空气动力学的基础知识

2.1.1 翼型几何定义和主要气动特性参数

翼型的几何参数如图 2-1 所示。图 2-1 中所示的翼型几何特征如下:

1)前缘——翼型最前端的点;

2）后缘——翼型中弧线上最后端的点；

3）弦线——翼型的前、后缘连线，长度通常用 c 表示；

4）弯度——沿垂直于弦线度量的弯度线到弦线的最大距离，弯度与弦长之比称为弯度比或相对弯度；

5）弯度线——也称为中弧线或中线，NACA 翼型弯度线定义为翼型周线内切圆圆心的轨迹线，但工程上或其他翼型常使用垂直于弦线方向度量的上、下表面距离的中点连线；

6）厚度线和翼型厚度——NACA 翼型的翼型厚度定义为翼型周线内切圆的最大直径，但工程上或其他翼型常使用垂直于弦线方向度量的上、下表面距离，最大厚度与弦长之比称为翼型的厚度比或相对厚度；

7）前缘半径——翼型前缘点的内切圆半径，通常使用它与弦长的比值来表示翼型前缘半径的大小；

8）后缘角——翼型后缘处上、下表面切线夹角的 1/2。

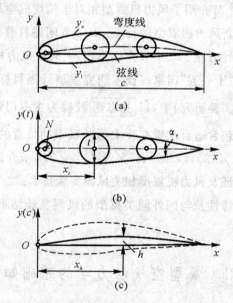

图 2-1　NACA 翼型的几何参数定义[1]

（a）翼型外形；　（b）翼型的厚度分布；　（c）翼型的弯度分布

由于翼型设计方法的发展，翼型的几何参数中有一些已经很少在设计过程中用到了，如弯度线形状、最大弯度、最大弯度位置、最大厚度位置等。在基于计算流体力学的翼型优化设计中,翼型的几何外形参数化方法有许多种,如果需要这些翼型参数,仍然可以很容易根据翼型的几何外形数据确定出来。

翼型的主要气动特性参数有升力系数、阻力系数、力矩系数、气动中心和压力中心。其中,升力系数和阻力系数的比 —— 升阻比 —— 是最重要的翼型性能参数。设翼型具有单位展向宽度,其升力为 L,阻力为 D,力矩为 M,来流动压为 $q_\infty (q_\infty = \frac{1}{2} \rho_\infty V_\infty^2, \rho_\infty$ 和 V_∞ 分别为来流密度和速度),弦长为 c。翼型的主要气动参数定义如下:

升力系数
$$c_L = \frac{L}{q_\infty c} \tag{2-1}$$

阻力系数
$$c_D = \frac{D}{q_\infty c} \tag{2-2}$$

力矩系数
$$c_M = \frac{M}{q_\infty c^2} \tag{2-3}$$

设气动中心(焦点)为 $x_{a.c.}$,绕该点的俯仰力矩在任何迎角下均保持常数,$x_{a.c.}$ 一般由前缘量起。压力中心(压心)$x_{p.c.}$ 是压力合力作用点至前缘的距离。升力垂直于来流,阻力与来流平行,力矩通常取距前缘 1/4 弦长的位置作为参考点来定义,一般翼型的焦点位于该点或该点附近。

对于给定几何外形的翼型,其气动特性参数通常是迎角 α、雷诺数 Re、马赫数 Ma_∞ 的函数,即

$$c_L = f_1(Re, Ma_\infty, \alpha)$$
$$c_D = f_2(Re, Ma_\infty, \alpha) \tag{2-4}$$
$$c_M = f_3(Re, Ma_\infty, \alpha)$$

雷诺数和马赫数对翼型的性能有重要影响。雷诺数的表达式为

$$Re = \frac{\rho_\infty V_\infty c}{\mu_\infty} \tag{2-5}$$

代表了流体受到的惯性力与黏性力之比的物理度量,μ_∞ 为流体的黏度。对于本章讨论的风力机翼型,从小型风力机叶片到兆瓦级风力机叶片,翼型的雷诺数变化范围可从几十万变化到千万量级。因此,对翼型族进行设计时,设计雷诺数是必须确定的。马赫数表达式为 $Ma_\infty = V_\infty / a_\infty$,是来流速度和来流声速之比,反映流体的可压缩性。风力机叶片绕流是低速流动,来流马赫数一般小于 0.3,属于不可压流范畴。因此,马赫数的影响可以不加考虑。图 2-2(a) ~ 图 2-2(c) 给出了翼型升力系数、阻力系数、力矩系数特性曲线的示意图。对于不同雷诺数,其曲线有所不

同。雷诺数对翼型最大升力系数及失速后特性影响显著,对升力曲线线性段影响较小;雷诺数对阻力系数影响较大,因为翼型的主要阻力来自黏性摩擦阻力和分离后的压差阻力,都是与雷诺数密切相关的,其影响通过升阻比特性的对比看得更加明显。图 2-3 ～ 图 2-6 所示分别为以 乔志德 教授为主设计的 NPU - WA—210 翼型(相对厚度 21%)在不同雷诺数、自由转捩条件下升力系数随迎角变化、阻力系数随迎角变化、力矩系数随迎角变化、升阻比随升力系数变化的计算结果(MSES 软件)。

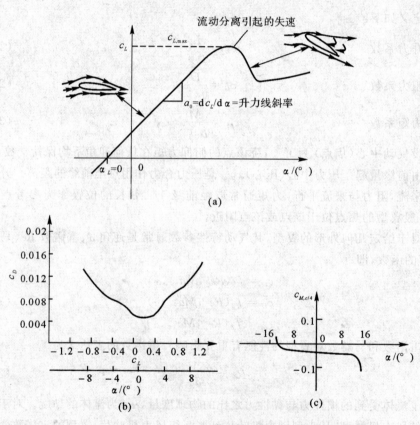

图 2-2 翼型的气动特性曲线

(a) 翼型升力系数特性曲线的示意图; (b) 翼型阻力系数特性曲线的示意图;
(c) 翼型力矩系数特性曲线的示意图

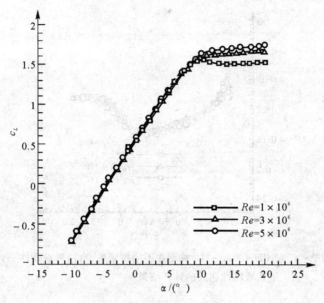

图 2-3　NPU-WA—210 翼型在不同雷诺数、自由转捩条件下升力
　　　　系数特性曲线的计算结果

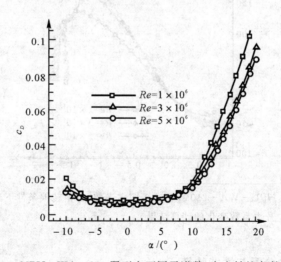

图 2-4　NPU-WA—210 翼型在不同雷诺数、自由转捩条件下阻力
　　　　系数特性曲线的计算结果

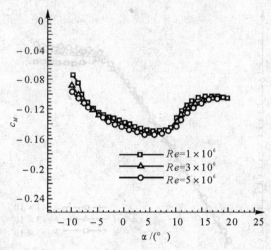

图 2-5 NPU-WA—210 翼型在不同雷诺数、自由转捩条件下力
矩系数特性曲线的计算结果

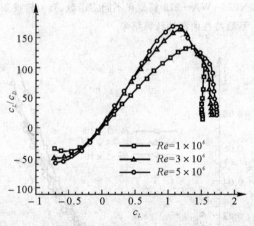

图 2-6 NPU-WA—210 翼型在不同雷诺数、自由转捩条件下升阻比随
升力系数变化的计算结果

2.1.2 翼型的分类与性能特征

翼型可以按许多方法分类。例如,按其气动特征,可以分为层流翼型、高升力翼型、超临界翼型等;按其用途,可分为飞机机翼翼型、直升机旋翼翼型、螺旋桨翼型、风机翼型和风力机翼型等。此外,还可以按使用雷诺数分为低雷诺数翼型和高

雷诺数翼型。这里介绍早期翼型、与风力机叶片应用相关的层流翼型、高升力翼型，着重介绍各类翼型的气动特点。

1. 早期翼型

1903 年出现的世界第一架有人动力飞机及其他最早的飞机都配置的是薄的、弯度很大的翼型，很像鸟的翼剖面。第一次世界大战前，英国在 1912 年进行了最早的翼型研究和实验，研究出 RAF—6 和 RAF—15 翼型。第一次世界大战中，德国哥廷根（Göttingen）大学对茹科夫斯基理论翼型进行了大量实验，得到了以哥廷根命名的翼型系列，对后来的翼型发展产生了重要影响。美国 NACA 在兰利（Langley）航空实验室建成后不久，从 1920 年就开始了翼型研究工作，1922 年研究出著名的克拉克（Clark）翼型，1929 年开始研究四位数字翼型，其厚度分布接近于去掉弯度、相同最大厚度的 Göttingen 398 和 Clark - Y 翼型的厚度分布。NACA 四位数字翼型如 NACA2412 和 NACA4412 至今还在轻型飞机上应用。为得到更高的最大升力系数和更低的最小阻力系数，又发展了 NACA 五位数字翼型。图 2-7 给出

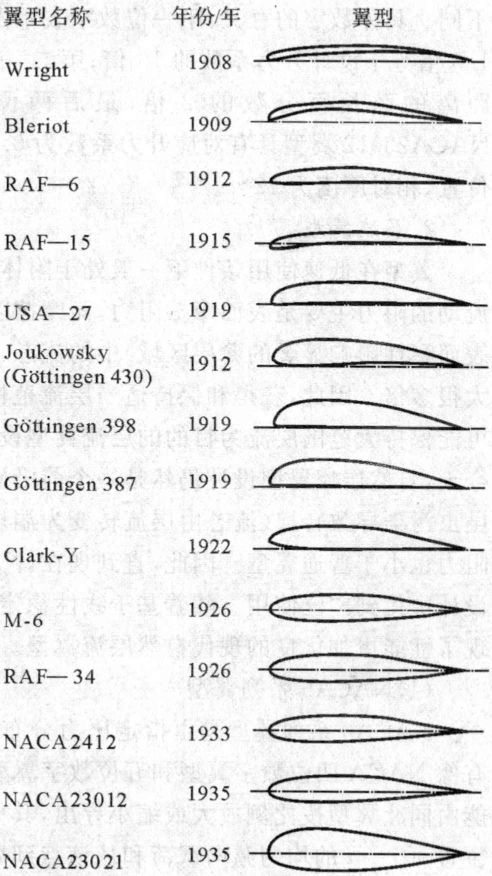

翼型名称	年份/年	翼型
Wright	1908	
Bleriot	1909	
RAF—6	1912	
RAF—15	1915	
USA—27	1919	
Joukowsky (Göttingen 430)	1912	
Göttingen 398	1919	
Göttingen 387	1919	
Clark-Y	1922	
M-6	1926	
RAF—34	1926	
NACA 2412	1933	
NACA 23012	1935	
NACA 23021	1935	

图 2-7　早期翼型[3]

了按时间排列的部分早期翼型。下面简要介绍 NACA 四位数字翼型和五位数字翼型。

（1）NACA 四位数字翼型

四位数字翼型的第一位数字代表以弦长百分数表示的中弧线坐标 y_c 的最大值，第二位数字代表以弦长十分数表示的从前缘到最大弯度位置的距离，最后两位数字表示翼型以弦长百分数表示的相对厚度。例如，NACA2415 翼型，表示该翼型最大弯度位于 $0.4c$ 弦向位置，最大弯度为 $2\%c$，翼型相对厚度 t/c 为 15%；

NACA0012 翼型为相对厚度 t/c 为 12% 的对称翼型。

（2）NACA 五位数字翼型

NACA 五位数字翼型的厚度分布与 NACA 四位数字相同。但其中弧线定义不同。具体数字的意义：第一位数字表示由设计升力决定的弯度大小，这个数字的1.5 倍等于设计升力系数的 10 倍；第二、三位数字表示从前缘到最大弯度位置的距离的弦长百分数的 2 倍，最后两位数字表示翼型的相对厚度。例如，NACA23012 翼型具有对应升力系数为 0.3 的弯度大小，最大弯度位于 15% 弦长位置，相对厚度为 12%。

2. 层流翼型

翼型在低速使用条件下一般处于附体流动状态，在同一雷诺数下，绕翼型附着流动的阻力主要是表面摩擦阻力，而摩擦阻力系数的大小取决于边界层（靠近翼型表面黏性影响显著的薄层区域）中的流态，湍流摩擦阻力系数比层流摩擦阻力系数大很多倍。因此，获得和保持适当层流范围对翼型减阻设计是非常重要的。以尽可能保持大范围层流为目的的层流翼型设计在 20 世纪 40 年代后开始出现，直到今天，自然层流翼型设计仍然是一个前沿研究课题。实验证明，即使在由于灰尘或昆虫污染导致转捩（流态由层流转变为湍流称为转捩）提前的情况下，层流翼型的阻力也小于普通翼型。因此，直到现在，NACA6 系列层流翼型仍然在风力机叶片设计中得到广泛使用。随着基于线性稳定性理论的转捩判定方法的不断成熟，出现了性能更加优良的现代自然层流翼型。

（1）NACA6 系列翼型

NACA6 系列翼型是由指定压力分布使用理论方法设计的传统层流翼型，没有像 NACA 四位数字翼型和五位数字翼型那样简单的几何表达式，其厚度分布不能由同族翼型按比例放大或缩小导出，其中弧线的设计以保证产生从前缘到弦向位置 $x/c=a$ 的均匀弦向载荷和从该点到后缘的载荷线性减少为目标，其 a 值分别等于 0，0.1，0.2，0.3，0.4，0.5，0.6，0.7，0.8，0.9 和 1.0。

NACA6 系列翼型的编号通常由六位数字及关于中弧线类型的说明组成。例如，NACA65_3—218($a=0.5$)，其中第一位数字 6 表示系列号，第二位数字 5 表示对应的基本对称翼型零升力时最小压力点的弦向位置为 $0.5c$，一字线之后的三位数字中，前一位表示设计升力系数的 10 倍，即该翼型设计升力系数为 0.2，后两位数字表示翼型相对厚度的弦长百分数，下标 3 表示该翼型能保持低阻的升力系数变化范围的 10 倍（低阻升力系数范围为 −0.1～0.5），但有时省去不写出来。如果在翼型名称中没有关于 a 的说明，那么就表示 $a=1.0$，如 NACA63_3—618。

（2）现代自然层流（natural laminar flow，NLF）翼型

早期的层流翼型（如 NACA6 系列翼型）前缘半径较小，大迎角下容易发生前缘分离，而且设计升力系数比较低，但风力机常需要在大迎角和高升力下工作。早期层流翼型的相对厚度一般低于 $21\%c$，而风力机需要具有更大相对厚度的翼型。因此，采用更先进的基于现代 CFD 方法的气动特性分析技术和优化设计方法发展现代自然层流翼型是风力机翼型设计的研究重点。现代层流翼型与早期层流翼型不同之处主要有，可以在较高升力系数范围内保持较大范围层流，具有更好的高升力特性。这与基于线性稳定性理论的边界层转捩判断技术在设计中得到应用密切相关。

图 2-8 给出了几个国外成功用于飞机的现代自然层流翼型。

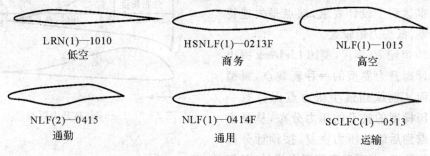

LRN(1)—1010　　　　HSNLF(1)—0213F　　　　NLF(1)—1015
低空　　　　　　　　商务　　　　　　　　　高空

NLF(2)—0415　　　　NLF(1)—0414F　　　　SCLFC(1)—0513
通勤　　　　　　　　通用　　　　　　　　　运输

图 2-8　国外的现代自然层流翼型

3.高升力翼型

早期的美国 NACA 翼型中，NACA24 族、NACA44 族和 NACA230 族以及英国 RAF6 族翼型都属于传统的高升力翼型，在通风机和冷却风机叶片设计中得到广泛应用。由于它们多是根据经验设计的，因此最大升力不是很高，使用条件下的层流范围较小，升阻比也没有现代高升力翼型高。由于计算空气动力学的发展，通过具有后缘分离模型的无黏流-附面层迭代解法以及雷诺平均 Navier-Stokes 方程解法，可以较好地预计直到失速的翼型气动特性，这就为新一代高升力翼型设计提供了必要的技术支撑。美国的 GAW-1 翼型就是最初设计的现代高升力翼型。其主要设计要求有以下几点：

1）最大升力比 NACA 翼型有显著提高；

2）失速特性比较平缓；

3）高升力（如 $c_L > 1.0$）时的升阻比比 NACA 高升力翼型有大幅度提高；

4）较低升力（如 $c_L < 1.0$）时阻力与相同厚度的 NACA 翼型相当；

5）零升力矩系数的绝对值小于 0.09。

其几何特点：

1）具有大的上表面前缘半径，以减少大迎角下前缘负压峰值，从而推迟翼型失速；

2）翼型上表面比较平坦，使得在升力系数为 0.4（对应迎角为 0°）时上表面有均匀的载荷分布；

3）下表面后缘有较大弯度（后加载），并具有上、下表面斜率近似相等的钝后缘。

实际计算和风洞实验都表明，该翼型基本达到了设计要求，缺点是失速特性较差，低头力矩较大。

20 世纪 70 年代，美国 Liebeck 提出了设计高升力翼型的一种新观点，翼型上表面从前缘到最小压力点保持有一定顺压梯度的较平的压力分布，从最小压力点到后缘的压力恢复，按预计分离流动的准则，实现零摩擦阻力设计（见图 2-9）。

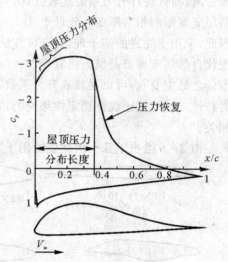

图 2-9 Liebeck 高升力翼型

按上述理论设计的翼型的理论计算指出，可获得意想不到的高气动性能，风洞实验表明这类翼型虽然确有高的最大升力和大的低阻范围，但是失速特性不好。进一步的研究指出，由零摩擦阻力设计思想设计的翼型后缘附近有很大的动量厚度，从而导致了过大的阻力。

2.1.3 翼型的基本技术要求

当选择或设计翼型时，首先需要明确翼型的设计技术要求，主要有以下几点：

1）翼型的运行条件：需要确定翼型运行条件下的雷诺数 Re 和马赫数 Ma；

2）翼型的气动性能要求，如升力、阻力、力矩系数等；

3）翼型的几何限制。

1. 翼型的运行条件

雷诺数和马赫数对翼型性能有着重要影响。它们是由叶片运行条件决定的。在给定叶片沿径向各站位叶剖面的来流速度 V_r（风速和叶片旋转线速度的矢量合速度的大小）和弦长 c 后，对应各站位叶剖面的雷诺数和马赫数由下式决定：

$$Re = \frac{\rho V_r c}{\mu}, \quad Ma = \frac{V_r}{a}$$

式中，μ 为空气的黏度系数；a 为声速。

对于风力机，马赫数 Ma 通常低于 0.3，对翼型性能没有重要影响。根据叶剖面径向位置的不同和风力机尺度大小的不同，雷诺数 Re 可从几十万变化到 6×10^6 以上，是风力机翼型设计的重要参数。

2. 翼型的气动性能要求

(1) 翼型的升力

对于飞机，翼型的升力用于产生平衡飞机质量的向上的力；对于螺旋桨，翼型的升力用于产生推力；而对于风力机，翼型的升力用于产生转矩，同时也会产生对塔架的推力。图 2-10 给出了基于动量叶素理论的叶片剖面翼型的受力图。图中，ϕ 为风轮旋转平面与来流的夹角，θ 为叶片扭转角，α 为翼型的迎角，B 为叶片个数，c 为叶片弦长，ΔR 代表叶片径向微段，ψ 为叶片的锥角，a 与 a' 分别为轴向诱导因子和周向诱导因子。由该图可以清楚地看出，风速、密度一定的情况下，风力机翼型给叶片提供的升力取决于升力系数与弦长的乘积。风力机叶片沿径向各站位翼型的选择或设计需要由叶片设计者给出沿径向的设计升力系数分布、雷诺数分布（含弦长分布）和厚度分布的设计技术指标。

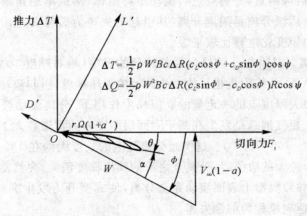

$$\Delta T = \frac{1}{2} \rho W^2 Bc \Delta R (c_L \cos\phi + c_D \sin\phi) \cos\psi$$

$$\Delta Q = \frac{1}{2} \rho W^2 Bc \Delta R (c_L \sin\phi - c_D \cos\phi) R\cos\psi$$

图 2-10　翼型升力、阻力与叶片推力和转矩 Q（由切向力 F_t 产生）的关系

(2) 翼型的最大升力系数 $c_{L,\max}$

翼型的最大升力系数 $c_{L,\max}$ 是翼型设计的一项重要指标，一般来说，希望翼型具有高的 $c_{L,\max}$ 及平缓的失速特性。但对于不同类型的风力机和用于不同径向位置的翼型，其技术要求有所不同。翼型的失速是由于翼型上表面流动分离引起的，

并以升力迅速下降、阻力大幅增大、力矩曲线斜率减少甚至反号为特征。如图 2-11 所示,翼型表面上的流动分离有三种类型,取决于翼型的弯度、厚度、前缘半径和雷诺数。

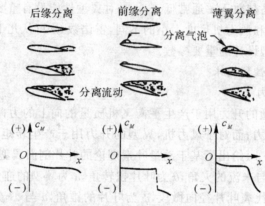

图 2-11　翼型上表面流动分离的类型[4]

1) 后缘分离。对于常规翼型而言,分离类型主要依赖于翼型的相对厚度。后缘分离常见于中等以上迎角、中等以上相对厚度(如相对厚度 13% 以上)的翼型绕流,分离发生于后缘附近,分离点之后流动不再附体,形成随迎角增大逐渐向前缘扩大的分离区。后缘分离是湍流分离,其引起的失速为后缘失速。这类分离导致的升力损失和力矩变化过程比较平缓。

2) 前缘分离。具有较小前缘半径的较薄的翼型(相对厚度 10% ～ 16%),即使在不大的迎角下,前缘附近也可能产生较大的逆压梯度,引起流动分离。但在从分离点到翼型最大厚度点的一定量的顺压梯度作用下,分离流动可以很快附体形成短分离气泡。短气泡总是发生在基于附面层厚度 δ 的雷诺数大于 400 ～ 500 的条件下($\rho V \delta / \mu > 400 ～ 500$)。这类短分离气泡的长度大约在 1% 弦长以下。当迎角增大到某个较大的数值时,分离点之后的顺压梯度消失,突然发生从前缘开始的大范围失速,导致翼型上表面流动完全分离,使翼型升力发生突然下降、力矩突然变化,这种失速现象称为前缘失速。

3) 薄翼分离。对于更薄的翼型,小迎角下产生的前缘分离流动需要经过一个较长的距离才能重新附体,形成了较长的分离气泡,其长度数倍于短气泡或更长,称为长分离气泡。当迎角逐渐增大时,长气泡的再附着点逐渐向后缘延伸,当再附着点延伸至后缘处时,翼型完全失速,称为薄翼失速。这类分离对应的失速过程中升力损失不是很突然的,类似后缘失速(虽然失速机理完全不同),但力矩变化较大。

如图 2 - 12 所示为三种失速类型对翼型升力系数的影响。

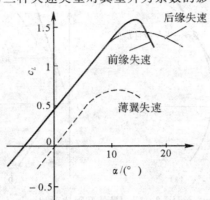

图 2 - 12　后缘失速、前缘失速、薄翼失速翼型的升力系数曲线示意图

需要指出的是,对于有较大弯度的翼型,不能完全按照相对厚度来区分分离类型,其分离类型可以通过分析翼型表面压力分布,特别是逆压梯度来确定。对于较薄翼型,通过良好的设计也可以避免升力、力矩的突然变化,获得较为平缓的失速特性。

对于风力机叶片,翼型的最大升力系数及其失速特性有十分重要的意义。对于失速调节类型的风力机,对 $c_{L,max}$ 有一定限制。叶尖翼型一般将 $c_{L,max}$ 限制在1.0以下,并且希望升力系数在失速后突然下降以减小载荷。较低的最大升力限制了翼型的最大可用升力。国外的设计要求是,最大可用升力下的来流速度应该是最小速度的1.1~1.2倍。其中,1.1对应失速特性和缓的翼型,1.2对应普通翼型。此时,换算到升力系数,最大升力约为最大可用升力的1.4倍。大型风力机属于变桨和变速调节类型风力机,希望有较高的 $c_{L,max}$,但叶片的动力学性能要求叶尖翼型具有和缓的失速特性以及不过高的 $c_{L,max}$。风力机叶片翼型,特别是叶尖翼型,还要求翼型的 $c_{L,max}$ 对翼型表面粗糙度不敏感。

(3)翼型的阻力

对于翼型阻力的设计要求主要有以下几点:①在给定的设计升力、设计雷诺数和相对厚度条件下,具有尽可能小的阻力,或尽可能大的升阻比;②在偏离设计升力和设计雷诺数的一定范围内,保持低阻,即希望具有尽可能宽的低阻范围;③在前缘粗糙度引起转捩的情况下,具有尽可能小的湍流阻力。图 2 - 13 给出了一般翼型和层流翼型的升阻极曲线。该曲线的最大斜率对应着最佳升阻比,对应的升力系数定义为设计升力系数。很明显,层流翼型具有更大的最佳升阻比。图2 - 14给出了一般翼型和层流翼型的极曲线对比[4]。

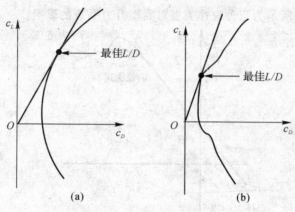

图 2-13　最佳升阻比对比

(a)一般翼型；(b)层流翼型

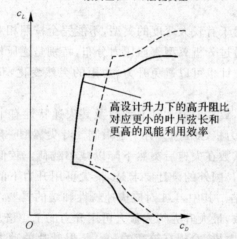

图 2-14　一般翼型和层流翼型的极曲线

（4）翼型的力矩

风力机叶片设计者一般不会给出力矩的设计指标。国外现有风力机翼型的力矩系数有很大的变化范围,大约从 -0.06 变化到 -0.16。例如,后文要介绍的国外风力机翼型族中,FFA 翼型族的力矩系数为 -0.10 左右,RISØ 和 DU 翼型族的力矩系数可达到 -0.14,NREL 翼型族的厚翼型力矩系数可超过 -0.15。

过大的力矩不仅会增加变桨系统的载荷,而且可能会引起叶片变形。因此,要求叶尖翼型具有不太高的力矩系数是必要的。

3.翼型的几何限制

配置于风力机叶片不同径向站位的翼型需要考虑几何兼容性问题。例如,相对厚度的要求、最大厚度位置的要求、相近设计迎角的要求等,以保证叶片外形的光滑过渡。图 2-15 给出了风力机翼型沿叶片径向各站位翼型剖面相对厚度的要求。

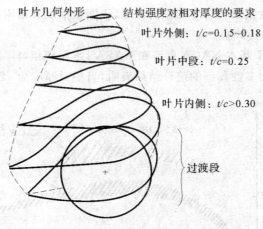

图 2-15　沿叶片径向各站位的翼型剖面图[5]

2.1.4　翼型气动特性与几何特性的关系

在风力机翼型的设计中,理解翼型几何参数对翼型气动性能的影响是十分重要的。本小节以典型翼型为例,介绍其气动特性和几何参数之间的联系,以便更有效地指导翼型优化设计或修形设计。

1. 零升力迎角

翼型升力系数为零时的迎角称为零升力迎角。对称翼型的零升力迎角等于零,对于有正弯度(即升力系数大于零)的翼型,零升力迎角为负值。当翼型弯度不很大时,零升力迎角几乎不随翼型相对厚度而变化,大的弯度对应大的零升力迎角(绝对值)。在叶根和叶尖配置不同零升力迎角的翼型可以使叶片实现一定的气动扭转。

2. 升力线斜率

翼型升力系数对迎角的导数称为翼型的升力线斜率。小迎角下翼型的升力线斜率基本上是一个常数,即升力随迎角线性变化,厚度不很大的低速翼型升力线斜率接近于薄翼理论值 $2\pi/\mathrm{rad}$。随着迎角增加,由于附面层增厚,所以升力线斜率减小,当迎角进一步增加,附面层发生分离,升力线斜率将快速下降,达到最大升力时,升力线斜率变为零。实验证明,后缘角增加时,升力线斜率下降。NACA6 系列翼型的升力线斜率随相对厚度增加而减小。一般地,希望风力机翼型在使用升力范围内有较大的升力线斜率。

3. 最大升力 $c_{L,\max}$

翼型的最大升力和失速特性主要取决于翼型的相对厚度、前缘半径及最大厚度的弦向位置、弯度及最大弯度的弦向位置、表面粗糙度和雷诺数。

（1）相对厚度的影响

图 2-16 给出了基本 NACA 翼型和 NASA LS 翼型相对厚度对最大升力系数 $c_{L,\max}$ 的影响。对大多数翼型的统计结果表明，当相对厚度为 $12\% \sim 18\%$ 时将得到最大的 $c_{L,\max}$。

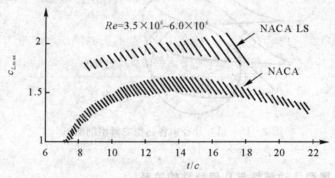

图 2-16　翼型相对厚度对最大升力的影响

（2）前缘半径的影响

工程上常采用 6% 弦长处表面 y 坐标与 0.15% 弦长处 y 坐标之差 $\Delta y = (y_{6\%} - y_{0.15\%}) \times 100$ 表示前缘钝度。图 2-17 给出了翼型最大升力系数与前缘钝度的关系。

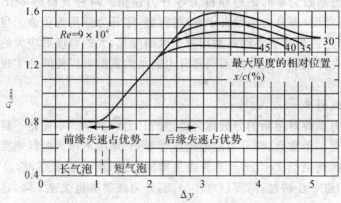

图 2-17　前缘半径（前缘钝度）对最大升力系数的影响

（3）弯度的影响

一般来说，弯度的增加有助于提高 $c_{L,\max}$，然而对具有不同相对厚度、前缘半径、最大弯度位置的翼型，弯度增加所引起的增益是不一样的。对具有较小前缘半径、较薄的翼型，增加弯度对提高 $c_{L,\max}$ 更有效。此外，最大弯度或最大厚度的位置靠前的翼型将有更高的最大升力系数 $c_{L,\max}$ 值。

（4）表面粗糙度的影响

表面粗糙度总是使翼型的最大升力系数有所减小。这可能是，因为前缘附近提前转捩导致附面层增厚，减少了翼型的弯度。另外，对某些翼型，附面层的增厚也可能导致气流提前分离，但是不同类型的翼型，表面粗糙度对减小最大升力系数的影响可能是很不一样的。表 2-1 列出了粗糙度影响的几个例子。

表 2-1　光滑与粗糙表面翼型的最大升力系数($Re = 6 \times 10^6$)

翼型	NACA23012	NACA64412	GAW-1	NACA64006
光滑表面最大升力系数	1.76	1.68	1.98	0.8
粗糙表面最大升力系数	1.23	1.34	1.94	0.8

粗糙表面翼型最大升力系数随相对厚度、弯度等的变化趋势与光滑翼型是一致的。在风力机翼型设计中，希望翼型的特性对表面粗糙度不敏感，以适应其运行在受灰尘、昆虫污染的运行工况。常用下式表示最大升力系数对表面粗糙度的敏感性：

$$s = \frac{c_{L,\max,\mathrm{fr}} - c_{L,\max,\mathrm{fix}}}{c_{L,\max,\mathrm{fr}}} \tag{2-6}$$

式中，$c_{L,\max,\mathrm{fr}}$ 为光滑表面最大升力系数；$c_{L,\max,\mathrm{fix}}$ 为粗糙表面最大升力系数。

低粗糙度敏感性是风力机翼型设计最重要的设计目标之一。

（5）雷诺数 Re 的影响

对较低雷诺数情形，由于前缘分离气泡的存在、发展和破裂对雷诺数十分敏感，最大升力系数随雷诺数的变化可能有某种不确定性。但当雷诺数较大时，翼型的最大升力系数随雷诺数的增加而增加。图 2-18(a) 给出了雷诺数对现代的高升力翼型最大升力系数的影响和对经典的 NACA 翼型的影响。可以看出，雷诺数对现代高升力翼型最大升力系数的影响大于对经典的 NACA 翼型的影响。此外，该图还表明，当 $Re < 6 \times 10^6$ 时最大升力系数随雷诺数有较大的变化，而在 $Re > 6 \times 10^6$ 以后，最大升力系数随雷诺数的变化趋于平缓。但是，对于风力机厚翼型，干净翼型（自由转捩）会出现和上述规律相反的雷诺数影响。图 2-18(b) 给出了 DU 翼型[7] 的风洞实验结果。可以看出，30% 相对厚度的干净翼型的最大升力系

数和最大升阻比随 Re 的增加而略有下降。

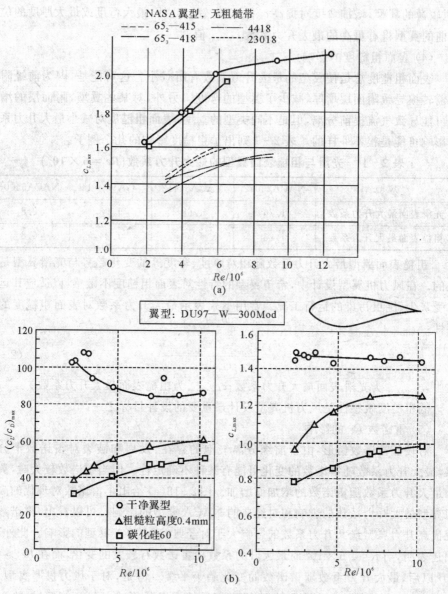

图 2-18　雷诺数对翼型气动性能的影响

(a) 翼型最大升力系数随雷诺数的变化；　(b) 雷诺数和前缘固定转捩对翼型性能的影响[7]

4.阻力

翼型的阻力主要由表面摩擦阻力、附面层位移厚度及部分表面气流分离引起的形状阻力和激波阻力组成。对于低速翼型,传统上使用零升阻力(或最小阻力)及升致阻力来表达翼型的阻力。

(1) 翼型的最小阻力

光滑翼型的最小阻力取决于雷诺数和层流附面层的弦向范围的影响。雷诺数增加,层流摩擦阻力减小。增加翼型的相对厚度一般会导致最小阻力的增加,翼型最大厚度的后移,会增加有利压力梯度(顺压梯度)的弦向范围,有利于减少最小阻力,但过分靠后的最大厚度位置会导致靠近后缘区域过大的逆压梯度引起后缘流动分离,从而增加形状阻力(型阻)。

(2) 翼型的升致阻力

升致阻力主要是自由涡引起的诱导阻力。对翼型来说,在没有明显气流分离的中、小迎角下,其升致阻力来自升力导致的表面摩擦阻力和形状阻力,以及附面层位移厚度引起的形状阻力。形状阻力实质上是一种压差阻力。当升力系数增加时,翼型上表面最小压力点前移,使有利压力梯度范围和层流范围减小,从而使摩擦阻力增加,并且翼型上表面附面层位移厚度增加,改变了翼型的有效外形,引起翼型表面法向压力重新分布,产生形状阻力。

(3) 表面粗糙度对摩擦阻力的影响

表面粗糙度是影响摩擦阻力的最重要因素之一。它引起阻力增加的原因主要有以下两点。

1) 表面粗糙度可以引起附面层从层流到湍流的转变,使摩擦阻力有很大增加。例如,对不可压平板绕流,当雷诺数为 1×10^6 时,全湍流附面层的摩擦阻力约为层流附面层的3.5倍;当雷诺数为 1×10^7 时,全湍流附面层的摩擦阻力约为层流附面层的7倍(根据层流平板 Blasius 解,长度为 L 的层流平板摩擦阻力系数为 $c_F = 1.328/\sqrt{Re_L}$;而经过实验验证的光滑平板湍流附面层的摩擦阻力系数经验公式为 $c_F = 0.074/Re_L^{1/5}$)。

2) 湍流附面层的摩擦阻力与表面粗糙度有关。当表面粗糙度的尺度完全超过湍流附面层次层的尺度时,由于绕粗糙颗粒流动分离产生的压差阻力可能使摩擦阻力随雷诺数增加而减小的有利尺度影响完全消失,因此这时的摩擦阻力只与粗糙颗粒的尺度有关(湍流附面层分为内、外区,内区按速度分布规律分为黏性次层、过渡区和对数律区,黏性次层的范围一般为 $0 \leqslant y^+ < (5 \sim 10)$, $y^+ = \rho y u_*/\mu$, $u_* = \sqrt{\tau_w/\rho}$, u_* 称为壁面摩擦速度, τ_w 为壁面剪切应力, y 为距物体表面的法

向距离)。

5. 力矩

翼型的力矩特性主要由绕 1/4 弦线点位置的力矩系数 $c_{M,1/4}$ 和焦点(气动中心)位置来说明。对于风力机翼型,过大的力矩会引起变桨载荷的增加和叶片的扭转变形。研究指出:① 翼型绕 1/4 弦线点的力矩系数随翼型相对厚度只有很小的变化或几乎不变;② 翼型绕距前缘 1/4 弦线点的力矩系数随弯度或迎角的增加而有绝对值更大的负值;③ 翼型的焦点一般位于 1/4 弦线点附近,随相对厚度的变化由翼型的具体外形确定;④ 弯度和最小压力点位置对焦点位置似乎没有系统的影响;⑤ 后缘角增加时,焦点向前移动。图 2-19 给出了一些 NACA 翼型在设计升力系数下绕 1/4 弦线点力矩系数的理论与实验值的比较。由图 2-19 可见,设计升力下 NACA 翼型的力矩系数绝对值一般在 $0 \sim 0.12$ 之间变化,图中给出的点越靠近对角线说明理论值和实验值符合得越好。

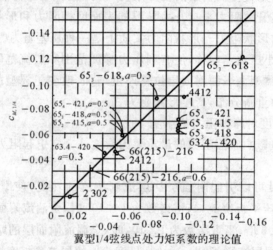

图 2-19 NACA 翼型俯仰力矩系数的实验值与理论值比较

2.2 风力机翼型的特点与国外风力机翼型

2.2.1 风力机翼型相对于传统航空翼型的特殊要求

在 20 世纪 90 年代以前,风力机叶片设计通常使用已有的传统航空翼型,如四位数字 NACA44 系列和 NACA63 或 64 系列翼型[1],叶片中部和根部所需的厚翼型是通过将较薄的 NACA 翼型坐标线线性放大得到的。但是,与航空翼型相比,风力机翼型有许多专门的设计要求。例如,航空翼型的相对厚度一般为 4%～18%,而风力机翼型的相对厚度一般为 15%～53%;飞机一般要求在巡航马赫数和巡航升力下的翼型有高升阻比,而风力机要求翼型具有从小风速到大风速的所有速度范围内、直到最大升力系数时有高升阻比;航空翼型在满足巡航设计要求的情况下,要求翼型具有尽可能高的最大升力,而对于失速控制类型的风力机则要限制翼型的最大升力;航空翼型主要要求在失速攻角附近具有和缓的失速特性,而风力机翼型则必须在失速后的所有攻角下都具有和缓的升力变化;航空翼型按光滑表面设计,而风力机翼型设计必须考虑粗糙度的影响,要求所设计翼型的性能对粗糙度不敏感。另外,风力机翼型设计需要考虑动态失速问题等。因此,随着风力发电的快速发展,人们认识到已有的传统航空翼型除了不能满足大功率风力机叶片高风能利用系数和低载荷的设计需求外,还不能适应恶劣的环境。与航空翼型的工况条件相比,风力机翼型的工况条件更为恶劣。例如,风力机经常面临风速频繁变化的情况;经历着更多的、引起高疲劳载荷的湍流;由于昆虫和空气中的污染物会使翼型表面有很大的粗糙度,引起翼型气动性能的降低,因而降低发电功率;当运转在偏流、失速或湍流条件下时,叶片上的流动发生动态失速,可能会引发叶片气动失稳和自激摆振等;此外,随着叶片直径的不断增大,减小质量和疲劳载荷的需求使发展具有更大结构强度和刚度、同时气动性能优良的厚翼型成为必需,传统的航空翼型都比较薄,不能满足设计要求。因此,发展风力机叶片专用翼型是十分必要的。

2.2.2　已有国外风力机翼型

为了适应风力机设计对翼型的更高要求,西欧、北欧和美国从 20 世纪 80 年代后期皆开始进行专门用于风力机的先进翼型设计研究。荷兰 Delft 工业大学在欧盟 JOULE 计划、荷兰能源与环境局(NOVEM)等方面资助下,发展了 DU 风力机翼型族,1991 年和 1993 年设计了相对厚度分别为 25% 和 21% 的 DU91—W2—250 和 DU93—W—210 翼型(DU 系列翼型的命名遵循如下规则:DUyy—W(n)—xxx 中 DU 代表 Delft University of Technology,yy 代表年份的后两位数字,W 代表 wind energy application,xxx 代表相对厚度百分数的 10 倍,对于 DU91,W 后带一个数字 n,则表示那一年对相对厚度为 25% 的翼型有多个设计)。对这两个翼型在荷兰 Delft 工业大学的低湍流风洞进行了雷诺数为 1.0×10^6 的风洞实验。此后又设计了相对厚度分别为 18% 的 DU95—W—180 和 DU96—W—180 翼型、30% 的 DU97—W—300 翼型、35% 的 DU00—W—350 翼型以及 40% 的 DU00—

W—401 翼型,形成了相对厚度为 15％～40％的 DU 翼型族[33]。这些翼型的设计原则是,外侧翼型具有高的升阻比、高的最大升力以及和缓的失速特性、对粗糙度不敏感和低噪声等性能。内侧翼型适当满足上述要求,重点是考虑几何兼容性及结构要求。与传统航空翼型相比,DU 翼型具有被限制的上表面厚度,即限制上表面最高点到弦线的距离(特别是对厚翼型),低的粗糙度敏感性和后加载。目前,DU 翼型已应用于直径为 29～100 m、最大功率为 350 kW～3.5 MW 的十多种不同类型的风电机组。图2-20 给出了荷兰的 DU 翼型族示意图。

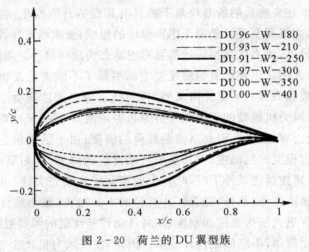

图 2-20　荷兰的 DU 翼型族

　　瑞典航空研究院(Flygtekniska Forsoksanstalten Aeronautical Research Institute of Sweden,FFA)在 20 世纪 90 年代设计了 FFA—W3—211 翼型以及两个较厚的翼型 FFA—W3—241 和 FFA—W3—301(FFA 为瑞典航空研究院的缩写,W 代表 wind energy,相对厚度分别为 21.1％,24.1％,30.1％),并分别在 L2000 风洞和 VELUX 风洞中进行了风洞实验。这些翼型比 NACA 翼型有更大的相对厚度和更好的高升力性能。由于实验雷诺数低于 2×10^6,其高雷诺数性能是缺乏验证的。因此,用于需要高雷诺数的大型风力机叶片设计还需要进一步验证。图2-21 为瑞典的 FFA 翼型族的示意图。

　　丹麦 RISØ 国家实验室(Risø National Laboratory)在 20 世纪 90 年代后期使用计算流体力学方法,发展了由 RISØ—A1—18,RISØ—A1—21 和 RISØ—A1—24 三个翼型组成的 RISØ A1 风力机翼型族,在 VELUX 风洞中进行了雷诺数为 1.6×10^6 的风洞实验。该翼型族主要用于 600 kW 以上的风电机组。风场实验表明,这些翼型非常适合于被动失速控制风力机和主动失速控制风力机,但对粗糙度敏感性比预期要高。对 600 kW 主动失速控制风电机组的风场实验表明,在发电量相同的情况下,疲劳载荷减少了 15%,同时还减少了叶片的质量和实度。此外,该实验室还设计出了 RISØ—P 翼型族和 RISØ—B1 翼型族。RISØ—P 翼型族用于变桨控制风力机,并减小了对粗糙度的敏感性。RISØ—B1 翼型族用于变速、变桨控制的大型兆瓦(MW)级风电机组,其相对厚度为 15%~53%,具有高的最大升力系数,从而使更细长的叶片能保持高的气动效率。据报道,其中 RISØ—B1—18 和 RISØ—B1—24 两个翼型在 VELUX 风洞进行了 Re 为 1.6×10^6 的风洞实验。RISØ—B1—18 翼型的最大升力系数达到 1.64,在使用标准粗糙带进行强制转捩后,最大升力系数下降 3.7%,更严重的粗糙度使最大升力系数减少 12%~27%。RISØ—B1—24 翼型的最大升力系数为 1.62,使用标准粗糙带的固定转捩使最大升力系数下降 7.4%,联合使用涡发生器和 GURNEY 襟翼使该翼型的最大升力系数增加到 2.2。对比研究指出,RISØ—B1 翼型族具有优良的前缘粗糙度性能。图 2-22~图 2-24 给出了部分 RISØ 翼型的示意图。

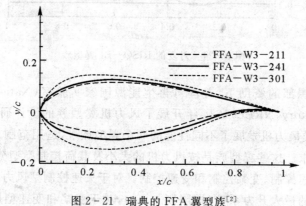

图 2-21　瑞典的 FFA 翼型族[2]

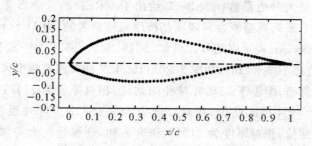

图 2-22　丹麦的 RISØ—A1—21 翼型

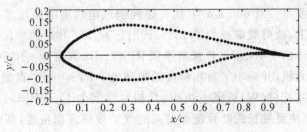

图 2-23 丹麦的 RISØ—A1—24 翼型

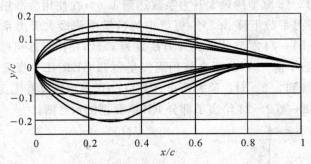

图 2-24 丹麦的 RISØ—B1 翼型族

在美国能源部的资助下,美国可再生能源国家实验室(National Renewable Energy Laboratory,NREL)1984 年开展了风力机翼型族的设计研究,到 20 世纪 90 年代,为各类风力机发展了不同性能的 9 个翼型族[6],适用范围从根部到叶尖,并满足结构要求。这些翼型族是按风力机的大小及载荷控制类型分类的。载荷控制类型分为失速控制、变桨控制和变速控制。对于失速控制型风力机,要求叶片外侧翼型具有低的最大升力系数(即限制 $c_{L,\max}$),对于变桨和变速型风力机,要求外侧翼型有高的最大升力系数。表 2-2 给出了 NREL 的 9 个 S 系列翼型族的分类。NREL 的 S 系列翼型族命名规则是按序列号命名的,由 D. Sommers 设计,其命名规则为 S8xx,xx 表示序列号。例如,S819,S820,S821 为一族翼型,适用于中等叶片长度(直径 10~20 m),功率为 20~150 kW 的失速控制型风力机。S819 为风力机叶片主翼型,配置于 75% 叶片径向站位,相对厚度为 21%;S820 为叶尖翼型,配置于 95% 叶片径向站位,相对厚度为 16%;S821 为叶片根部翼型,配置于 40% 叶片径向站位,相对厚度为 24%。研究表明,新翼型大大增加了风电机组的能量输出,风力机年发电量增加范围为 10%~35%,其中以失速型控制风电机组增幅最大。两个厚风力机翼型 S809 和 S814 是 1997 年设计的,其相对厚度分别为 21% 和 24%。对于相对厚度为 24% 的翼型,设计要求在雷诺数为 1.5×10^{6} 以下的最大升力系数至少达到 1.3,在升力系数为 0.6～1.2 的范围内有低的型阻。S809 翼型也有类似的设计要求,另外还要求其气动性能对粗糙度不敏感。这两个翼型在荷兰 Delft 工业大学的低湍流风洞进行了雷诺数为 1.0×10^6 的风洞实验。这些翼型是针对较小的通用风力机设计的,其设计升力和最大升力系数较低。针对大型风力机叶片设计的需求,NREL 在 2005 年设计了具有高设计升力的 S831和 S830 翼型[35],相对厚度分别为 18％和 21％,其计算预计的最大升力系数分别为 1.5 和 1.6,计算预计的设计升力系数为 1.2。目前,尚未见到关于这些新翼型的风洞实验报道。图 2-25 和图 2-26 分别给出了用于中等叶片长度的 NREL 厚翼型族和用于大尺寸风力机的 NREL 高升力翼型族。

表 2-2　NREL 翼型族

叶片直径 m	风机类型	翼型厚 度类别	叶尖 $c_{L,\max}$	翼型		
				主(primary) 翼型	叶尖(tip) 翼型	叶根(root) 翼型
3～10	变速变距	厚	低	—	S822	S823
10～20	变速变距	薄	高	S801	S802 S803	S804
10～20	失速控制	薄	低	S805 S805A	S806 S806A	S807 S808
10～20	失速控制	厚	低	S819	S820	S821
20～30	失速控制	厚	低	S809	S810	S811
20～30	失速控制	厚	低	S812	S813	S814 S815
20～40	变速变距	—	高	S825	S826	S814 S815
30—50	失速控制	厚	低	S816	S817	S818
30—50	失速控制	厚	低	S827	S828	S818

德国 Stuttgart 大学空气动力学研究所在 1981 年设计了相对厚度为 19％的FX66—S196—V1 翼型,其特点是当较低雷诺数时具有很宽的低阻范围。如图2-27 所示为 FX66—S196—V1 翼型的外形示意图。

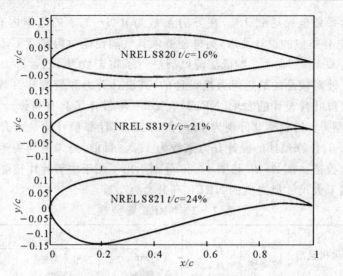

图 2-25　用于中等叶片长度的 NREL 厚翼型族

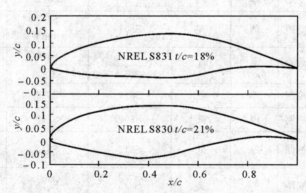

图 2-26　用于大尺寸风力机的 NREL 高升力翼型族

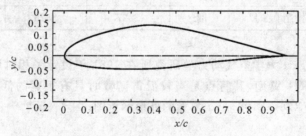

图 2-27　德国 Stuttgart 大学的 FX66—S196—V1 翼型[2]

2.2.3　新风力机翼型的性能特点、气动特点、几何特点和设计要求

新风力机翼型的性能特点是,具有更高的风能捕捉能力和低载荷,能满足建造大功率风力机的需要。新风力机翼型的主要气动特点:①具有和缓的失速特性;②气动性能对粗糙度不敏感;③随升力系数变化具有宽的低阻范围。新风力机翼型的几何特点:①具有大的相对厚度;②为降低粗糙度敏感性,具有较小的上表面厚度;③具有后加载,以满足设计升力的需要。如图 2-28 所示给出了荷兰 Delft 工业大学 DU 翼型族设计者对构成风力机叶片的翼型气动特性要求及其对不同叶片径向站位处的重要性[5]。

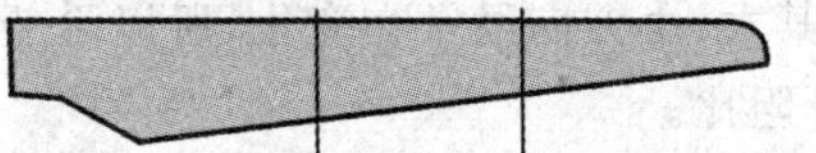

相对厚度	>0.28	0.28~0.21	0.21>
高的最大升阻比	●	●●	●●●
和缓的失速特性			●●
粗糙度不敏感性	●	●●	●●●
低噪声			●●
几何兼容性	●●	●●	●●
结构	●●●	●●	●

注:●代表重要性。

图 2-28　DU 翼型族的设计要求[5]

由图 2-28 所示可以看出,叶片外侧翼型对气动性能的要求是非常高的。这是因为叶片捕捉到的风能的 60% 以上是由叶片径向站位在 70%~100% 的叶片外侧部分提供的。另外,随着叶片直径的不断增大,叶尖速度提高,低噪声的特性也是重要的设计要求;对于叶片根部翼型,重点是结构的要求(如强度、刚度要求),在保证结构要求的前提下,兼顾高最大升阻比和低粗糙度敏感性的要求;叶片中段翼型除对和缓失速特性不要求外,对高最大升阻比、低粗糙度敏感性、低噪声都有较高要求,但相比叶尖翼型要求稍低。作为构成叶片的翼型族,良好的几何兼容性是对叶根、叶展中段、叶尖翼型同等重要的。沿叶展方向不同厚度的翼型应构成光顺的叶片外形,如 RISØ-B1 族翼型,几何相容性是通过对翼型前缘曲率的限制、翼型压力面后部外形限制、翼型最大厚度位置限制来保证的[34]。DU 翼型有叶片中段翼型设计迎角相近的要求[5]。

综上所述,针对变桨或变转速的大型风力机叶片,新一代风力机翼型需要满足

以下设计要求。

1. 大的使用迎角范围

图 2-10 给出了风力机叶片的径向某个翼型微段上所作用的气动力。图中,ϕ 为风轮旋转平面与来流的夹角,θ 为叶片扭转角,α 为翼型的迎角,$\phi=\theta+\alpha$。由图可见,驱动叶片旋转做功的是切向力 F_t,其表达式为

$$F_t = \frac{1}{2}\rho W^2 Bc\Delta R(c_L\sin\phi - c_D\cos\phi) \tag{2-7}$$

对于小的 α 和 θ,升力系数只有一个很小的分量贡献给切向力 F_t。因此,新一代翼型应该具有更大的使用迎角,因为更大迎角同时对应更大的 c_L。此外,由于风的随机性,其大、小方向经常在变化,所以希望翼型直到接近失速的非设计迎角下具有高的升阻比。

2. 高升力系数设计要求

设风力机直径为 D,其质量和费用正比于 $D^{2.4}$。由于高升力系数对应较小的弦长,因此,对于尺寸很大的风力机,使用具有高设计升力系数的翼型,尤其是在叶片根部使用高设计升力系数翼型,可以减小叶片实度,减少叶片的质量和费用,并提高启动力矩(由于来流动压一定时,升力系数和弦长的积(升长积)$c_L c$ 决定了叶片产生的力的大小,因此高的 c_L 可以允许更小的弦长 c)。

3. 大的迎角(升力)变化范围内尽可能高的升阻比

具有高设计升力系数下的高升阻比,并在较宽的可用升力系数范围内具有低阻特性,即在较大的迎角变化范围内翼型具有高升阻比,可以提高风能利用效率和发电量。

4. 粗糙度不敏感性,特别是最大升力系数对粗糙度的不敏感性

对粗糙度不敏感,可以保证风力机叶片在灰尘、昆虫尸体黏附、结冰等情况下仍能高效运行。

5. 翼型(特别是叶尖部分的翼型)具有良好的动力学性能、和缓的失速特性

如前文所述,良好的动态特性及和缓的失速特性保证了叶片疲劳载荷和动力学特性满足设计要求。

2.3 风力机翼型气动特性计算与设计方法

2.3.1 风力机翼型气动特性计算方法

风力机翼型气动特性的预测精度对设计结果有重要影响,准确高效的风力机

翼型气动特性计算方法是发展新一代风力机翼型设计技术的前提和重要基础。目前,国内外用于风力机翼型黏性绕流计算与分析的方法主要可以归纳为三种:①基于不可压势流方程(面元法计算)-附面层方程-分离区模型迭代计算的低速和低亚声速翼型气动特性计算方法;②基于全速势方程(或欧拉方程)-附面层方程迭代计算的翼型气动特性计算方法;③基于雷诺平均 Navier-Stokes(RANS)方程的定常、非定常黏性流动的翼型气动特性计算方法(包括固定转捩 RANS 方程计算和耦合转捩自动判定的 RANS 方程计算方法)。第一种方法能快速有效地计算出低速和低亚声速翼型气动性能;第二种方法可以用于低速、亚声速和跨声速翼型计算;第三种方法的适用范围更加广泛,而且具有更可靠地预估翼型最大升力特性的能力。

　　下面首先对这三种方法分别进行简要介绍,然后重点介绍本章笔者所在课题组针对风力机翼型发展的第三种计算方法,最后描述建立于更精确物理模型上的大涡模拟和 DNS 方法。

　　1. 基于面元法的不可压势流-附面层迭代的翼型气动特性计算方法

　　(1)面元法的基本思想

　　无旋假设下,绕翼型不可压缩、无黏流动的控制方程为速度势的拉普拉斯(Laplace)方程。点源、点涡、均匀流等的速度势均是满足 Laplace 方程的基本解。因此,它们的叠加仍然满足 Laplace 方程。若将其适当叠加同时保证无黏流动的物面边界条件得到满足,则可得到绕流问题的解。

　　面元法通过在翼型表面布置面源或面涡并与直匀流叠加求解翼型的气动特性,其关键在于确定合适的面源强度分布或面涡强度分布。该方法的一般步骤:根据已知翼型的形状,将物面分割成数目足够多的有限小块,即面元;在每个面元上存在强度待定的面源或面涡;通过满足每一个面元上控制点的无穿透边界条件(法向速度为零的无黏流边界条件)和翼型后缘的库塔条件得到以面元强度为未知量的线性方程组;求解此方程组,可以确定面元强度,得到扰动速度势,根据扰动速度势就可以计算出压强、升力和力矩特性。

　　(2)有黏/无黏迭代思想

　　在无黏假设下,翼型绕流的理论计算结果是翼型阻力为零,这显然与实际情况不符。导致这一结果的原因在于没有考虑流体的黏性影响。为解决这一问题,普朗特(Prandtl)在大量观察、实验研究的基础上提出了著名的附面层理论。附面层理论将流动区域分为黏性有显著影响的附面层区域和黏性影响可以略去不计的无黏流动区域。两个区域分别用有黏和无黏的方法进行计算。但应注意到,附面层外边界上的流动参数值与无黏流动区域在该处边界的流动参数值相互匹配。因此,这两个区域的求解问题是耦合在一起的。例如,翼型表面的压力分布、升力和力矩值都受到附面层流动的影响,而无黏流动计算值的不同,反过来又会影响附面层流动的计算结果。解决这一耦合问题的常用方法是,采用有黏/无黏迭代算法,即考虑无黏流动计算和有黏流动计算相互影响的实际情况,对这两个区域进行交互、反复的迭代计算,直到两个流动区域交界处的值相互匹配为止。有黏/无黏迭代算法的具体过程详见参考文献[8]。

基于面元法的不可压势流-附面层迭代计算方法的计算软件,目前,国内外比较流行的是 XFOIL 软件[45]。该软件是由美国 MIT 的 Mark Drela 在 1986 年研制的,2001 年重新进行了修改。该软件用面元法计算势流,用积分方法计算附面层和尾迹,用 e^N 方法计算转捩,用 Karman-钱学森公式进行压缩性修正,计算速度快,易于使用。但就风力机翼型而言,该软件主要不足之处是,对于大攻角下的气动特性,特别是最大升力的计算误差较大,还有该软件不能计算动态失速问题。图 2-29 表示了相对厚度为 21% 的 DU93—W—210 翼型在雷诺数 $Re=1.0\times10^6$ 时的 XFOIL 计算结果与实验的对比。可以看出,在线性段,XFOIL 的计算结果比较可靠,但是当大攻角时,升力系数和阻力系数的计算结果与实验值有较大偏差。

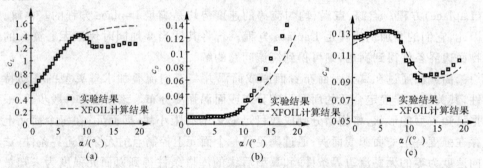

图 2-29 DU93—W—210 翼型的 XFOIL 计算结果与实验结果的对比($Re=1.0\times10^6$)

(a)升力特性; (b)阻力特性; (c)力矩特性

2.基于全速势方程(或欧拉方程)-附面层方程迭代计算的翼型气动特性计算方法

全速势方程是可压缩、无黏无旋流动的精确控制方程,而欧拉方程是在不考虑流体黏性影响的前提下最精确的流体运动方程,不存在无旋假设,具有更广的适用范围。翼型气动特性计算方法可用于低速、亚声速和跨声速翼型的计算。全速势方程和欧拉方程都需要采用计算流体力学方法对控制方程进行离散求解。通过数值求解无黏流动区域的流动参数,结合附面层理论、有黏/无黏迭代算法,可求得翼型绕流整个计算域的流动参数,从而获取翼型的压力分布和气动特性。

翼型气动特性计算方法的代表性软件为 MSES 软件[9]。Drela 等人在 XFOIL 的基础上,用欧拉方程代替拉普拉斯方程,发展了基于欧拉方程-附面层方程迭代计算方法的 MSES 软件,并得到较为广泛的应用。MSES 软件采用积分形式的定常二维欧拉方程作为控制方程,在流线网格上使用有限体积法对控制方程进行求解。迭代过程中采用全局性牛顿方法和守恒型差分格式,对超声速区使用了人工黏性,以便正确捕捉激波。对于流动的物理黏性,求解积分形式的可压缩附面层方程,认为附面层和尾流把无黏流动从物体表面推开,推开的量等于附面层的"位移厚度"。在此基础上,构造层流和湍流封闭关系式,转捩计算采用 e^N 方法,并把附面层求解耦合到欧拉方程的求解过程中。迭代求解时,按附面层位移厚度逐次修改流线形状,即修改流线网格。最终得出翼型表面的压力分布以及翼型的气动特性。

与基于面元法的不可压势流-附面层迭代计算方法相比,基于欧拉方程-附面层方程迭代的计算方法具有更广的适用范围,但需要生成计算网格,计算速度稍慢。由于这两类方法中,后缘分离气泡在翼型下游的闭合点位置是用半经验方法确定的,并且难以准确模拟大攻角时可能发生在翼型前缘的层流分离气泡,因此,计算得到的翼型大攻角气动特性往往有较大误差,特别是对风力机翼型设计中所关心的最大升力及失速特性的预测往往不够准确,而且在高速绕流问题中分离气泡的确定方法具有更大的不确定性。此外,当使用定常势流方程时,这类方法不能计算翼型的动态特性。图 2-30 所示为相对厚度为 25% 的 NPU-WA—250 翼型在雷诺数 $Re=1.5\times10^6$ 时的 XFOIL 和 MSES 计算结果与实验结果的对比。可以看出,在线性段,XFOIL 和 MSES 的计算结果都与实验结果较为吻合,并且 MSES 的计算结果比 XFOIL 更加精确。但当大攻角时,两者的升力系数和阻力系数计算结果与实验值都有较大偏差。

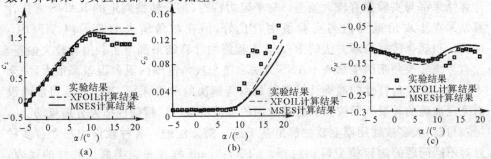

图 2-30　NPU-WA—250 翼型的 XFOIL 和 MSES 计算结果与
实验结果的对比($Re=1.5\times10^6$)

(a)升力特性;　(b)阻力特性;　(c)力矩特性

3. 基于雷诺平均 Navier-Stokes 方程的定常、非定常黏性流动的翼型气动特性计算方法

Navier-Stokes 方程考虑了流体黏性的影响，是目前最普遍、最精确的流体运动方程。因此，基于 Navier-Stokes 方程的翼型计算方法适用范围进一步扩大，可以计算从负攻角到大攻角、甚至失速以后的低速、亚声速及跨声速定常、非定常气动特性，而且具有比前面两种方法更可靠地预计翼型最大升力特性的能力，能够更为详细地解释流动现象的物理机制。

雷诺平均 Navier-Stokes 方程是流场时均变量的控制方程。假定湍流中的流场变量由时均量和脉动量组成，对 Navier-Stokes 方程进行处理即可得出 RANS 方程。RANS 方程引入了新的未知量——雷诺应力，必须附加封闭方程，即湍流模型，才能对 RANS 方程进行数值求解。目前，已经发展了并且还在研究发展的各种湍流模型中，有的湍流模型对于附体流动占优势的情形，计算结果比较好；有的湍流模型对于存在大分离区的情形，计算结果比较好。现在还没有在各种情形下都很满意的湍流模型。由于基于 RANS 方程的流动转捩的正确预测仍处于研究发展阶段，因此用 RANS 方程的定常、非定常黏性流动翼型计算方法大部分是基于前缘固定转捩位置的全湍流计算。这种全湍流计算方法在中、小攻角下高估了翼型的阻力，对厚的风力机翼型可导致最小阻力计算偏差达到 30% 以上。

图 2-31 表示了相对厚度为 30% 的 DU97—W—300 翼型当雷诺数 $Re = 3.0 \times 10^6$ 时的 XFOIL, MSES 和全湍流 RANS 方程及耦合转捩判断方法的 RANS 计算结果与实验结果的对比。由于该翼型厚度较大，XFOIL 对升力系数和力矩系数的计算结果与实验值偏差较大，而 MSES 和 RANS 对升力系数和力矩系数计算结果在线性段与实验值更为吻合。在翼型失速前的大攻角状态下，RANS 方程的计算结果比 MSES 更接近实验值。但在翼型失速以后，四种方法的计算结果都与实验值有较大偏差。对于阻力特性，耦合转捩判定的 RANS 方法计算结果在小攻角范围内与实验值吻合良好，但在攻角稍大的范围内，XFOIL, MSES 和耦合转捩判断方法的 RANS 方程解的计算结果都与实验值有较大偏差。没有考虑转捩判断的全湍流 RANS 方法在整个攻角范围内阻力误差都很大，完全不可用。大攻角特性的准确计算仍然是亟待解决的前沿课题，其原因是目前尚没有完全准确的转捩判断模型和普遍适用的湍流模型可以精确模拟大分离流动。

目前，大多数通用商业软件都是基于这一类方法的。各种软件中都含有多种针对不同问题的湍流模型可供选择。CFX, Fluent 软件是这类商用软件的代表，目前耦合了基于湍流模型 SST$k-\omega$ 的 $\gamma-\overline{Re}_{\theta t}$ 转捩判断模型。$\overline{Re}_{\theta t}$ 代表转捩处动量厚度雷诺数。该转捩判断模型求解类似于 SST$k-\omega$ 输运方程的 $\gamma, \overline{Re}_{\theta t}$ 输运方

程,可根据湍动能的值判断转捩位置。图 2-32 给出了笔者课题组采用 $\gamma\text{-}\overline{Re_{\theta t}}$ 转捩判断模型计算的 S809 翼型上(吸力面)、下(压力面)表面随迎角变化的转捩点位置与实验结果的对比,较为一致的结果说明 $\gamma\text{-}\overline{Re_{\theta t}}$ 转捩判断模型的有效性。

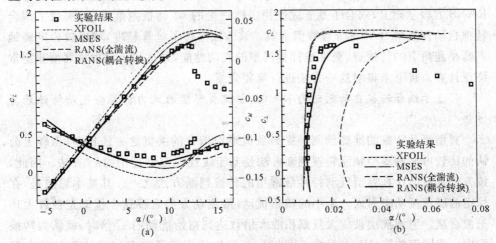

图 2-31　三种方法计算风力机翼型 DU97—W—300 气动特性与

实验结果的对比($Re=3.0\times10^6$)

(a)升力和力矩特性;　(b)阻力特性

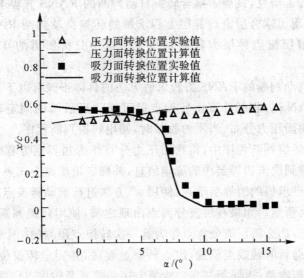

图 2-32　S809 翼型上、下表面随迎角变化的转捩点位置与实验值的对比

在国家高技术研究发展计划《风力机先进翼型族的设计与实验研究》的支持下,笔者课题组开展了针对风力机翼型气动特性计算的高效、高精度 CFD 方法研究。该方法采用与 XFOIL 及 MSES 软件相同的转捩判断方法,在固定转捩 RANS 方程基础上,耦合了基于线性稳定性理论的 e^N 转捩判断方法,实现了耦合转捩自动判断的 RANS 方程数值求解。该方法改善了计算精度,可以较为准确地判断小迎角下的转捩点,更准确计算翼型的气动性能,并适用于风力机翼型非定常绕流计算。接下来将对这一方法进行简要介绍。

4. 基于耦合转捩自动判断的 RANS 方程求解器的风力机翼型气动特性计算方法

翼型流动转捩的准确预测是提高数值模拟精度的关键之一。目前,工程上公认的比较可靠的翼型绕流转捩判断方法是基于线性稳定性理论的 e^N 方法。因此,该方法是目前计算翼型气动特性最常用的转捩判断方法之一。其基本思想是,在稳定的层流流动中引入一个小的初始扰动,沿流动方向观察这个扰动是被放大还是被衰减。当该扰动被放大且累积放大倍数达到初始扰动的 e^N 倍时,就认为转捩发生。德国宇航院(DLR)早在 20 世纪 90 年代就开始了在 RANS 方程计算中耦合转捩判断的研究,并成功地将这一技术应用在了单段翼型、多段翼型[10]和三维增升装置[11]的气动性能分析上。国内,笔者所在的课题组[12]采用 e^N 方法对翼型边界层转捩进行了研究,发展了耦合转捩自动判断的 RANS 方程求解器。为节省计算量,首先实现了耦合层流边界层方程求解的转捩自动判断 RANS 方程求解。该方法通过求解层流边界层方程得到线性稳定性分析所需的高精度层流边界层解。

耦合转捩自动判断的 RANS 方程求解方法的具体步骤有以下几步:

第一步:RANS 方程的计算由转捩点极可能靠近后缘的固定转捩计算开始,计算得到翼型物面压力分布,当压力收敛时,调用转捩判断程序。

第二步:在转捩判断程序中,将物面压力分布作为边界层方程的输入参数,求解边界层方程得到层流边界层内的流动信息,并确定出层流分离点(物面摩擦应力为零的点)。对已求得的边界层信息,使用 e^N 方法进行流动转捩点的预测,得到转捩点位置的一次预测。如果在层流分离点出现之前,使用转捩判断方法还没能预测到一个转捩点,那么将层流分离点作为这一次转捩点预测的一个近似。

第三步:根据新的转捩点位置,建立转捩过渡区,并固定转捩位置进行流场计算,直到压力分布收敛,返回第二步。重复上述步骤直至转捩点位置收敛。

第四步:得到收敛的转捩位置后,建立转捩过渡区,以判断得到的转捩点位置为固定转捩点,计算流场直到收敛。

图 2 - 33 所示为耦合边界层求解判断转捩的 RANS 方法的具体流程。

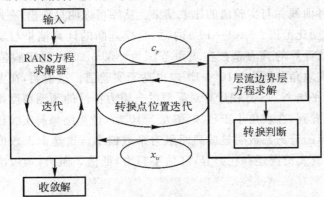

图 2 - 33　耦合边界层求解判断转捩的 RANS 方法流程

采用上述方法对 DU91—W2—250 翼型进行了气动特性的计算验证。

计算状态：马赫数为 0.1，雷诺数为 1.0×10^6，攻角范围为 $-15.8° \sim 28.1°$，采用自由转捩和全湍流两种模型，使用 SA 湍流模型模拟湍流。

图 2 - 34 给出了采用全湍流和耦合自动转捩判断两种 RANS 方程数值求解方法计算得到的翼型表面压力分布，以及与实验值[2]的比较结果。从图可以看出，计算结果与实验测量结果基本一致，加转捩判断的压力分布与实验值符合更好，而全湍流计算的吸力面前半段压力分布与前两者相差较大，说明考虑转捩影响后的 RANS 方程求解能更准确地模拟翼型绕流流场。

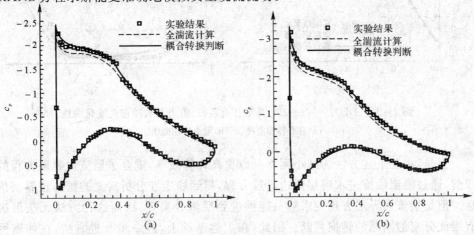

图 2 - 34　DU91—W2—250 翼型表面压力分布计算和实验结果比较

(a) $\alpha = 7.686°$；　(b) $\alpha = 9.742°$

如图 2-35 所示为采用全湍流和耦合转捩判断两种方法数值计算得到的翼型升力、阻力特性曲线并与实验值的比较结果。从图可以明显看出,在风力机翼型的使用工况攻角变化范围($-10°\sim10°$)内,加转捩判断的计算结果与实验数据基本吻合,而全湍流计算的升力系数在攻角范围为$-5°\sim10°$内比实验值要低 0.1 左右,阻力系数在攻角范围为$-10°\sim10°$内也高于实验值。这说明,在考虑流动转捩因素后的雷诺平均 N-S 方程计算对翼型的升阻力特性的预测精度都有了一定提高。同样可以看到,在攻角小于$-10°$和大于$10°$后,计算结果与实验值变化趋势基本一致,但计算的升力系数明显偏高而阻力系数偏小。这是由于数值计算所采用的湍流模型与真实情况还存在差异,高估了升力,低估了阻力,难以准确模拟大分离流动。

上述方法在没有层流分离泡的情况下,能较可靠地预测中、小迎角下翼型流动转捩发生的位置,实现了考虑流动转捩的翼型黏性绕流数值模拟,在一定迎角范围内提高了预测翼型气动特性的精度。

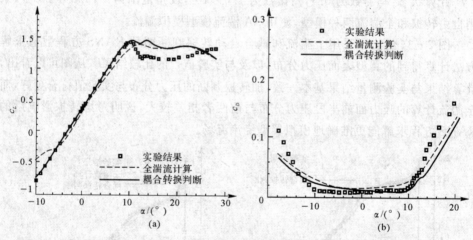

图 2-35　DU91—W2—250 翼型升力系数、阻力系数随迎角变化曲线
(a)升力特性曲线；　(b)阻力特性曲线

但是,由于上述方法为减小网格量以提高计算效率,耦合了层流边界层方程的求解,通过沿流线推进求解层流边界层方程,得到稳定性分析需要的精确边界层信息。但是层流边界层方程的求解只能推进到层流分离点,因而这种方法无法解决有层流分离泡问题的转捩判断。因此,在上述基础上,进一步改进方法,在加密网格上直接求解 RANS 方程,为 e^N 转捩判断方法提供高精度边界层的解,实现有层

流分离流动的转捩点自动判断,进而进一步有效提高现有求解器预测翼型气动特性的精度。

改进后的在 RANS 方程求解器中耦合 e^N 转捩预测程序的流程如图2-36所示。

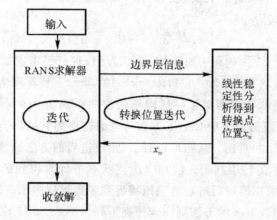

图 2-36　RANS 方程求解器与 e^N 转捩判断方法耦合流程图

耦合计算的具体过程如下所述。

第一步:由固定转捩开始计算 RANS 方程,为获取充分的层流边界层信息,假设初始转捩位置在翼型靠近后缘处;

第二步:当流场解基本收敛时,由物面压力分布得到边界层外边界上的压力分布,由此计算和提取出边界层内、外边界处各流动参数的值;

第三步:调用转捩判断程序,耦合 e^N 转捩判断方法,进行转捩点位置的判断,得到第一次预测出的转捩点位置;

第四步:将新的转捩点位置代入到流场求解程序中,进行下一次迭代计算,重复第二步到第四步,直至转捩位置不再变化;

第五步:将收敛的转捩位置输入 RANS 方程求解器中,采用固定转捩计算流场,直到收敛。

第二步中,根据边界层理论,边界层内沿物面外法线方向的压力梯度近似为零,从而可以由物面压力分布得到边界层外边界的压力分布,再利用等熵关系式,确定出边界层外边界处各流动参数的值。在进行第三步前,由于线性稳定性方程的求解对初值精度要求很高,因此,必须尽量提高由 RANS 方程计算结果中提取出的边界层信息的精度。为了得到可用于稳定性分析的高精度边界层信息,包括边界层速度型及速度沿物面外法线方向的一阶、二阶导数,可通过如下方法对边界层信息进行合理的处理：①边界层内网格加密；②采用 B 样条拟合方法对速度型进行光顺；③采用 Falkner-Skan 变换对物理边界层沿物面法向的尺度进行变换，并对各弦向位置处的边界层法向网格分布进行统一。第三步的转捩判断需要预先设定转捩放大因子 N，通常与湍流度有关。当来流湍流度 $T_u > 0.1\%$ 时，转捩放大因子 N 的修正公式为

$$N = -8.43 - 2.4\ln T_u \qquad (2-8)$$

以相对厚度为 21% 的风力机翼型 S809 为例，进行了考虑层流分离的翼型绕流数值模拟。计算状态为 $Ma = 0.1, Re = 2 \times 10^6, \alpha = 1°$，计算网格如图 2-37 所示，网格量为 512×240，物面距离第一层网格的法向距离为 4.0×10^{-6} 倍弦长。图 2-38 给出了全湍流假设下的 RANS 方程与考虑转捩的 RANS 方程计算得到的压力分布与实验值[13] 的对比。从图可以看出，用改进后的方法计算得到的压力分布比参考文献[12] 中的转捩判断方法和全湍流状态下计算得到的压力分布更接近实验值。特别是，采用改进后方法准确地捕捉到了边界层内出现的层流分离泡，而采用全湍流假设和改进前的方法则完全捕捉不到。图 2-39 和图 2-40 给出了计算出的 S809 上、下表面的层流分离泡。

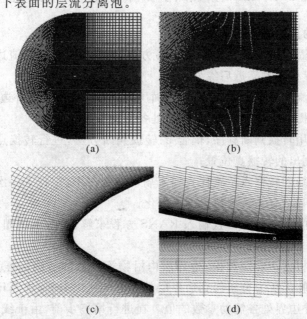

图 2-37　S809 翼型网格示意图

(a)S809 翼型网格全局；　(b)S809 翼型网格放大图；
(c)S809 翼型前缘网格局部放大图；　(d)S809 翼型后缘网格局部放大图

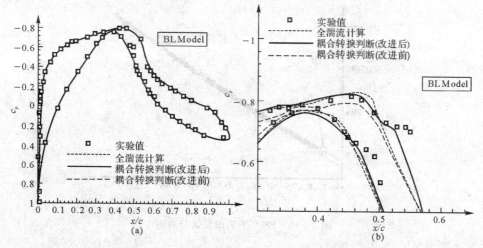

图 2-38　全湍流 RANS 解、改进前后的耦合转捩判断 RANS 解与实验值对比[13]

(a)S809 翼型表面压力系数比较；　(b)压力系数局部放大图

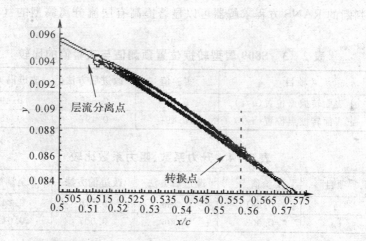

图 2-39　S809 上表面层流分离泡

　　表 2-3 给出了 S809 翼型转捩位置的预测值与实验值的比较。可以看出，采用改进的方法明显提高了有层流分离流动转捩位置的预测精度。改进前的方法利用求解边界层方程为线性稳定性方程提供初始边界层信息，不足之处是，边界层方程的求解只能推进到层流分离点。因此，只能用层流分离点近似转捩点，导致与实际情况有差别。

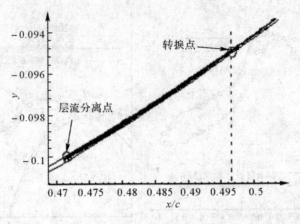

图 2-40　S809 下表面层流分离泡

　　表 2-4 给出了不考虑转捩自动判定、考虑转捩自动判定改进前、后方法计算得到的升力系数和阻力系数与实验值的比较。通过比较可以看出,改进后的耦合 e^N 转捩判断的 RANS 方程求解器可以显著提高有层流分离翼型的气动特性预测精度。

表 2-3　S809 翼型转捩位置预测值与实验值的比较

项目	实验值	改进后方法	改进前方法
上表面转捩点位置(x/c)	0.55	0.555	0.49
下表面转捩点位置(x/c)	0.49	0.497	0.45

表 2-4　升力系数、阻力系数比较

项目	实验值[15]	改进后方法	改进前方法	全湍流
c_L	0.281	0.286	0.276	0.243
c_D	0.003	0.006	0.007	0.011

5. 大涡模拟和直接数值模拟

　　尽管基于 RANS 方程耦合转捩判断模型的计算方法能够提高翼型气动特性的计算精度,但对于较为复杂的三维非定常湍流流动,这类方法通常不能给出令人满意的计算结果。如翼型在大攻角失速状态下,流动失去二维特性,翼型黏性绕流会存在非定常涡和分离、横向流动等复杂的流动现象。此时,需要借助更精细的数值模拟手段,利用更精确的物理模型,求解非定常控制方程,如分离涡模拟、大涡模拟,甚至直接数值模拟。但这类方法对计算网格的要求极高,计算量更大,在计算机当前的发展水平下,还不能在工程中取得实际应用,仍处于研究发展阶段。

大涡模拟(large‐eddy simulation,LES)的主要思想是,通过过滤方法将湍流分为大尺度脉动和小尺度脉动。对大尺度脉动直接进行数值求解,对小尺度脉动建立亚格子模型。与 RANS 模拟相比,LES 可以获得更多的湍流信息,例如大尺度的速度和压力脉动。这些动态信息对于复杂的三维非定常流动是非常重要的。但是,LES 对空间分辨率的要求比 RANS 模拟更高,需要足够密的计算网格才能获得有意义的计算结果。此外,LES 对计算网格质量也有较高的要求,如对网格各向同性的需求。

为了提高 LES 的计算效率,降低 LES 对网格的要求,出现了组合 RANS 和 LES 的混合 RANS/LES 方法。混合 RANS/LES 方法包括分区混合方法和连续混合方法。分区混合 RANS/LES 方法将计算域分为 RANS 区和 LES 区,在两个区域边界进行数据交换;连续混合 RANS/LES 方法采用统一的模型方程,用网格分辨尺度区分 RANS 和 LES,例如在较稀疏或网格长细比较高的区域中使用 RANS。分离涡模拟(detached‐eddy simulation,DES)是目前应用最为广泛的连续混合 RANS/LES 方法之一。它采用了统一的涡黏输运方程(Spalart‐Allmaras 的涡黏模型)。关于 LES 和 DES 的详细介绍请见参考文献[14]和[15]。

直接数值模拟(direct numerical simulation,DNS)不需要对湍流建立模型,采用数值计算直接求解完整的非定常 Navier‐Stokes 方程,得到所有尺度的流动信息。这就要求更高的空间分辨率和时间分辨率,即很小的空间网格长度和时间步长。因此,实现 DNS 需要规模巨大的计算机资源。对于最简单的湍流,可以在理论上估计其计算量,计算网格量正比于 $Re^{\frac{9}{4}}$,无量纲时间步长正比于 $Re^{-\frac{3}{4}}$,总的计算量正比于 Re^3。由于计算资源的限制,因此目前可实现湍流直接数值模拟的雷诺数较低,还需要很长的发展阶段才能用于实际之中。

2.3.2　基于计算流体力学的翼型设计方法

在计算机技术迅速发展以及计算流体力学(CFD)不断成熟的今天,CFD 数值模拟已经成为翼型设计中用来获得翼型的绕流特性及气动性能的主要手段。本小节首先介绍现有的基于 CFD 计算的翼型设计方法,包括直接修形方法、反设计方法和数值优化方法。最后,重点介绍笔者的课题组近年来发展的基于 Kriging 代理模型的高效全局优化算法。

1. 直接修形法

直接修形法依靠设计者的经验对翼型进行修形,再进行 CFD 计算获得翼型的气动特性,反复进行修形与 CFD 计算,直至获得满足所需气动性能的翼型。这种方法对设计者的要求较高,需要设计者深刻了解翼型气动特性和几何外形的关系,并具有足够多的设计经验。如果完全利用这种设计方法进行反复设计,需要的时间将很长。但该方法具有如下优点:通过与计算机图形软件、高效 CFD 软件结合可以实现在计算机屏幕上直接修改翼型几何外形,通过人-机对话修改设计[16],高效地设计出基本满足设计要求的初始外形,可作为翼型反设计和优化设计的基础。

2.反设计方法

反设计方法(逆方法)是指按给定翼型表面压力分布作为目标压力分布设计翼型几何外形的方法。该方法的优点是计算工作量小,快速高效。但该方法的主要难点在于,如何确定翼型的目标压力分布,并且它也不适用于有两个以上设计点和有多种约束条件的设计问题。因此,在实际翼型设计中,该方法必须和其他设计方法综合使用。

3.数值优化方法

数值优化方法是以气动特性为目标函数,如阻力系数或升阻比,并施加气动或几何约束条件,使用优化算法直接求解目标函数的最大或最小值。当处理约束时,可以直接使用约束优化算法,也可以很方便地将有约束问题转化为无约束问题求解。根据笔者的观点,基于 CFD 的数值优化方法一般分为三类:梯度法、非梯度法以及基于代理模型的优化方法。

(1)梯度法

梯度法的本质是,根据目标函数对设计变量扰动量的梯度信息,确定目标函数的搜索方向,反复迭代直到目标函数收敛到极小或极大值。计算梯度信息最简单的方法是有限差分法。该方法的计算量与设计变量的个数成正比,随着设计变量个数的增加,调用分析程序的次数也会增加,使得优化设计过程的计算量迅速增加。这个问题可以通过 A. Jameson[17-18] 用于气动优化设计中的基于控制理论的方法(Adjoint 方法)来解决。该方法通过求解流动控制方程及其伴随方程来进行梯度求解,其计算量只相当于两倍的流场计算量,而与设计变量数目无关。这一优点使得较多设计变量的气动优化设计的计算量大大降低。因此,该方法自提出以来得到了迅速发展,并成功应用于翼型、机翼、翼身组合体及其他复杂外形的气动优化设计中。

(2)非梯度法

由于梯度法属于局部优化方法,因而具有全局优化能力的非梯度方法同样受到人们的关注。较为流行的全局优化方法有进化算法、遗传算法(GA)或粒子群算法等。这类方法在优化过程中直接调用流场分析程序来获得翼型的气动性能,能够获得全局最优解,但是需要大量的目标函数计算(即 CFD 计算)次数,而随着设计变量个数的增加,所需目标函数计算次数会快速增长。对于应用欧拉方程或

Navier - Stocks方程进行多设计变量的优化设计时,所需计算量大。

(3)基于代理模型的优化方法

所谓代理模型,是指在分析和优化过程中可"代替"比较复杂和费时的物理分析模型(CFD)的一种近似数学模型。它利用设计空间内有限个样本点的信息,建立目标函数或状态函数与设计变量的近似对应关系。代理模型一旦建立,设计空间内任何一点的目标函数或状态函数便可迅速地得到。因此,代理模型方法可大大提高优化设计的效率。典型的代理模型有多项式响应面模型、Kriging 模型、径向基函数模型、人工神经网络以及支持向量回归模型等。近十几年来,基于代理模型的优化方法得到迅速发展,并在局部和全局气动优化设计中发挥着越来越重要的作用[19-21]。

4. 基于 Kriging 模型的风力机翼型优化设计方法

相对于其他代理模型,Kriging 模型有以下优点:①能更好地模拟高度非线性、多峰值问题;②建立 Kriging 模型所需实验设计点数不受设计变量个数的限制,即对于设计变量较多的情况,很少的实验设计点数也可以建立 Kriging 模型,因此,有更高的计算效率;③Kriging 模型在给出设计空间内任意一点近似响应值的同时,还能预测出该点的误差,利用误差信息可以构造出一定的样本点加点准则,通过自适应样本点加点来寻找设计空间内最有可能的全局最优值。因此,笔者的课题组近年来发展了基于 Kriging 代理模型的高效全局优化算法,并已应用于风力机翼型优化设计中。

(1)基于 Kriging 模型的优化设计方法

基于 Kriging 模型的优化设计方法首先使用实验设计方法(DOE),在设计空间内生成一定数量的样本点,调用真实的分析模型(CFD)获得这些样本点的响应值,利用这些样本信息,建立 Kriging 模型,从而可以由代理模型预测出设计空间内任意一点的响应值及其误差。使用遗传算法对目标函数或其他辅助函数(如Expected Improvement)进行优化,使用真实的分析模型(CFD)求得上述最优值点的响应值,并将其新的样本点加入已有的样本集,重新建立 Kriging 模型并采用遗传算法进行优化,直至收敛或达到最大允许的计算量。有关本方法的详细介绍见参考文献[23]。

(2)翼型几何外形参数化方法

在翼型的优化设计中,须对翼型进行参数化,即利用一组参数描述翼型的形状,参数的改变对应了翼型几何形状的改变。下面仅介绍 Hicks - Henne 形状函数法和 CST 参数化方法。

1)Hicks - Henne 形状函数法。Hicks - Henne 形状函数法由 Hicks 和

Henne[24] 首先应用于机翼的气动优化设计中。该方法是在基准翼型上叠加一些解析函数来改变基准翼型的形状。而这些解析函数中含有的参数便是翼型优化设计的设计变量。

2）CST 参数化方法。CST（class function/shape function transformation, CST）参数化方法是由波音公司的工程师 Kulfan[25] 提出来的。与 Hicks‑Henne 形状函数法不同的是，该方法用一个类函数和一个型函数的乘积加上一个描述后缘厚度的函数来直接表示一个翼型的几何形状。型函数中含有的系数便是翼型优化设计中的设计变量，通过改变型函数的系数来实现翼型几何形状的改变。

（3）基于 Kriging 模型的风力机翼型优化设计示例

1）风力机翼型最大升阻比优化算例。采用笔者课题组发展的含转捩自动判定的雷诺平均 Navier‑Stokes 方程求解器进行流场分析，利用 Hicks‑Henne 形函数对翼型进行参数化，使用基于 Kriging 模型的优化方法，以 FFA—W3—211 为基准翼型，进行升阻比最大化的优化设计。设计状态为马赫数 0.1，攻角 7°，雷诺数 1.78×10^6，并含 6 个约束条件：①翼型剖面面积 A 基本不减；②升力系数 c_L 基本不减；③力矩系数 c_M 的绝对值不增；④翼型上表面最大厚度 t_{up} 不增；⑤翼型上表面的转捩位置 T_{up} 后移；⑥翼型下表面的转捩位置 T_{low} 后移。

本算例优化模型如下：

设计状态：$Ma = 0.1, \alpha = 7°, Re = 1.78 \times 10^6$；

目标：升阻比 c_L/c_D 最大化；

约束：①$A \geqslant 0.995A_0$，②$c_L \geqslant 0.99c_{L0}$，③$|c_M| \leqslant |c_{M0}|$，④$t_{up} \leqslant t_{up0}$，⑤$T_{up} \geqslant T_{up0}$，⑥$T_{low} \geqslant T_{low0}$。

优化前、后翼型的几何及气动特性对比见表 2‑5。表 2‑5 列出了优化前、后翼型气动特性的对比数据，优化后翼型的升阻比增加了 23%。优化前、后翼型压力分布及几何形状对比如图 2‑41 所示。

表 2‑5　优化前、后翼型的几何及气动特性对比

项目	c_L	$c_D \times 10^2$	c_L/c_D
基准翼型	1.155 30	0.920 40	125.522 34
优化翼型	1.156 38(+9.30%)	0.748 97(−18.6%)	154.394 91(+23.0%)
项目	$c_M \times 10^2$	A	t_{up}
基准翼型	8.960 33	0.118 61	0.118 50
优化翼型	8.121 91(−9.36%)	0.118 04(−0.48%)	0.118 491(−0.007%)

续　表

项目	T_{up}	T_{low}	
基准翼型	0.263 71	0.465 59	
优化翼型	0.322 89(+22.44%)	0.495 91(+6.51%)	

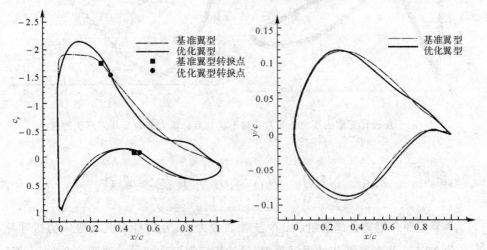

图 2-41　优化前、后翼型的压力分布及几何形状的对比

2)基于 Kriging 模型的风力机翼型反设计算例。采用雷诺平均 Navier - Stokes 方程求解器进行流场分析,利用 CST 方法对翼型进行参数化。使用基于 Kriging 代理模型的优化方法以西北工业大学风力机翼型 NPU - WA—300 为目标翼型进行反设计。设计状态为马赫数 0.15,雷诺数 3×10^6,攻角 7°。反设计翼型的压力分布及几何形状与目标压力分布及几何形状的对比如图2-42 所示。

5. 总述

现代风力机或飞行器的设计对翼型的气动性能提出了更高的要求,仅采用其中一种方法往往很难得到满足所需性能的翼型。因此,需要综合应用各种方法,结合不同的方法进行翼型设计。例如,首先给定合理的压力分布,由压力分布进行反设计,再对反设计所得的翼型进行优化设计,中间还可能需要对压力分布或翼型几何形状进行人-机对话修形等[16]。

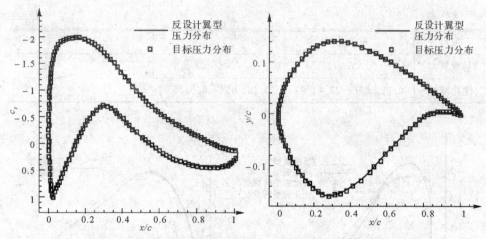

图 2-42　反设计翼型的压力分布及几何形状与目标压力分布及几何形状的对比

2.4　NPU-WA 风力机翼型族设计

本节主要介绍笔者课题组(以 乔志德 教授为主)专门针对兆瓦级风力机叶片设计的 NPU-WA 翼型族的设计思想、设计指标和设计结果。课题组在"十一五"国家高技术研究发展计划目标导向类项目《先进风力机翼型族的设计与实验研究》的支持下,设计了针对兆瓦级风力机叶片的 NPU-WA 高升力风力机翼型族。

2.4.1　NPU-WA 翼型族的设计思想

美国 Sandia 国家实验室在 2004 年发表了大型风力机叶片的创新设计技术报告[36],提出了新翼型作为四项关键技术之一的大型风力机叶片创新设计新概念,所有四项关键技术都指向一个主要目标:在获得高空气动力学性能的条件下,减少叶片质量。新翼型技术要求研究发展高设计升力系数翼型。

由于风力机叶片的质量和费用正比于半径的 2.4 次方,而发电量正比于风力机叶片半径的二次方,所以随风力机功率增加,风力机尺寸将会有更大的增加,更大的尺寸意味着更高的运行雷诺数、更大的质量、更大的阵风风载及伴随的振动和疲劳限制。因此,大型风力机叶片的主要技术要求是,减少叶片质量,以减少包括制造费用和运输成本在内的发电成本;减少惯性载荷、阵风载荷以及相应的系统载荷;提高叶片的风能捕获能力。由于大型风力机运行工况下,叶片主要剖面具有很高的雷诺数,故要求翼型在高雷诺数时具有高的气动性能。此外,大型风力机还要求翼型具有更高的设计升力。这是因为高设计升力可以减小实度(减小叶片弦长),以减小叶片面积,从而可以减小叶片质量、节约制造和运输成本,并减轻阵风载荷和惯性载荷。另外,高设计升力有利于在低于平均风速的使用周期内提高风能捕获能力,以增加风力机的年发电量。

在传统的风力机翼型设计中,要求叶片的外侧翼型(主翼型和叶尖翼型)保持相对较低的最大升力系数,以满足失速调节风力机对翼型的设计要求,也有利于降低噪声和改进叶片动态特性。主翼型从 $0.4 \sim 1.0$ 的升力系数范围内保持低的阻力,翼型的力矩系数从 -0.07(如 FFA 翼型)到接近 -0.12(如 DU 翼型)或接近 -0.13(如 NACA 63621 翼型)。

对于变桨调节风力机,允许使用具有更高升力系数的翼型,大尺寸风力机叶片新设计技术研究表明,具有更高设计升力系数的翼型可以减小叶片剖面的弦长(从而减少叶片的结构质量),并且可以获得更高的升阻比(因而增加风力机的功率系数),S830,S831 和 S832 翼型是美国 NREL 为大尺寸风力机设计的高升力翼型。这些翼型在自由转捩情形下,具有高的最大升阻比,而且最大升阻比对应的升力系数达到了 1.2,其设计力矩系数为 -0.15(使用 XFOIL 的计算结果为 -0.18)。其主要缺点是,全湍流情形的升阻比较低(低于 DU93—W—210 和 FFA—W3—211 翼型)以及升力系数高于 1.2 以后,立即出现大范围气流分离,导致翼型性能快速下降。此外,丹麦的 RISØ—B1 族翼型是 RISØ 新设计的高升力风力机翼型,对应最大升阻比的升力系数可以达到 1.16,接近于设计升力系数为 1.2 的高升力设计目标,但是该族翼型最大升阻比不是很高,失速特性不够平缓,最大升力对粗糙度比较敏感。

NPU–WA 风力机翼型系列设计目标是针对大型风力机叶片设计提出的,主要设计思想和技术要求如下:

1)由于叶片剖面的升力是由升力系数与弦长、来流动压的乘积决定的,因此,为了减少大型风力机叶片质量及相应的惯性载荷,需要翼型能够在更大升力系数下工作,以减少叶片剖面弦长。此外,如果弦长不变,可以增加叶片的风能捕获能力(或减少叶尖速度)。

2)NPU–WA 翼型族是针对变桨或变转速风力机设计的,因此要求 NPU–WA 翼族型比传统风力机翼型有更高的最大升力系数。由于作用于叶片的气动力对产生功率输出的风轮转矩主要由升力系数的切向分量所贡献,因此,在接近最大升力的大迎角下,若翼型具有高升阻比,则可以提高叶片的风能捕获能力。

3)大型风力机叶片在高雷诺数下工作,叶片翼型的当地雷诺数可以达到 6×10^6 以上,要求 NPU–WA 翼型族比传统风力机翼型有更好的高雷诺数性能。

2.4.2 NPU－WA 翼型族的设计指标

NPU－WA 风力机翼型族设计的主要指标有以下几个：

1）主翼型的设计升力系数为 1.2，设计迎角为 6°，主翼型和叶片外侧翼型的设计升力系数大于或等于 1.2。

2）主翼型和外侧翼型的设计雷诺数为 6×10^6，在高雷诺数和高升力设计条件下，要求 NPU－WA 翼型族的升阻比高于现有翼型。在低于 1.5×10^6 的非设计雷诺数情形下，保持与传统翼型相当的升阻比。

3）要求 NPU－WA 翼型族的最大升力系数比传统翼型的高。

4）主翼型和外侧翼型的力矩系数接近于同类 NACA 翼型，内侧翼型的力矩系数不低于－0.15。

5）在全湍流情况下，要求 NPU－WA 翼型族的升阻比高于国外同类高升力风力机翼型。此外，要求翼型的最大升力系数对粗糙度不敏感，外侧翼型的不敏感性小于 15%，内侧翼型的不敏感性小于 25%。

6）NPU－WA 翼型族相对厚度分别为 0.15，0.18，0.21，0.25，0.30，0.35，0.40。考虑加工的需要，翼型最大厚度接近 30% 弦长位置，并具有一定后缘厚度。弦长 c 取无量纲数 100 时，不同相对厚度翼型的后缘厚度见表 2－6。

表 2－6　不同相对厚度翼型的后缘厚度要求

相对厚度	15%	18%	21%	25%	30%	35%	40%
后缘厚度	0.5	0.45	0.5	0.9	1.7	2.4	3.0

2.4.3 NPU－WA 翼型族的设计方法

在风力机翼型设计中，综合使用了笔者课题组多年来研究发展的翼型设计与计算方法。这些方法的详细描述请参阅所给出的相应参考文献，这里仅简介以下几种方法。

1.反设计方法

按给定目标压力分布的翼型反设计方法[43]，用于根据给定较小迎角（或较低设计升力系数）时的目标压力分布设计翼型；基于亚声速速势方程的混合边界条件翼型设计方法[37]，根据部分表面给定目标压力分布，部分表面给定几何外形的设计要求设计翼型；N－S 方程翼型设计方法[43]，用于大迎角（或高升力）条件下，根据给定目标压力分布设计翼型，以适用于各种迎角和雷诺数。

2.翼型数值优化设计方法

采用多目标数值优化方法，基于雷诺平均 Navier－Stokes 方程[39-40]、低速线化速势方程或跨声速全速势方程-附面层迭代方法,进行优化设计[38]。优化目标是提高翼型在高升力和高雷诺数下的升阻比,并将中等升力系数、较低雷诺数等非设计条件和翼型力矩系数以及翼型相对厚度作为需要满足的约束条件。

3. 人-机对话修改设计[43]

通过计算机屏幕直接修改翼型几何外形,对修形后翼型的气动特性进行计算,检验修形效果。由于优化方法难以使翼型外形有大的改变,所以允许较大修改量的人-机对话修形是优化方法的必要补充,同时也是进行适当修形以满足非设计条件要求的补充手段。

4. 校核计算方法[43-45]

对使用上述方法设计的翼型进行设计条件和非设计条件下的校核计算。当小迎角(或低升力)时,主要使用 XFOIL 计算软件;当大迎角(或高升力)时,使用笔者课题组研究发展的雷诺平均 Navier - Stokes 方程计算方法。

图 2-43 给出所设计的 NPU - WA—210 翼型在设计工况下压力分布及与国外同类风力机翼型的比较。

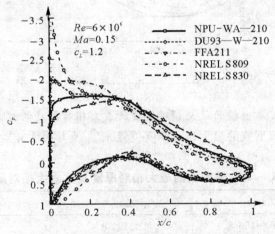

图 2-43　设计升力和设计雷诺数下 NPU - WA—210 翼型与其他相同厚度风力机翼型压力分布的比较

2.4.4　NPU - WA 翼型族的名称与几何外形

1. NPU - WA 翼型族名称和几何外形

根据上述设计技术要求,设计的 NPU - WA 风力机翼型族对应相对厚度分别为 0.15,0.18,0.21,0.25,0.30,0.35 和 0.40 的 7 个翼型,分别命名为 NPU -

WA—150,NPU - WA—180,NPU - WA—210,NPU - WA—250,NPU - WA—300,NPU - WA—350 和 NPU - WA—400。NPU - WA 翼型族编号最后三位数字中的前两位表示相对厚度的百分数,最后一位"0"表示该翼型为初次设计,若为第一次修改设计则为"1",以此类推。编号中的"NPU"表示该翼型族是由西北工业大学（Northwestern Polytechnical University）研究发展的;"WA"为"Windturbine Airfoil"的缩写,表示该翼型族是为风力机设计的专用翼型。图2-44给出了 NPU - WA 翼型族的几何外形。

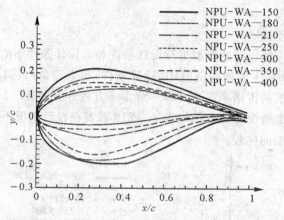

图 2-44　NPU - WA 风力机翼型族的几何外形

2. NPU - WA 翼型族的最大相对厚度及最大相对厚度的弦向位置

NPU - WA 翼型族的最大相对厚度位置 $x_{t,max}$ 及其最大相对厚度 t_{max} 在表2-7 中列出。

表 2 - 7　NPU - WA 翼型族的最大相对厚度及其最大相对厚度的弦向位置

翼型	t_{max}/c	$x_{t,max}/c$
NPU - WA—150	0.150 8	0.330 0
NPU - WA—180	0.180 0	0.320 0
NPU - WA—210	0.209 6	0.330 0
NPU - WA—250	0.249 9	0.330 0
NPU - WA—300	0.299 8	0.300 0
NPU - WA—350	0.350 4	0.310 0
NPU - WA—400	0.396 6	0.320 0

为了进行对比,表 2-8 列出了同类翼型 NACA 63615,NACA 63618,NACA 64618 和 NACA 63621 的最大相对厚度位置 $x_{t,\max}$ 及其最大相对厚度 $t_{\max}$。

表 2-8　NACA6 系列翼型的最大相对厚度及其最大相对厚度的弦向位置

翼型	$t_{\max}/c$	$x_{t,\max}/c$
NACA 63615	0.150 0	0.350 0
NACA 63618	0.180 1	0.340 0
NACA 64618	0.179 9	0.355 0
NACA 63621	0.209 8	0.354 5

表 2-9 列出了 DU 族翼型的最大相对厚度位置 $x_{t,\max}$ 及其最大相对厚度 $t_{\max}$。

表 2-9　DU 翼型的最大相对厚度及最大相对厚度的弦向位置

翼型	$t_{\max}/c$	$x_{t\max}/c$
DU 96—W—180	0.179 9	0.350 00
DU 93—W—210	0.208 7	0.330 00
DU 91—W2—250	0.250 0	0.320 00
DU 97—W—300	0.300 0	0.290 00
DU 00—W2—350	0.345 7	0.330 00
DU 00—W2—401	0.395 5	0.320 00

由表 2-7~表 2-9 可见,NPU-WA 翼型族最大相对厚度与设计要求是一致的,最大相对厚度的弦向位置在 30% 弦长到 33% 弦长之间,外侧翼型的最大相对厚度弦向位置比 NACA 系列翼型和 DU 翼型族略为靠前一些,但与 DU 翼型族很相近。

2.5　NPU-WA 风力机翼型风洞实验

在西北工业大学 NF—3 低速翼型风洞对所设计翼型进行了风洞实验。实验雷诺数为 $1.0 \times 10^6 \sim 5.0 \times 10^6$ 的五个值,与已有国外风力机翼型较低雷诺数实验数据相比,给出了具有更高雷诺数、更完整的气动性能实验数据。

2.5.1　实验模型、设备与测量方法

NF—3 风洞为直流闭口式全钢结构风洞,有三个可更换实验段,洞体长 80 m。

用于翼型实验的二元实验段宽 1.6 m、高 3 m、长 8 m。风速为 15～120 m/s,湍流度 0.045%。实验用的翼型模型均为钢质骨架木质结构模型,模型展长 1.595 m,弦长 0.8 m。模型在风洞中的安装情况如图 2-45 所示。

图 2-45　翼型模型在 NF—3 风洞中的安装

　　在翼型模型上、下表面开静压孔,测量表面的压力,用于计算翼型的升力和俯仰力矩;在距模型后缘 1.2 倍弦长处安装总压排管,有 186 根文德利型总压管和 9 根静压管,测量模型尾迹区的总压分布和静压,用以计算翼型的阻力。尾耙测量宽度范围为 2 000 mm,可根据实验的具体情况进行移动。总压排管布置示意图如图 2-46 所示。

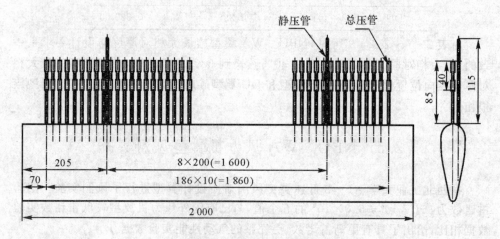

图 2-46　总压排管布置示意图(单位:mm)

采用美国 PSI 公司的 9816 电子扫描阀采集数据,共有 512 个压力测量通道,采集速度为 100 Hz/ch,采集精度为 ±0.05%。该系统用来采集翼型的表面压力和尾耙的压力。除了自由转捩实验外,还进行了固定转捩实验。固定转捩采用 zigzag 型(ZZ 型)粗糙带,粗糙带宽度为 3 mm,粗糙颗粒高度为 0.35 mm(见图 2 - 47)。相对厚度小于 30% 的翼型仅在上表面加粗糙带,对于相对厚度大于或等于 30% 的翼型,上、下表面都加粗糙带。

当翼型相对厚度小于 30% 时,粗糙带置于翼型上表面 5% 弦长处(粗糙带中心线),下表面不贴;当翼型相对厚度大于或等于 30% 时,上表面粗糙带置于翼型 5% 弦长处,下表面粗糙带置于翼型 10% 弦长处(粗糙带中心线)。

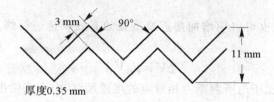

图 2 - 47　90°ZZ 型粗糙带示意图

2.5.2　翼型风洞洞壁干扰修正

风洞实验中由于洞壁(包括隔板)的存在,以及洞壁和实验模型的相互干扰,因而实验条件与实际运行条件不能完全相同。此外,这些干扰效应还因不同的风洞而不同,从而导致了实验结果的不确定性。因此,在风洞实验中,需要对洞壁干扰进行分析,也必须对实验结果进行修正。一般来说,二维翼型的风洞实验不但存在常规的上、下壁干扰和阻塞干扰,而且还必须考虑侧壁干扰。风洞干扰修正方法见参考文献[26 - 32]。

1. 常规洞壁影响修正

必须修正的实验测量值可以分为流动量与模型量。

(1)流动量的修正

最重要的流动量是接近模型位置的自由流速度。这是因为由于洞壁附面层沿风洞纵向的增长、模型阻塞和尾迹阻塞所导致的模型区流动速度比实验段入口处测得的自由流速度有所增加。

1)模型阻塞(solid blockage)修正。风洞实验段内模型的存在减小了实验段的有效面积,根据连续性方程和动量方程,在模型位置处的流动速度必须增加,从而引起给定迎角下模型的空气动力和力矩增加。因此,需要对实验结果进行修正。

模型阻塞度是模型大小和实验段尺度的函数，其影响可以由增加风洞有效风速进行修正，速度增量 ΔV 可表示为

$$\Delta V = \varepsilon_{sb} V_u \qquad (2-9)$$

$$\varepsilon_{sb} = \frac{K_1 V_B}{S^{\frac{3}{2}}} \qquad (2-10)$$

式中，V_B 为模型体积；对于水平模型 $K_1 = 0.74$，对于垂直模型 $K_1 = 0.52$；S 为风洞的实验段面积。

2）尾迹阻塞（wake blockage）修正。由于尾迹中的速度低于自由流速度，从而引起了尾迹阻塞。对于闭口风洞，为了满足质量守恒方程，模型尾迹区外的流动速度必须增加。

尾迹阻塞效应也可以用增加接近模型处的有效风速进行修正，速度增量 ΔV 可表示为

$$\Delta V = \varepsilon_{wb} V_u \qquad (2-11)$$

尾迹阻塞度 ε_{wb} 正比于与所测阻力相对应的尾迹尺度，由下式给出：

$$\varepsilon_{wb} = \frac{c}{2h} c_{du} \qquad (2-12)$$

式中，c 为模型弦长；h 为风洞实验段高度；c_{du} 为未修正的阻力系数。

对于速度的组合修正公式为

$$V_c = V_u K_v (1 + \varepsilon_{sb} + \varepsilon_{wb}) \qquad (2-13)$$

式中，V_c 为修正速度（即模型前的自由流速度）；V_u 为未修正速度（即实验段入口处测得的自由流速度）；K_v 是由于洞壁附面层增长导致实验段模型区流速增加引起的速度修正系数，其取值方法参见参考文献[26]；ε_{sb} 是由于模型的固壁阻塞导致模型附近流动速度增加对应的修正系数（见式（2-10））；ε_{wb} 为实验模型的尾迹阻塞导致模型附近流动速度增加对应的修正系数（见式（2-12））。其他流动量，譬如雷诺数 Re、动压等都应该由修正速度定义。

由于缺乏风洞流场的详细校测数据，本次实验使用风洞实验段模型区测得的静压和模型表面驻点压力确定风洞实验段模型区的自由流速度。

（2）模型量的修正

需要修正的模型量主要是升力、阻力、力矩和迎角。综合前述阻塞修正和流向曲率修正方法，可统一写出以下修正公式：

$$c_L = c_{Lu} \frac{1 - \sigma}{(1 + \varepsilon_b)^2} \qquad (2-14)$$

$$c_D = c_{Du} \frac{1 - \varepsilon_{sb}}{(1 + \varepsilon_b)^2} \qquad (2-15)$$

$$c_M = \frac{c_{Mu} + c_L \sigma(1-\sigma)/4}{(1+\varepsilon_b)^2} \qquad (2-16)$$

$$\alpha = \alpha_u + \frac{57.3\sigma}{2\pi}(c_{Lu} + 4c_{Mu,c/4}) \qquad (2-17)$$

其中

$$\varepsilon_b = \varepsilon_{sb} + \varepsilon_{wb} \qquad (2-18)$$

$$\sigma = \frac{\pi^2}{48}\left(\frac{c}{h}\right)^2 \qquad (2-19)$$

式中，c_{Lu}，c_{Du} 和 c_{Mu} 分别为未修正的升力、压差阻力和力矩系数；ε_{sb} 及 ε_{wb} 的定义见式(2-10)和式(2-12)。由于 ε_b 是小量，因此可以使用 Taylor 展开将式(2-14)～式(2-16)改写为不含有分式的代数表达式，c 表示翼型模型弦长，h 表示风洞实验段高度。

2.侧壁干扰修正

由于 Murthy 修正方法可以适用于从低马赫数直到跨声速情形，这里给出由该方法导出的侧壁干扰修正公式。

马赫数修正

$$\overline{Ma_c} \approx Ma_c = Ma_\infty (1+k)^{-1/2} \qquad (2-20)$$

压力系数修正

$$c_{pc} \approx (1+k)^{1/3} c_{pm} \qquad (2-21)$$

法向力系数 c_n 可类似于压力系数进行修正

$$c_{nc} \approx (1+k)^{1/3} c_{nu} \qquad (2-22)$$

$$k = \left(2 + \frac{1}{H} - Ma_\infty^2\right)\frac{2\delta^*}{b} \qquad (2-23)$$

式中，c_{nc} 和 c_{nu} 分别为法向力系数的修正值与测量值；H 为侧壁附面层型参数，对于低速湍流附面层 H 取 1.3；δ^* 为侧壁附面层位移厚度；b 为风洞宽度。由法向力系数 c_n 的修正公式，可得到类似形式的升力系数和压差阻力系数的修正公式。

2.5.3　风力机标模翼型 DU93—W—210 的风洞实验结果

为保证实验精度，并考虑不同风洞流场品质差异对实验结果的影响，首先进行了风力机翼型标模实验。采用有公开实验数据($Re=1\times10^6$)的 DU93—W—210 翼型作为标模翼型。该翼型雷诺数为 1×10^6 的自由转捩实验结果是在荷兰 Delft 工业大学低湍流度风洞中得到的[2]。将在西北工业大学 NF—3 风洞得到的实验结果与荷兰 Delft 大学的实验结果进行了对比，得到了较为一致的结果。图 2-48～图 2-51 给出了升力系数、阻力系数、力矩系数、升阻比的对比结果。

通过对 DU93—W—210 的风洞实验,说明 NF—3 风洞的测试方法和设备条件可以满足风力机翼型风洞实验的要求。由于 NF—3 风洞与公开的 DU93—W—210 实验数据所用风洞的口径和流场品质(特别是动态的品质)不完全一致,测量结果稍有差别。

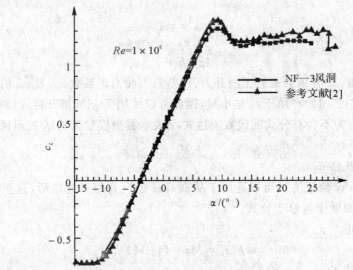

图 2 - 48　DU93—W—210 升力特性实验结果对比(自然转捩)

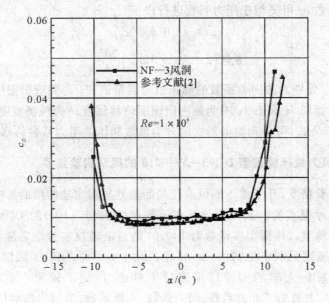

图 2 - 49　DU93—W—210 阻力特性实验结果对比(自然转捩)

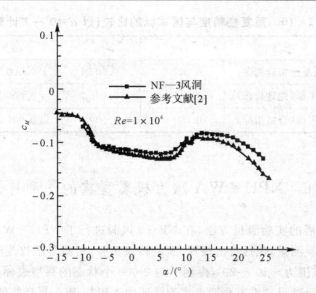

图 2-50　DU93—W—210 力矩特性实验结果对比（自然转捩）

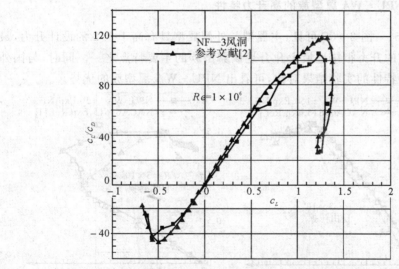

图 2-51　DU93—W—210 升阻比特性实验结果对比（自然转捩）

　　为保证实验结果的可靠性,对 DU93—W—210 翼型在固定转捩、$Re = 3.0 \times 10^6$ 条件下,间隔地进行了 7 次重复性实验。升力系数 c_L、阻力系数 c_D 和俯仰力矩系数 c_M 的重复性精度见表 2-10。表中也列出了国军标值进行对比。由表可见,风洞的实验精度满足国军标的要求。

表 2-10 重复性精度与国军标的比较(以 $\alpha=0°\sim7°$ 计算)

项目	c_L	c_D	c_M
重复性实验精度	0.001 0	0.000 1	0.000 1
国军标(先进指标)	0.001 0	0.000 2	0.000 3
国军标(合格指标)	0.004 0	0.000 5	0.001 2

2.6 NPU-WA 风力机翼型族的气动特性

采用所发展的实验测量方法,在 NF—3 风洞进行了 NPU-WA 翼型族的气动特性风洞实验测量,包括自由转捩、固定转捩实验,实验雷诺数范围为 $1×10^6\sim5×10^6$,迎角范围为 $-10°\sim20°$,得到了约 2 000 个状态的翼型表面压力分布实验结果及尾迹测量结果。本节介绍由实验验证的 NPU-WA 翼型族的气动特性。

2.6.1 NPU-WA 翼型族的高升力特性

由图 2-52~图 2-55 可见,主翼型与外侧翼型具有高于 1.2 的设计升力,最大升阻比对应的升力很接近最大升力是该翼型族的主要特点之一。同时,与国外同类翼型气动特性的实验结果对比,可看出 NPU-WA 翼型族的优势。

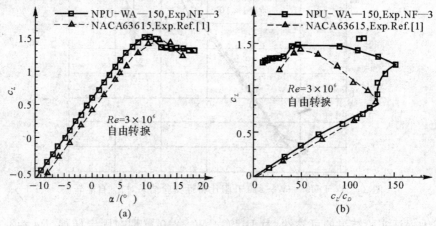

图 2-52 NPU-WA—150 翼型的高升力特性

(a)NPU-WA—150 升力特性; (b)NPU-WA—150 升阻比

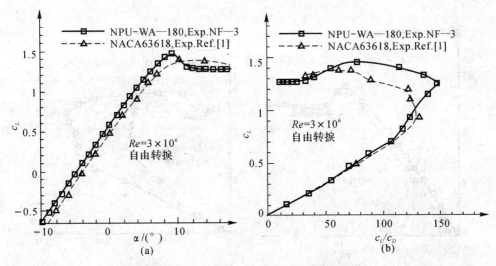

图 2 - 53　NPU－WA—180 翼型的高升力特性

(a)NPU－WA—180 升力特性；　(b)NPU－WA—180 升阻比

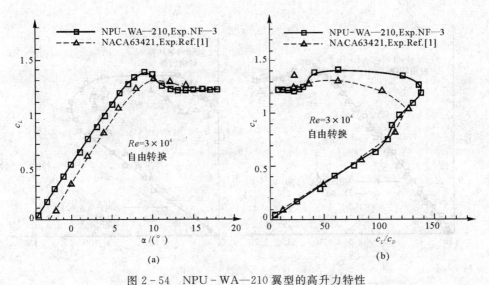

图 2 - 54　NPU－WA—210 翼型的高升力特性

(a)NPU－WA—210 升力特性(与 NACA63421 对比)；　(b)NPU－WA—210 升阻比(与 NACA63421 对比)

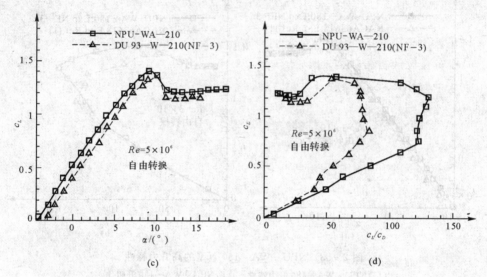

(c)

(d)

续图 2-54 NPU-WA—210 翼型的高升力特性

(c)NPU-WA—210 升力特性(与 DU93-W—210 对比);

(d)NPU-WA—210 升阻比(与 DU93-W—210 对比)

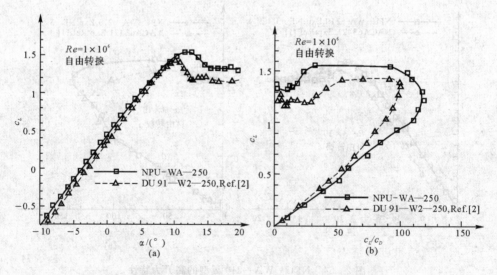

(a)

(b)

图 2-55 NPU-WA—250 翼型的高升力特性

(a)NPU-WA—250 升力特性; (d)NPU-WA—250 升阻比

2.6.2　NPU－WA 翼型族的高雷诺数特性

虽然由于风洞条件限制,对于 800 mm 弦长的模型,最高实验雷诺数为 5×10^{6},没有在设计雷诺数为 6×10^{6} 条件下对 NPU－WA 翼型族进行验证,但与国外同类实验相比,NPU－WA 翼型族是国内外首次进行了直到雷诺数为 5×10^{6} 系统风洞实验的翼型族,而国外很少有雷诺数为 3×10^{6} 以上的翼型族风洞实验。通过风洞实验,NPU－WA 翼型族的良好高雷诺数特性得到了验证。如图 2－56 所示为 NPU－WA—210 翼型升力系数为 1.2 时的高升力升阻比和升力系数为 1.0 时中等升力下的升阻比随雷诺数变化曲线及与 DU93—W—210 的对比。由图可见,翼型的气动特性随雷诺数的变化和缓,直到 $Re=5.0\times10^{6}$ 时仍能保持高的升阻比。图 2－57 所示为 NPU－WA—210 翼型的最大升阻比在自由转捩和固定转捩条件下随雷诺数变化曲线及与 DU93—W—210 的对比。

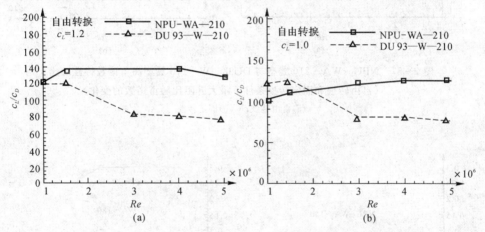

图 2－56　NPU－WA—210 翼型与 DU93—W—210 翼型高雷诺数特性对比
（自由转捩条件下升力系数为 1.2 与 1.0 时升阻比随雷诺数的变化）
(a)升力系数为 1.2；　(b)升力系数为 1.0

2.6.3　最大升力系数对粗糙度的敏感性

对实验结果进行整理分析,得到了 NPU－WA 翼型族的粗糙度敏感性(见图 2－58)。最大升力系数 $c_{L,\max}$ 对粗糙度敏感性可定义为 $(c_{L,\max,\mathrm{fr}}-c_{L,\max,\mathrm{fix}})/c_{L,\max,\mathrm{fr}}$,下标中的 fr 表示自由转捩,fix 表示固定转捩。一般来说,高设计升力和大相对厚度都会增加翼型对粗糙度的敏感性。由图 2－58 可以看出,用于叶片外侧剖面的 NPU－WA—150 和 NPU－WA—180 翼型在所有实验雷诺数范围内,最大升力系数对粗糙度的敏感性都低于 0.10,分别为 0.049~0.076 和 0.052~0.095,表明其对粗糙度不敏感。主翼型 NPU－WA—210 在高雷诺数下,如 $Re=5.0\times10^6$ 时敏感性参数为 0.097,$Re=3.0\times10^6$ 时的感性参数为 0.123。内侧翼型最大升力系数对粗糙度敏感性通常是不很重要的,可以允许较高的敏感性,但不高于 0.25。

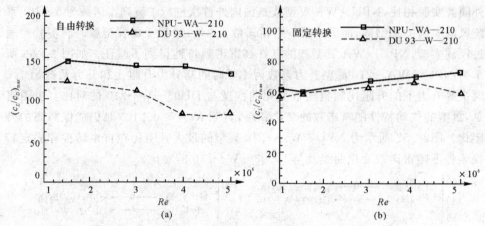

图 2－57　NPU－WA—210 翼型与 DU93—W—210 翼型高雷诺数特性对比
（自由转捩和固定转捩条件下最大升阻比随雷诺数的变化）
(a)自由转捩；　(b)固定转捩

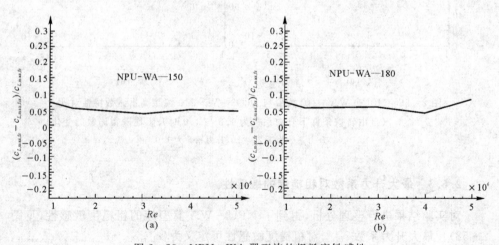

图 2－58　NPU－WA 翼型族的粗糙度敏感性
(a)NPU－WA—150 翼型的粗糙度敏感性；　(b)NPU－WA—180 翼型的粗糙度敏感性

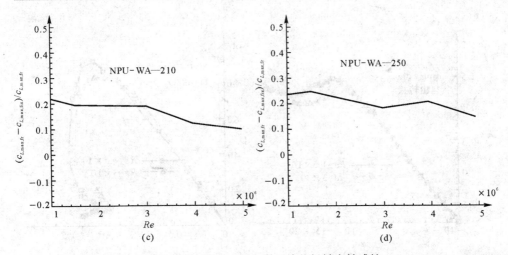

续图 2-58　NPU-WA 翼型族的粗糙度敏感性

(c)NPU-WA—210 翼型的粗糙度敏感性；　(d)NPU-WA—250 翼型的粗糙度敏感性

2.6.4　厚翼型的气动特性

由于缺乏公开发表的厚翼型的风洞实验数据可供对比，因此图 2.59～图 2.61 给出了用于叶片内侧剖面的 NPU-WA—300，NPU-WA—350 和 NPU-WA—400 翼型空气动力学特性风洞实验结果。

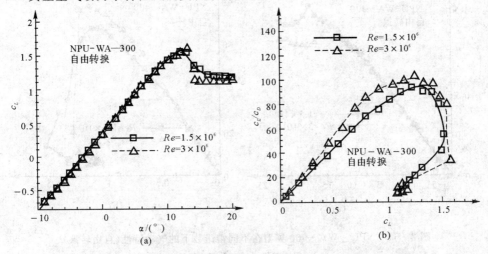

图 2-59　NPU-WA—300 翼型在不同雷诺数下的气动特性(自由转捩)

(a)升力特性；　(b)升阻比特性

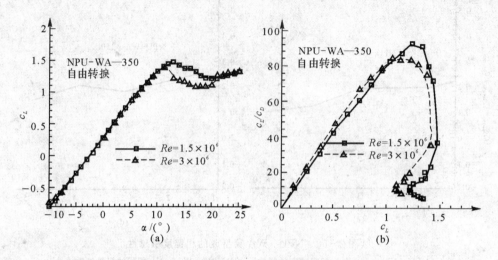

图 2-60　NPU-WA—350 翼型在不同雷诺数下的气动特性(自由转换)

(a)升力特性;　(b)升阻比特性

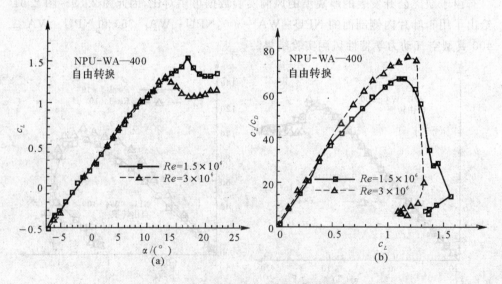

图 2-61　NPU-WA—400 翼型在不同雷诺数下的气动特性(自由转换)

(a)升力特性;　(b)升阻比特性

2.7 总结与展望

风洞实验表明,NPU‐WA 翼型族达到了在高雷诺数、高升力条件下实现高升阻比和外侧翼型对粗糙度不敏感的主要设计要求,为我国自主研发大型风力机提供了可供实际使用的翼型几何数据和雷诺数为 $1.0 \times 10^{6} \sim 5.0 \times 10^{6}$ 的风洞实验数据。与国外同类翼型的计算与实验对比结果表明,NPU‐WA 翼型族气动性能达到或优于国外同类翼型性能水平。但是还应对以下问题进行更深入的研究。

1)由于转捩准确判定、湍流、大攻角特性的准确计算是计算流体力学尚未完全攻克的难题,因此,计算所得结果与实验存在一定差距。特别是大攻角特性计算与实验值差别较大,需要继续开展高精度、高可信度的翼型气动特性预测方法研究。

2)设计方法方面,在高升力和高雷诺数下风洞实验结果比理论预计转捩位置提前,导致高雷诺数时的较高升力下的升阻比低于设计目标。此外,主翼型 NPU‐WA—210 在中、低雷诺数下的最大升力对粗糙度敏感性偏高,需要进一步改进设计。

3)实验中发现厚翼型的气动特性随雷诺数变化与航空薄翼型不一致。出现随雷诺数增加气动特性下降的现象,需要进一步开展有高雷诺数实验结果的国外风力机翼型的对比实验,研究厚翼型的气动特性在高雷诺数时随雷诺数的变化规律。

4)设计研究表明,直径为 100 m 左右的大型风力机叶片大部分剖面工作雷诺数超过 6.0×10^{6},直径为 130 m 左右的大型风力机叶片大部分剖面工作雷诺数可达到 8.0×10^{6}。由于实验条件限制,目前风洞实验的实验雷诺数只能达到 5.0×10^{6}。

5)从叶片设计需要出发,对风力机翼型的大迎角和动态特性进行风洞实验,研究发展出可供风力机叶片工程设计实际使用的翼型数据库。

参 考 文 献

[1] Abbott Ira H,Albert E, von Doenhoff. Theory of wing sections:including a summary of airfoil data[M]. New York:Dover Publications, 1959.

[2] Bertagnolio F, Sørensen N N, Johansen J, et al. Wind turbine airfoil catalogue[R]. Roskide:Risø‐R‐1280(EN), Risø National Laboratory, 2001.

[3] Millikan C B. Aerodynamics of the airplane[M]. New York : John Wiley

and Sons，1941.

[4] 乔志德. 翼型的选择与设计[M]//方宝瑞. 飞机气动布局设计. 北京：航空工业出版社，1997.

[5] van Rooij R，Timmer N. Design of airfoils for wind turbine blades[R/OL]. http：//gcep. stanford. edu/pdfs/energy_workshops_04_04/wind_van_rooij. pdf，Delft University of Technology，The Netherlands，2004.

[6] Tangler J L，Somers D M. NREL airfoil families for HAWTs. WIND POWER '95 [C]. Washington D C：American Wind Energy Association，1995：117 - 123.

[7] Timmer W A，Schaffarczyk A P. The effect of roughness at high Reynolds numbers on the performance of DU 97 - W - 300Mod[R/OL]. [2013 - 07 - 30]. http：//aerospace. lr. tudelft. nl/fileadmin/Faculteit/LR/Organisatie/Afdelingen_en_Leerstoelen/Afdeling_AEWE/Wind_Energy/Research/Publications/Publications_2004/doc/Timmer_paper098Delft2004. pdf，2004.

[8] 张仲寅. 计算流体力学及其在气动布局设计中的应用[M]//方宝瑞. 飞机气动布局设计. 北京：航空工业出版社，1997.

[9] Drela M，Giles M B. Viscous - Inviscid analysis of transonic and low reynolds number airfoils[J]. AIAA Journal，1987，25(10)：1347 - 1355.

[10] Krumbein A M. Automatic transition prediction and application to high-lift multi-element configurations[J]. Journal of aircraft，2005，42(5)：1150 - 1164.

[11] Krumbein A M. Automatic transition prediction and application to 3D high-lift configurations. 24th AIAA Applied Aerodynamics Conference [C]. San Francisco：AIAA，2006.

[12] 张坤，宋文萍. 基于线性稳定性分析的 e^N 方法在准确预测翼型气动特性中的应用[J]. 西北工业大学学报，2009，27(3)：394 - 299.

[13] Somers D. Design and experimental results for the S809 airfoil[R]. Colorado：National Renewable Energy Laboratory，1997.

[14] Claus Wagner，Thomas Hüttl，Pierre Sagaut. Large-eddy simulation for acoustics[M]. Cambridge：Cambrige University Press，2007.

[15] 张兆顺，崔桂香，许春晓. 湍流大涡数值模拟的理论和应用[M]. 北京：清华大学出版社，2008.

[16]　乔志德,宋文萍,高永卫. NPU－WA 系列风力机翼型设计与风洞试验[J].
空气动力学学报,2012,30(2):260－265.

[17]　Jameson A. Aerodynamic design via control theory[J]. Journal of
Scientific Computation,1988,3(3):233－260.

[18]　Jameson A,Martinelli L,Pierce N A. Optimum aerodynamic design
using the Navier-Stocks equations [J]. Theoretical and Computational
Fluid Dynamics,1998,10(1－4):213－237.

[19]　Goto Y,Jeong S,Obayashi S,et al. Design space exploration of
supersonic formation flying focusing on drag minimization[J]. Journal of
Aircraft,2008,45(2):430－439.

[20]　Kanazaki M,Tanaka K,Jeong S,et al. Multi－objective aerodynamic
exploration of elements' setting for high－lift airfoil using Kriging Model
[J]. Journal of Aircraft,2007,44(3):858－864.

[21]　Hoyle N,Bressloff N W,Keane A J. Design optimization of a two－
dimensional subsonic engine air intake[J]. AIAA Journal,2006,44(11):
2672－2681.

[22]　Song W,Keane A J. Surrogate－based aerodynamic shape optimization of
a civil aircraft engine nacelle[J]. AIAA Journal,2007,45(10):2565－
2574.

[23]　Liu J,Han Z H,Song W P. Efficient Kriging－based optimization design
of transonic airfoils:some key issues. 50th AIAA Aerospace Sciences
Meeting including the New Horizons Forum and Aerospace Exposition
[C]. Nashville:AIAA Paper,2012.

[24]　Hicks R M,Henne P A. Wing design by numerical optimization[J].
Journal of Aircraft,1978,15(7):407－412.

[25]　Kulfan B M. Universal parametric geometry representation method[J].
Journal of Aircraft,2008,45(1):142－158.

[26]　Selig M S,McGranahan B D. Wind tunnel aerodynamic tests of six
airfoils for use on small wind turbines[J]. Journal of Solar Energy
Engineering (Transactions of the ASME),2004,126(4):986－1001.

[27]　Dimitriadis G. Experimental aerodynamics,lecture 5:Basic wind tunnel
measurements and corrections[OL]. [2013－07－30]. http://www. ltasaea.
ulg. ac. be/cms/uploads/Expaero05. pdf,2010.

[28] Ewald B F R, et al. Wind tunnel wall correction[R]. Brussels: North Atlantic Treaty Organization AGARDograph 336, 1998.

[29] Vincenti W G and Graham D J. The effect of wall interference upon the aerodynamic characteristics of an airfoil spanning a closed – throat circular wind tunnel[R]. Washingtor: NACA Report No. 849, 1946.

[30] Barnwell R W A. Similarity for compressibility and sidewall boundary – layer effects in two dimensional wind tunnels. 17th Aerospace Sciences Meeting[C]. LA: AIAA Paper, 1979.

[31] Barnwell R W. Effect of sidewall suction on flow in two – dimensional wind tunnels[J]. AIAA Journal 1993, 31(1): 36 – 41.

[32] Sewall W M B. Effects of sidewall boundary layers in two – dimensional subsonic and transonic wind tunnels[J]. AIAA Journal, 1982, 20(9): 1253 – 1256.

[33] Timmer W A, van Rooij R. Summary of the delft university wind turbine dedicated airfoils[J]. Journal of Solar Energy Engineering, 2003, 125(4): 488 – 496.

[34] Fuglsang P, Bak C, Gaunaa M, et al. Design and verification of the RISØ – B1 airfoil family for wind turbines[J]. Journal of Solar Energy Engineering(Transactions of the ASME), 2004, 126(4): 1002 – 1010.

[35] Somers D M. The S830, 831, and S832 airfoils[R]. Port Matilda: NREL/SR – 500 – 36339, 2005.

[36] Wind PACT Blade System Design Studies. Innovative design approaches for large wind turbine blades [R]. Albuquerque: Sandia National Laboratorys, USA SAND, 2004.

[37] Qiao Z D. Subsonic airfoil design with mixed boundary conditions. Proceedings of the 12 – th IMACS world congress′ 88 on scientific computation[C]. Paris: Numerical and Applied Mathematics, 1989.

[38] Zhong B W, Qiao Z D. Multiobjective optimization design of transonic airfoils. 19th International council of aeronautical sciences[C]. Anaheim: [s. n.], 1994.

[39] 钱瑞战, 乔志德, 宋文萍. 基于 N－S 方程的跨声速翼型多目标、多约束优化设计[J]. 空气动力学学报, 2000, 18(3): 350 – 355.

[40] Zhide Qiao, Xiaolong Qin, Xudong Yang. Wing design by solving adjoint

equations. 40th AIAA Aerospace Sciences Meeting & Exhibit[C]. Reno, NV: AIAA Paper, 2002.

[41] Zhide Qiao, Xudong Yang, Xiaolong Qin, et al. Numerical optimization design of wings by solving adjoint equations. 23rd International council of aeronautical sciences[C]. Toronto: [s. n.]. 2002.

[42] 杨旭东, 乔志德. 基于共轭方程法的跨音速机翼气动优化设计[J]. 航空学报, 2003, 24(1): 1-5.

[43] 乔志德. 先进翼型的 CFD 设计及应用[M]//庄逢甘. 现代力学与科技进步. 北京: 清华大学出版社, 1997.

[44] Qiao Zhide. Computational aerodynamics of wing design[M]// F. Dubois, 邬华谟. 计算流体力学新进展. 北京: 高等教育出版社, 2001: 273-294.

[45] Drela M. XFOIL: An analysis and design system for low reynolds number airfoils[M]// Low Reynolds number aerodynamics. Heidelberg: Springer-Verlag Berlin Heidelberg, 1989: 1-12.

第3章 风力机叶轮气动设计

风力机叶轮气动设计决定了风力机的发电量和气动载荷,在整个设计流程中至关重要。目前常用的设计方法有两种:基于经典动量-叶素理论的设计方法和基于 Schmitz 理论的设计方法。其中,基于 Schmitz 理论的设计方法在参考文献[1]和参考文献[2]中已有详细的介绍。因此,本章仅详细介绍基于经典动量-叶素理论的设计方法,并引入必要的修正,同时探讨风力机设计参数的选择和实际设计中考虑的因素。

3.1 基于经典动量-叶素理论的叶轮气动设计

经典动量-叶素理论是 Glauert 于 1935 年提出的。动量-叶素理论的基本假设是,作用在叶素上的力仅与通过基元环的气体的动量变化有关,而通过相邻基元环的气流之间不发生径向相互作用[3]。

由叶轮动量定理可知,通过风轮轴向气流的速度会发生变化,该速度变化将叠加到无穷远处自由流速度 U_∞ 上,则风轮处轴向诱导速度为 $-aU_\infty$,叶轮径向半径 r 处气流诱导周向速度为 $a'\Omega r$,其中 a 为轴向诱导因子,a' 为周向诱导因子[4]。如图 3-1 所示为叶片截面速度三角形,这里 α 为来流角,α_A 为攻角,α_b 为当前叶片截面扭角,当风力机为变桨型风力机时,当前叶片截面扭角为叶片初始扭角与叶片桨角的和。它们存在如下关系:

$$\alpha = \alpha_A + \alpha_b = \arctan \frac{U_\infty(1-a)}{\Omega r(1+a')} \tag{3-1}$$

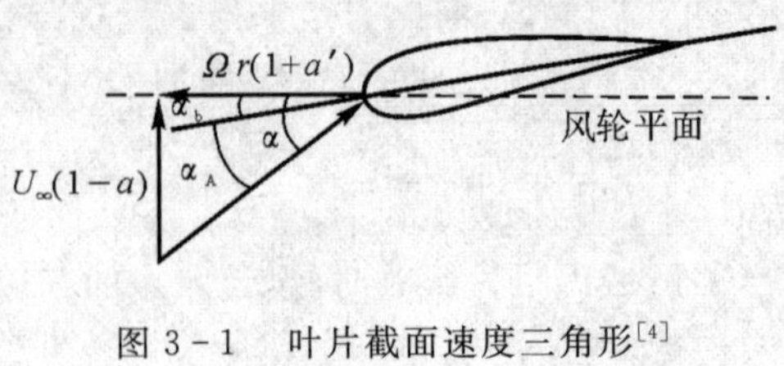

图 3-1 叶片截面速度三角形[4]

由叶素理论得到叶素所受的气动推力和对叶根产生的周向力矩为

$$\mathrm{d}T = \mathrm{d}L\cos\alpha + \mathrm{d}D\sin\alpha =$$

$$N\frac{1}{2}\rho V_r^2 c(c_L\cos\alpha + c_D\sin\alpha)\mathrm{d}r = N\frac{1}{2}\rho V_r^2 cc_N\mathrm{d}r \qquad (3-2)$$

$$\mathrm{d}M = (\mathrm{d}L\sin\alpha - \mathrm{d}D\cos\alpha)r =$$

$$N\frac{1}{2}\rho V_r^2 c(c_L\sin\alpha - c_D\cos\alpha)r\mathrm{d}r = N\frac{1}{2}\rho V_r^2 cc_C r\mathrm{d}r \qquad (3-3)$$

式中,V_r 为相对风速,$V_r^2 = [U_\infty(1-a)]^2 + [\Omega r(1+a')]^2$;$c_L$ 和 c_D 分别为翼型升力系数与阻力系数;r 为叶素距离轮毂中心的距离;N 为叶片数目;ρ 为空气密度;c 为叶片截面弦长($c_N = c_L\cos\alpha + c_D\sin\alpha$,$c_C = c_L\sin\alpha - c_D\cos\alpha$)。

由动量定理得到的风轮推力和旋转力矩为

$$\mathrm{d}T = \rho U_\infty(1-a)2\pi r \cdot \mathrm{d}r \cdot 2aU_\infty = 4\pi\rho U_\infty^2 a(1-a)r\mathrm{d}r \qquad (3-4)$$

$$\mathrm{d}M = \rho U_\infty(1-a)2\pi r \cdot \mathrm{d}r \cdot \Omega r2a'r = 4\pi\rho U_\infty\Omega ra'(1-a)r^2\mathrm{d}r \qquad (3-5)$$

尾流旋转会消耗一部分能量,用以平衡旋转流动产生的离心力引起的压力梯度静压损失,会在圆环上产生附加的轴向压力[3]:

$$\Delta \mathrm{d}T = \frac{1}{2}\rho(2a'\Omega r)^2 2\pi r\mathrm{d}r \qquad (3-6)$$

补偿后的推力为 $\mathrm{d}T + \Delta \mathrm{d}T$。

将式(3-3)和式(3-5)联立就可以得到力矩平衡方程:

$$N\frac{1}{2}\rho V_r^2 c(c_L\sin\alpha - c_D\cos\alpha)r\mathrm{d}r = N\frac{1}{2}\rho V_r^2 cc_C r\mathrm{d}r =$$

$$4\pi\rho U_\infty\Omega ra'(1-a)r^2\mathrm{d}r \qquad (3-7)$$

将式(3-2)、式(3-4)和式(3-6)联立可以得到推力平衡方程:

$$N\frac{1}{2}\rho V_r^2 c(c_L\cos\alpha + c_D\sin\alpha)\mathrm{d}r = N\frac{1}{2}\rho V_r^2 cc_N\mathrm{d}r =$$

$$4\pi\rho U_\infty^2 a(1-a)r\mathrm{d}r + \frac{1}{2}\rho(2a'\Omega r)^2 2\pi r\mathrm{d}r \qquad (3-8)$$

结合速度三角形关系式(3-1),简化力矩平衡方程式(3-7)得到弦长公式为

$$c(\mu) = \frac{8\pi\mu^2 a'(1-a)R}{\sqrt{(1-a)^2 + \mu^2\lambda^2(1+a')^2}\,[c_L(1-a) - c_D\mu\lambda(1+a')]N} \qquad (3-9)$$

式中,$\mu = r/R$;$\lambda = \Omega R/U_\infty$ 为叶尖速比。

参考文献[3]给出了不考虑阻力影响时,设计状态的气流诱导因子为

$$a = \frac{1}{3}, \quad a' = \frac{a(1-a)}{\lambda^2\mu^2} \qquad (3-10)$$

将式(3-10)带入式(3-9)得到不考虑阻力影响时的弦长公式为

$$c(\mu) = \frac{8}{9} \frac{2\pi R}{N\lambda c_L \sqrt{\frac{4}{9} + \lambda^2\mu^2 \left[1 + \frac{2}{9\lambda^2\mu^2}\right]^2}} \tag{3-11}$$

由式(3-1)得到叶片入流角为

$$\tan\alpha(\mu) = \frac{1-a}{\lambda\mu(1+a')} = \frac{2/3}{\lambda\mu\left(1 + \frac{2}{9\lambda^2\mu^2}\right)} \tag{3-12}$$

叶片截面扭角为

$$\alpha_b = \alpha - \alpha_A \tag{3-13}$$

由此可以看出,叶片截面扭角与截面翼型设计攻角相关。

以上叶片设计方法没有考虑叶轮阻力、叶片损失与旋转压降的影响。以下将详细分析这些因素对叶轮气动设计的影响,并给出相应的修正算法。

1. 阻力的影响及修正[10]

用力矩平衡方程式(3-7)除以推力平衡方程式(3-8)并整理,可得

$$\varepsilon a (1-a)^2 - \mu^3\lambda^3 (a')^2 (1+a') = \varepsilon\mu^2\lambda^2 a'(1-a) + \mu\lambda(1-a)(a'+a) \tag{3-14}$$

式中,ε 为升阻比,$\varepsilon = c_L/c_D$。

对选取的叶尖速比 λ,在设计点每一叶片截面产生的转矩是最大的。因此,式(3-5)对 a' 的导数等于零,整理可得[3]

$$\frac{da}{da'} = \frac{1-a}{a'} \tag{3-15}$$

将式(3-14)对 a' 求导并带入式(3-15)整理得

$$\varepsilon(1-a)^2(1-3a) - \mu\lambda(1-a)(1-2a) = \mu^3\lambda^3 a'^2(3a'+2) \tag{3-16}$$

联立式(3-14)和式(3-16)可得出当升阻比为 ε 时,对应的局部叶尖速比下的 a 和 a' 的值。当局部叶尖速比大于 3 时,a' 很小,式(3-16)可近似为

$$\varepsilon(1-a)(1-3a) - \mu\lambda(1-2a) = 0 \tag{3-17}$$

由于 $\mu\lambda/\varepsilon$ 当高升阻比时很小,求解 a(舍掉不合理解)并近似可得

$$a = \frac{-(\mu\lambda/\varepsilon) + 2 - \sqrt{[(\mu\lambda/\varepsilon) - 2]^2 - 3(1 - \mu\lambda/\varepsilon)}}{3} =$$

$$\frac{-(\mu\lambda/\varepsilon) + 2 - \sqrt{(\mu\lambda/\varepsilon)^2 - \mu\lambda/\varepsilon + 1}}{3} \approx \frac{1}{3} - \frac{\mu\lambda}{6\varepsilon} \tag{3-18}$$

对精确表达式和近似表达式进行对比计算发现,在高升阻比情况下,近似表达式误差较大,进一步进行经验修正可得

$$a = \frac{1}{3} - \frac{1.1\mu\lambda}{6\varepsilon} \tag{3-19}$$

周向诱导因子 a' 变化很小,可由 a 的变化影响到其变化,故式(3-10)仍近似成立。

图3-2表示了在设计点轴向和周向诱导因子理想值与实际及修正后的数值比较结果,这里所指的实际值是进行了所有修正后得到的数值,本章后面所提实际值同理可得。从图可以看出,在局部叶尖速比偏大的位置,修正结果与实际结果基本一致。

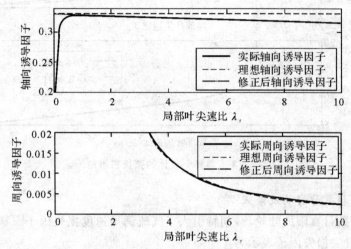

图 3-2　升阻比为 50 的诱导因子分布

考虑阻力时,弦长修正公式可写为

$$c(\mu) = \frac{8\pi\mu^2\lambda\,a'\sin\alpha\,R}{[(1-a)-\mu\lambda(1+a')/\varepsilon]c_\text{L}N} \tag{3-20}$$

实际上迎风角受阻力影响较小,若假设其不变,则 $\sin\alpha = U_\infty(1-a)/V_\text{r}$ 不变。

将阻力轴向诱导因子修正公式(3-19)和式(3-10)代入弦长修正公式(3-20)中,并除以理想弦长公式(3-11),得到阻力弦长修正因子为

$$K_\text{drag} \approx \frac{-6\varepsilon\mu\lambda + 1.65\mu^2\lambda^2}{-6\varepsilon\mu\lambda + 7.35\mu^2\lambda^2 + 2} \tag{3-21}$$

同样,将诱导因子表达式代入迎风角表达式,得到阻力扭角修正因子为

$$A_\text{drag} = \frac{\tan\alpha_\text{drag}}{\tan\alpha_\text{ideal}} \approx 1 + \frac{2.475\mu^3\lambda^3 + 1.1\mu\lambda}{9\varepsilon\mu^2\lambda^2 + 2\varepsilon - 0.55\mu\lambda} \tag{3-22}$$

由图 3-3 可以看出,修正后的弦长和扭角在叶片非叶根处与实际计算结果非常接近,可以在工程中应用。修正公式整理为

$$c_{drag} = K_{drag} c_{ideal}$$

$$\tan \alpha_{drag} = A_{drag} \tan \alpha_{ideal}$$

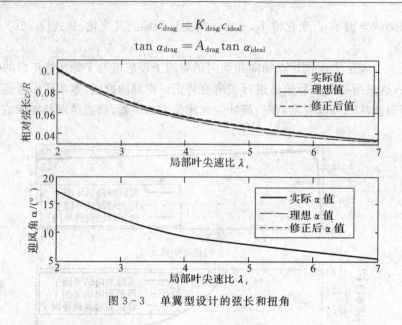

图 3-3　单翼型设计的弦长和扭角

2. 叶片损失的影响及修正[10]

对叶片数目有限的叶轮,普朗特引入了气流诱导速度损失因子[9]对诱导速度进行修正,叶尖损失因子表示为

$$F_{tip}(r) = \frac{2}{\pi} \arccos \, (e^{-f}) \tag{3-23}$$

式中,$f = \dfrac{N}{2} \left(\dfrac{R-r}{r \sin \alpha} \right)$。

叶片的叶根损失也可以用普朗特叶尖损失修正模型,即使用式(3-23)进行修正[4]。只是需要将式中的 f 用下式替代:

$$f = \frac{N}{2} \left(\frac{r - R_{hub}}{R_{hub} \sin \alpha} \right) \tag{3-24}$$

式中,R_{hub} 为轮毂半径。

因此,总的损失因子应该为

$$F = F_{tip} F_{hub} \tag{3-25}$$

考虑叶片损失情况下,a 和 a' 为叶片截面处局部诱导因子,平均诱导因子为 aF 和 $a'F$,其中 F 为叶片(叶尖与叶根)损失因数。忽略阻力,联立力矩平衡方程和推力平衡方程有

$$\frac{1-a}{\mu\lambda(1+a')} = \frac{\mu\lambda a'F(1-aF)}{aF(1-aF) + (\mu\lambda a'F)^2} \tag{3-26}$$

进一步整理,可得

$$\mu^2\lambda^2 a'^2 F(1-a) - \mu^2\lambda^2 a'(1+a')(1-aF) + (1-a)a(1-aF) = 0$$
$$(3-27)$$

由于 F 接近于 1,且 a' 很小,可以忽略其二次方项,则式(3-10)仍然成立,此时叶片的微元力矩(角动量变化率)为

$$dM = 4\pi U_\infty \Omega r a' F(1-aF) dr \qquad (3-28)$$

为使每个叶片微元转矩最大,将式(3-28)对 a' 求导,并令其为零,得

$$\frac{da}{da'} = \frac{1-aF}{a'F} \qquad (3-29)$$

对式(3-10)中的第二式求 a 的导数,并联立式(3-10)与式(3-29)有

$$3Fa^2 - (2F+2)a + 1 = 0 \qquad (3-30)$$

求解可得

$$a = \frac{1 + F - \sqrt{F^2 - F + 1}}{3F} \qquad (3-31)$$

弦长公式变为

$$c(\mu) = \frac{8\pi\lambda\,\mu^2 a' F(1-aF)R}{\sqrt{(1-a)^2 + \mu^2\lambda^2\,(1+a')^2}\,(1-a)c_L N} \approx \frac{8\pi a F(1-aF)R}{\sqrt{(1-a)^2 + \mu^2\lambda^2}\,c_L N\lambda}$$
$$(3-32)$$

由于下式成立:

$$\sin\alpha = \frac{U_\infty(1-a)}{V_r} = \frac{1-a}{\sqrt{(1-a)^2 + \mu^2\lambda^2\,(1+a')^2}} \approx \frac{1-a}{\sqrt{(1-a)^2 + \mu^2\lambda^2}}$$
$$(3-33)$$

并考虑式(3-31),同时结合叶片损失因数计算公式,通过循环迭代就可以求出不同设计叶尖速比的轴向诱导因子值 a,如图 3-4 所示。

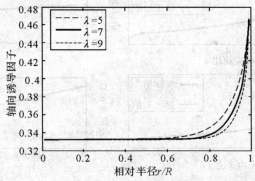

图 3-4　不同设计叶尖速比下考虑叶片损失的轴向诱导因子值

将计算得到的 a 代入式(3-32)即可求得弦长。由于需要循环迭代,给实际应用带来麻烦,因此考虑是否可以在理想设计(不考虑叶尖损失)的基础上进行修正。将理想设计的弦长公式与式(3-32)相除,得到叶片损失弦长修正因子为

$$K_{tip} = \frac{c_{tip}}{c_{ideal}} = \frac{8\pi aF(1-aF)R}{\sqrt{(1-a)^2 + \mu^2\lambda^2}\, c_L N\lambda} \bigg/ \frac{8\pi \frac{1}{3}\left(1-\frac{1}{3}\right)R}{\sqrt{\left(1-\frac{1}{3}\right)^2 + \mu^2\lambda^2}\, c_L N\lambda} \quad (3-34)$$

由于 $\lambda\mu$ 应远大于 $(1-a)^2$,近似整理可得

$$K_{tip} = \frac{c_{tip}}{c_{ideal}} \approx \frac{9}{2}aF(1-aF) \quad (3-35)$$

同理,考虑叶片损失的扭角修正因子为

$$A_{tip} = \frac{\tan\alpha_{tip}}{\tan\alpha_{ideal}} = \frac{1-a}{\mu\lambda(1+a')} \bigg/ \frac{1-\frac{1}{3}}{\mu\lambda(1+a'_{ideal})} \quad (3-36)$$

由于 a' 相对较小,因此 $(1+a')$ 与 $(1+a'_{ideal})$ 可近似认为相等,于是有

$$A_{tip} = \frac{\tan\alpha_{tip}}{\tan\alpha_{ideal}} \approx \frac{3}{2}(1-a) \quad (3-37)$$

F 依然是 a 的函数,近似采用理想设计点的 $F(a=1/3)$ 代入式(3-31),可得到相应的 a 值。然后对理想设计进行修正,修正公式为

$$c_{tip} = K_{tip} c_{ideal}$$
$$\tan\alpha_{tip} = A_{tip}\tan\alpha_{ideal} \quad (3-38)$$

图3-5表示了应用叶片损失修正因子设计的结果对比。从图中可以看出,修正结果与实际精确计算结果十分接近(基本重合),可以用于工程计算。

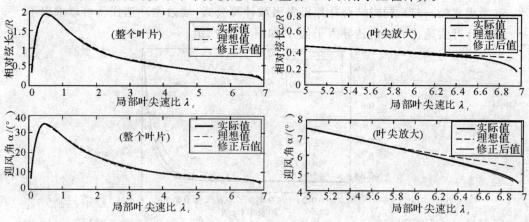

图3-5　叶尖修正因子设计结果对比

3.旋转压降的影响[10]

在风力机各种计算中,通常认为周向旋转诱导速度产生的压力降对计算的结果影响很小[3]。然而叶根处周向诱导速度最大,可能会对风轮特性产生影响。为此,进行以下分析。若不考虑旋转尾流造成压降的影响,忽略叶片损失,平衡方程式为

$$a = \cfrac{1}{\cfrac{4\sin^2\alpha}{\sigma(c_L\cos\alpha + c_D\sin\alpha)} + 1}, \quad a' = \cfrac{1}{\cfrac{4\sin\alpha\cos\alpha}{\sigma(c_L\sin\alpha - c_D\cos\alpha)} - 1} \quad (3-39)$$

从图 3-6 可以看出,旋转压降只对设计的叶片叶根处产生影响。考虑了旋转压降的影响后叶根在物理上很难实现,因此,旋转压降在设计中可以忽略。

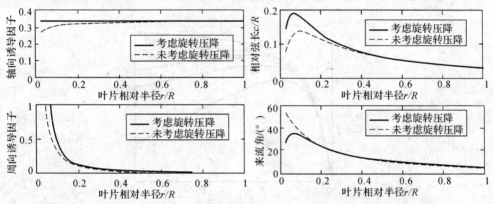

图 3-6　某单翼型叶轮设计考虑旋转压降与否的结果对比(设计叶尖速比为 7)

以上分析了阻力、叶片损失及旋转压降对基于经典动量-叶素理论的叶轮气动设计的影响,提出了修正方法,用于改进设计。

3.2　风力机设计参数的选择及实际设计中要考虑的因素

风力机设计中,各个参数的选择体现了设计者的不同意图,同时参数选择也要遵循一定的规律。本节着重介绍风力机参数的确定方法和在实际设计中要考虑的因素。

现代水平轴风力机通常选择三个叶片的叶轮,多是出于叶轮动力学、发电质量和美观等角度考虑。额定功率则根据制造商自己的设计需求而定。目前,并网风力机主要以大型并网机组为主,陆上最大额定功率可接近 7 MW。额定风速是风力机设计中的重要参数,它通常与设计的风区、叶轮直径、叶片气动特性等相关。

确定所设计的风力机的工作风区是设计风力机的前提。IEC 61400 标准将风力机按照风区分为四级,标准 1,2,3 级和 S 级[5]。设计者应根据所处风场的实际情况选择风力机的等级。下面将重点讨论几个设计参数的选择及其影响。

1. 设计叶尖速比

在风力机的设计中,设计叶尖速比 λ_D 是非常重要的设计参数。如果设计叶尖速比 λ_D 很低,比如 $\lambda_D = 1$,此时旋转气动损失比较大,功率系数会很低。根据气动理论,绘制了针对不同升阻比情况下的三叶片风力机的功率系数随设计叶尖速比的变化关系图,如图 3-7 所示。现代大型并网风力机设计点处叶片翼型的升阻比一般很高,甚至会超过 100。此时,设计叶尖速比通常为 6 ~ 10,这样能够保证获得高的效率。

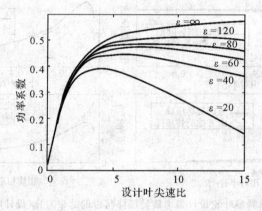

图 3-7　三叶片风力机的功率系数随设计叶尖速比的变化关系

设计叶尖速比对叶片弦长有很大的影响。在相同叶轮直径的条件下,设计叶尖速比大,弦长小;反之,设计叶尖速比小,叶片弦长宽。对于大功率的风力机而言,叶片弦长过宽会给叶片运输和制造等方面带来困难,同时可能会增加叶轮的质量载荷。图 3-8 表示了在升力系数为 1.1 的单翼型 40 m 长叶片设计中,设计叶尖速比取 5.91 和 7 时的弦长分布对比。从图中可以看出,设计叶尖速比为 5.91 的叶片弦长偏大,在叶片半径为 17.5 m 以内的叶片弦长都超过了 4 m,会给运输带来困难,需要修正的叶根处甚至接近叶片长度的 1/2,同时弦长过宽也会使叶片成本增加。而设计叶尖速比为 7 的叶片弦长要小得多。因此,对于较大叶轮直径的风力机,设计叶尖速比不能选得过低。

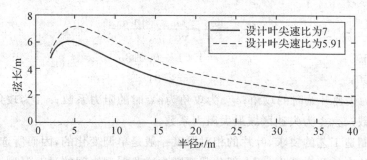

图 3 - 8　不同设计叶尖速比的叶片弦长分布

2. 多翼型设计

在风力机叶片设计中,通常根据叶片截面的位置,选择不同的翼型。目的是在保证结构强度的条件下获得最佳的气动性能。

考虑到强度要求,沿着叶片展向可选不同的翼型。叶片中部至叶尖这一部分是叶片能获取风能最多的部位,故选择升阻比高的薄翼型,同时要求翼型具备较好的失速特性、表面粗糙度灵敏度低、低噪声的特点;中部选择较厚且气动性能优良的翼型;在叶根处则要重点考虑强度及与轮毂的连接,故选择厚翼型。一般在 NACA 或者 DU 等翼型族中选取。第 2 章所介绍的 NPU 翼型族也是很好的选择。

另外,要求叶片各个部位在几何上要有连续性,在外形上不能出现突变。从叶尖到叶根,所选择的翼型应从具有一定弯度到无弯度单调变化,弯度位置单调变化,厚度也应单调增加,最大厚度位置保持从 30% 左右到 50% 的增加。同时,设计点处的翼型攻角不能相差太大。这些要求的目的是,保证叶片在几何上的连续性,并为叶片的加工制造创造便利条件。

通常,缺乏失速后的翼型气动数据。参考文献[6]对 Gedser 200 kW 风力机的实测数据与利用 Viterna-Corrigan 失速后模型的计算数据进行了比较,结果吻合得较好。失速后的翼型气动特性数据可以通过 Viterna-Corrigan 失速后模型来获得。该模型定义为

当 $\alpha_A \geqslant \alpha_{As}$ 时,有

$$\left.\begin{aligned}
c_L &= \frac{c_{L,\max}}{2}\sin 2\alpha_A + K_L\frac{\cos^2\alpha_A}{\sin\alpha_A} \\
c_D &= c_{D,\max}\sin^2\alpha_A + K_D\cos\alpha_A \\
K_L &= (c_{L,s} - c_{D,\max}\sin\alpha_{As}\cos\alpha_{As})\frac{\sin\alpha_{As}}{\cos^2\alpha_{As}}
\end{aligned}\right\} \tag{3-40}$$

$$K_D = \frac{c_{D,s} - c_{D,\max}\sin^2\alpha_{As}}{\cos\alpha_{As}}$$

$$\mu \leqslant 50: \qquad c_{D,\max} = 1.01 + 0.018\mu$$

$$\mu > 50: \qquad c_{D,\max} = 2.01$$

式中，α_{As} 为失速开始时的攻角；$c_{D,s}$ 为攻角为 α_{As} 时的阻力系数；$c_{L,s}$ 为攻角为 α_{As} 时的升力系数；$c_{D,\max}$ 为失速区域最大阻力系数。

由于制造工艺的要求，叶片的相对厚度一般是单调变化的，因而所选的几种翼型只是叶片中的几个截面，而大部分截面则为这些翼型之间的过渡翼型。因此，确定过渡翼型的气动特性和几何外形在叶片设计中十分重要。这里将采用基于厚度加权的过渡翼型计算方法，并采用翼型坐标数据沿厚度的线性平均，过渡翼型的坐标数据为

$$y = y_2(t - t_1)/(t_2 - t_1) + y_1[1 - (t - t_1)/(t_2 - t_1)] \qquad (3-41)$$

式中，t_2 和 t_1 分别为所选过渡翼型两侧的设计翼型的截面相对厚度（实际厚度与弦长之比），且 $t_2 > t_1$；y_2 和 y_1 分别为过渡翼型两侧的设计翼型的坐标数据或气动数据；y 为计算得到的过渡翼型的坐标数据或气动数据。

图 3-9 表示了相对厚度为 16.5% 的过渡翼型外形。由图 3-10 可以看出，插值计算结果与 XFOIL 计算结果非常接近。因此，可用设计翼型截面的数据插值得到过渡翼型的截面几何形状和气动数据。

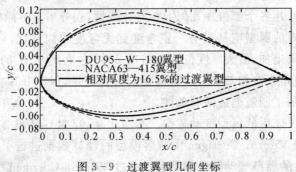

图 3-9　过渡翼型几何坐标

3.翼型设计点的选择

通常认为翼型设计点选择在升阻比最大的位置，而对于多翼型叶片设计而言，设计结果要兼顾几何连续性等方面的要求。这里讨论选取不同的设计点对叶片设计结果的影响。

（1）单翼型叶片设计

取 NACA 63—618 翼型进行单翼型的叶轮设计，风轮直径取 $R = 26.6$ m，设

计叶尖速比为 7。

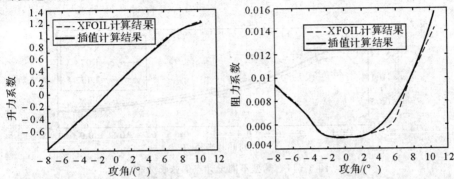

图 3-10　过渡翼型气动特性 XFOIL 计算结果与插值计算结果对比

从表 3-1 中可以看到,最大升阻比处于攻角为 5°的位置,此时 $c_L=1.073\,3$,升阻比 $c_L/c_D=167.703\,1$。为进行对比,分别选取 4°,5°,6° 为设计攻角,对应的升力系数分别为 0.963,1.073 3,1.172 5,升阻比分别为 160.5,167.703 1,158.445 9。

表 3-1　NACA 63—618 在雷诺数为 3×10^6 部分的气动数据[7]

攻角/(°)	升力系数 c_L	阻力系数 c_D	升阻比 c_L/c_D	俯仰力矩系数 c_M
3	0.848 6	0.005 7	148.877 2	−0.120 8
3.5	0.907 3	0.005 8	156.431	−0.121 6
4	0.963	0.006	160.5	−0.121 8
4.5	1.019 7	0.006 1	167.163 9	−0.122 1
5	1.073 3	0.006 4	167.703 1	−0.122
5.5	1.126 1	0.006 8	165.602 9	−0.121 7
6	1.172 5	0.007 4	158.445 9	−0.120 3
6.5	1.211 2	0.008 3	145.927 7	−0.117 5

图 3-11 表示了翼型不同设计点的弦长对比,随着升力系数的增加,叶片弦长变窄。图 3-12 表示了翼型不同设计点的风轮功率系数曲线。从图中可以看出,当设计点小范围的偏离最大升阻比时,最大功率系数变化很小,而功率系数平稳性随着升力系数的降低而增加。由此得到结论:可以在靠近最佳升阻比的升力系数减小方向取设计点,从而通过适当增加弦长达到功率曲线更加平稳的目的。同样,也可以在靠近最佳升阻比的升力系数增加方向取设计点,从而能够在保证最大功

率系数没有大幅降低的同时减小叶片的尺寸,但功率系数曲线顶部平缓度变差[10]。

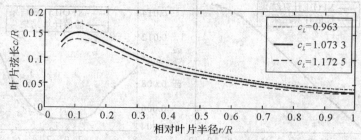

图 3-11　翼型不同设计点的弦长分布

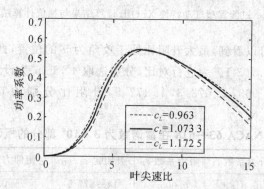

图 3-12　翼型不同设计点的风轮功率系数曲线

(2)多翼型叶片设计

通常,多翼型设计的叶片往往不满足几何连续性的要求。由上面的结论可知,能够通过调节设计点来满足几何连续性,同时又兼顾最大功率系数及其平稳性。

以 DU 系列翼型设计的 ZDS—2500 风轮为例,如果取各个翼型的升阻比最大点作为设计点,设计参数见表 3-2。

表 3-2　DU 系列翼型(设计点取翼型升阻比最大点)[7]

翼型名称	最大厚度与弦长比/(%)	设计点处升力系数	设计点处攻角/(°)	设计点处升阻比	截面距叶根的距离/(%)
Cylinder	100	—	—	—	0～3.2
DU97—W—300	30	1.500 2	9	132.76	38
DU91—W—250	25	1.198	6	151.6	51
DU93—W—210	21	1.132 6	5	161.8	63
DU96—W—180	18	1.029	6.5	160.78	75
NACA 63—615	15	0.963 3	4	166	97

图 3-13 表示了按照最佳升阻比设计的叶片弦长沿叶轮半径的分布。从图中可以看出,弦长分布不服从单调变化的原则,给叶片制造带来困难。可以利用单翼型设计时的结论,通过改变翼型的设计点,使弦长符合几何连续性原则,且同时兼顾功率系数曲线平稳度。因此,在 ZDS—2500 风力机叶轮设计中,翼型设计点并没有取升阻比最大的位置,对表 3-2 所列的 DU 翼型参数进行适当调整。主要调整措施:为了实现更好的功率系数平稳度,选择翼型 DU97—W—300 的设计攻角为 7°,对应的设计点升力系数为 1.255 2,升阻比为 121.86。同时,为了保证弦长分布的单调性,选择翼型 DU96—W—180 的设计攻角为 7°,对应的升力系数为 1.076 6,升阻比为 158.32。调整后的叶片弦长分布如图 3-14 所示。可以看出,叶片几何连续性很好,并且叶片线性度好,适合加工和制造。

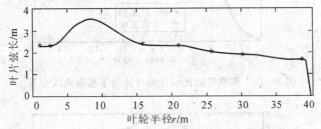

图 3-13　按不同翼型最佳升阻比设计的叶片弦长分布

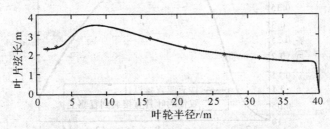

图 3-14　修正升阻比设计的叶片弦长分布

调整前、后的功率系数曲线如图 3-15 所示,可见修正后风轮功率系数曲线顶部平缓度更好。

4. 不同类型风力机气动设计的区别

对于最常见的同步直驱型风力机与双馈风力机,风轮的主要区别在于风轮的轮毂尺寸差别较大。目前,市场上还没有专门针对某种类型风力机而设计的叶片,这里着重讨论双馈风力机叶片用于直驱风力机的适用性问题。

ZDS—2500 风力机为双馈型,轮毂直径为 2.4 m。假设将其叶片应用于直驱风力机,轮毂直径为 3.4 m,此时风轮直径为 81 m。从图 3-16 所示的功率系数对比结果看,直接将双馈风力机的叶片应用于直驱风力机,功率系数要比按照直驱风力机设计的功率系数低,最高点要低0.5%左右。如果直驱风力机轮毂直径更大,那么损失就会增加。因此,对于轮毂直径差距较大的双馈和直驱风力机,应该分别设计叶片,而不宜混用。

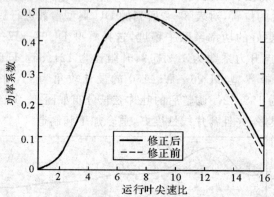

图 3-15　调整升阻比设计的叶片功率系数曲线分布

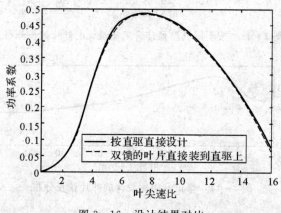

图 3-16　设计结果对比

5.叶根与叶尖的修正

按照气动理论设计的叶片弦长,在叶根处会很宽,给运输和制造带来困难,故需对叶根进行修正。如图3-17所示,叶根修正主要是为了避免过大的弦长(此处所选翼型阻力系数较大,导致叶片过宽)。另外,还需对叶尖进行修正。叶尖修正则更多是考虑降噪要求。

弦长修正后,叶尖对应的真实扭角,需要根据修正后的弦长进行重新计算。图

3-18 表示了优化计算获得的扭角分布。从图中可以看出,叶尖处扭角会反向增加,这是由叶尖弦长急剧减小造成的。说明通过叶片反扭可以实现叶尖功率的最大化。叶根部分的扭角理论设计值很大,由于其对气动做功贡献较小,可将扭角范围进行限制,如图 3-19 所示。

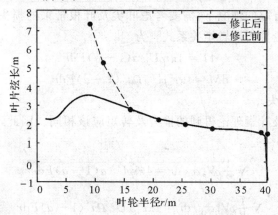

图 3-17　叶尖和叶根修正前、后弦长分布对比

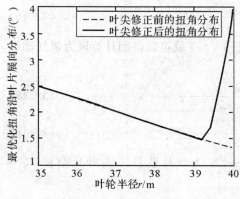

图 3-18　叶尖修正前、后扭角分布对比

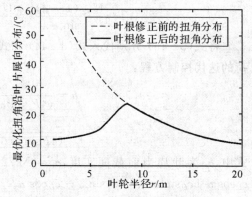

图 3-19　叶根修正前、后扭角分布对比

3.3　风力机定常流动载荷分析

在风力机叶片设计完成后,通常会计算风力机叶轮的偏载和变桨特性,作为强度校核和控制设计的基础。常用的计算方法有基于经典动量-叶素理论和 Schmitz 理论两种。

3.3.1 基于经典动量-叶素理论的计算方法

基于经典动量-叶素理论的定常流动载荷计算方法以力矩平衡方程和推力平衡方程为基础。通常可以忽略附加的轴向压力(见式(3-6))。

在叶片数目有限的情况下,需要考虑叶尖及叶根带来的损失,Prandtl 给出带叶片损失时的风轮推力及转矩关系式[9] 为

$$dT = 4\pi r \rho U_\infty a(1-a)F dr \qquad (3-42)$$

$$dM = 4\pi r^3 \rho U_\infty \Omega a'(1-a)F dr \qquad (3-43)$$

式中,F 为叶片损失。

由动量定理及叶素理论得到的推力及转矩应该相同。因此,力矩平衡方程和推力平衡方程为

$$N \frac{1}{2}\rho V_r^2 c c_N dr = 4\pi r \rho U_\infty^2 a(1-a)F dr \qquad (3-44)$$

$$N \frac{1}{2}\rho V_r^2 c c_C r dr = 4\pi r^3 \rho U_\infty \Omega a'(1-a)F dr \qquad (3-45)$$

由图 3-1 的速度三角形图可得

$$V_r^2 = \frac{U_\infty^2 (1-a)^2}{\sin^2\alpha} = \frac{U_\infty(1-a)\Omega r(1+a')}{\sin\alpha\cos\alpha} \qquad (3-46)$$

将式(3-46)分别代入式(3-44)和式(3-45)就可以得到计算风力机气动载荷的迭代控制方程:

$$a = \frac{1}{(4F\sin^2\alpha/\sigma_r c_N)+1} \qquad (3-47)$$

$$a' = \frac{1}{(4F\sin\alpha\cos\alpha/\sigma_r c_C)-1} \qquad (3-48)$$

式中,σ_r 为叶片当前截面实度,$\sigma_r = Nc/2\pi r$,N 为叶片数目,c 为叶片弦长;$c_N = c_L\cos\alpha + c_D\sin\alpha$;$c_C = c_L\sin\alpha - c_D\cos\alpha$。

根据假设,每个圆环气动载荷相互独立,因此,只需要使用动量-叶素方法分别计算出每个圆环的气动力,就可以叠加出叶片所受的总的气动载荷。每个圆环截面所受气动载荷通常可以由以下 7 个步骤来计算:

1)给 a 及 a' 赋初值,通常情况下赋为零;

2)使用式(3-1)计算来流角 α 以及攻角 α_A;

3)查找出当前攻角下的升力系数 $c_L(\alpha_A)$ 及阻力系数 $c_D(\alpha_A)$;

4)分别计算 c_N 和 c_C;

5)根据式(3-47)和式(3-48)计算轴向诱导因子 a 及周向诱导因子 a';

6）如果前、后两次计算的诱导因子误差小于许可范围，则结束迭代，否则返回第 2）步重新开始计算；

7）根据所得诱导因子，计算叶片截面气动载荷。

当叶轮运行在叶尖速比很高的时候，叶轮的轴向诱导因子很大，叶轮前的部分气流将会绕过叶轮不对叶轮做功。这时，动量定理给出的推力系数关系式失效。Glauert 等人使用测量结果对其进行了修正[9]，即

$$c_T = \begin{cases} 4a(1-a)F & (a \leqslant 1/3) \\ 4a[1-0.25a(5-3a)]F & (a > 1/3) \end{cases} \quad (3-49)$$

当 $a \leqslant 1/3$ 时，气动载荷迭代算法使用式（3-47）作为控制方程。

当 $a > 1/3$ 时，根据推力系数定义及式（3-46），可以得到叶素理论下叶片截面的推力系数为

$$c_T = \frac{(1-a)^2 \sigma_r c_N}{\sin^2 \alpha} \quad (3-50)$$

因此，这时的迭代控制方程变为

$$4a[1-0.25a(5-3a)]F = \frac{(1-a)^2 \sigma_r c_N}{\sin^2 \alpha} \quad (3-51)$$

用数值的方法可以很容易求出式（3-51）的解，然后就可以计算出叶片截面气动推力及周向力。

3.3.2　基于 Schmitz 理论的分析方法

Schmitz 理论将风力机的真实物理速度用速度三角形联系起来，对叶片单元进行力学分析。Schmitz 基本理论仅考虑了气流流过叶轮产生的旋转损失而没有考虑叶片的叶尖损失及叶根损失。因此，在这里对其进行相应修正。

如图 3-20 所示为 Schmitz 理论的叶片截面速度三角形分析图[1]，用 δC 来表示翼型阻力方向气流速度的变化，ΔC 表示升力方向上的速度变化。由速度三角形的几何关系得到来流速度为

$$V_r = C_1 \cos(\alpha_1 - \alpha) - C_1 \sin(\alpha_1 - \alpha)\tan \beta \quad (3-52)$$

风力机升力方向、后速度变化为

$$\Delta C = 2C_1 \sin(\alpha_1 - \alpha) \quad (3-53)$$

流过叶轮面的流量为

$$\mathrm{d}\dot{m} = 2\pi r \rho V_r \sin \alpha \, \mathrm{d}r \quad (3-54)$$

由翼型理论得到的升力为

$$\mathrm{d}L = \frac{1}{2}\rho c V_r^2 c_L(\alpha_A) \, \mathrm{d}r \quad (3-55)$$

式中，c 为叶片弦长；ρ 为空气密度；c_L 为翼型升力系数。

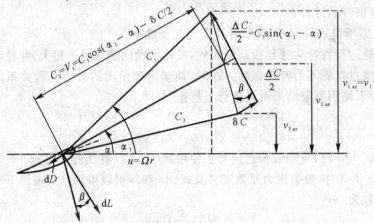

图 3-20　Schmitz 理论叶片截面速度分析图[1]

由升力方向的动量定理可得

$$dL = d\dot{m}\Delta C = 2\pi r\rho V_r \sin\alpha dr 2C_1 \sin(\alpha_1 - \alpha) \tag{3-56}$$

两个理论所得升力必须相等，于是有

$$NcV_r c_L(\alpha) = 8\pi r \sin\alpha C_1 \sin(\alpha_1 - \alpha) \tag{3-57}$$

式中，N 为叶片数量。

把式（3-52）代入式（3-57）整理可得

$$Ncc_L(\alpha)[1 - \tan(\alpha_1 - \alpha)\tan\beta] = 8\pi r \sin\alpha\tan(\alpha_1 - \alpha) \tag{3-58}$$

由气流速度三角形可知：

$$\tan\beta = \frac{c_L(\alpha_A)}{c_D(\alpha_A)} \tag{3-59}$$

式中，c_D 为翼型阻力系数。

将式（3-59）带入式（3-58），得

$$cc_L(\alpha_A) - \left[\frac{8\pi r}{N}\sin\alpha + cc_D(\alpha_A)\right]\tan(\alpha_1 - \alpha) = 0 \tag{3-60}$$

式（3-60）为无叶尖损失情况下 Schmitz 理论平衡方程。

对叶片数目有限的叶轮，普朗特引入了气流诱导速度损失因子 F[9] 对诱导速度进行修正。将普朗特叶片损失因子 F 考虑到 Schmitz 平衡方程中，平衡方程可变为

$$cc_L(\alpha_A) - \left[\frac{8\pi r}{N}F\sin\alpha + cc_D(\alpha_A)\right]\tan(\alpha_1 - \alpha) = 0 \tag{3-61}$$

式(3-61)就是加入叶尖损失修正后的 Schmitz 理论平衡方程。若叶片截面弦长和扭角分布、叶尖速比已知,就能使用迭代法求得对应的迎风角 α。式(3-61)中 $\alpha_1 = \arctan(R/\lambda r)$,而 $\alpha_A = \alpha - \alpha_b$,其中,$\alpha_b$ 为当前叶片截面扭角。c_L 和 c_D 为翼型气动特性,可以从翼型手册中查出,λ 为叶尖速比,$\lambda = \Omega R/V_1$。

对于现代并网风力机,当启动时,实际叶尖速比 λ 远小于设计点叶尖速比 λ_D,一部分气流不受影响地直接从叶片之间流过。当空载时,实际叶尖速比 λ 大于设计点叶尖速比 λ_D,气流受到强阻滞,一部分气流从叶轮之外流过。参考文献[1]讨论了相应的修正方法。

当 $\lambda < \lambda_D$ 时,最大来流角 α_{max} 定义为

$$\sin \alpha_{max} = \frac{N\sqrt{1-(r/R)^2}}{2\pi(r/R)} \tag{3-62}$$

只有在角度 α_{max} 之内的气流才受到风力机的影响,才能得到利用。在偏载特性迭代计算中,若来流角 $\alpha > \alpha_{max}$ 时,在迭代方程中,可以把 $\sin \alpha$ 用 $\sin \alpha_{max}$ 替代,即考虑一部分气流未加利用就直接流过叶轮。

当 $\lambda > \lambda_D$ 时,令

$$y = \frac{\sin \alpha}{\sin \frac{2}{3}\alpha_1} \tag{3-63}$$

风流量可表示为

$$d\dot{m} = \rho \frac{2\pi r}{N} drc \left[\frac{1}{4}\sin\left(\frac{2}{3}\alpha_1\right)\sqrt{9-2y^2+9y^4} \right] \tag{3-64}$$

式(3-64)只适用于来流角很小时的无扰流动。只有当 $\alpha \leqslant \frac{2}{3}\alpha_1$(即 $\lambda \geqslant \lambda_D$)时,平衡方程中流量部分 $\frac{8\pi r}{z}\sin\alpha$ 才需要用式(3-64)来替代(即 $\sin\alpha$ 需要用式(3-64)中方括号中的表达式代替)。这里令 $\sin\alpha_{min} = \sin\frac{2}{3}\alpha_1$。

定常流动载荷迭代算法计算程序流程如下:

1) 读取叶片及叶片截面形状参数,包括叶轮半径 R 和叶片数目 N、截面弦长 c、位置 r、扭角 α_b、截面所用翼型型号以及翼型参数 c_L 和 c_D。

2) 输入需要计算的工况信息:叶尖速比 λ,叶轮转速 Ω,叶片桨角 α_p。

3) 计算 α_1,$\sin\alpha_{max}$,$\sin\alpha_{min}$。

4) 设定初始来流角 $\alpha = \alpha_1$。

5) 确定攻角 α_A,然后通过查表确定升力系数 $c_L(\alpha_A)$ 和阻力系数 $c_D(\alpha_A)$。

6) 计算叶片损失因子 F。

7) 令 $X=\sin\alpha$，对 X 进行判断，当 $X<\sin\alpha_{\min}$ 或者 $X>\sin\alpha_{\max}$ 时，对 X 进行相应的修正（见式(3-62)、式(3-64)）。

(8) 对式(3-61)进行如下变形：

$$\frac{f}{c}=c_L(\alpha_A)-\left[\frac{8\pi r}{Nc}XF+c_D(\alpha_A)\right]\tan(\alpha_1-\alpha) \qquad (3-65)$$

计算式(3-65)的右边多项式。若结果大于设定的误差判据 δ，则减少 α 值，返回第5) 步；若结果小于 $-\delta$，则增大 α，返回第5) 步；其余情况为所要求的来流角 α。

9) 计算来流速度 V_r、升力及阻力，最后就可以计算出所有工况下叶轮的气动力和功率。

3.4   风轮气动设计实例

本节以 2.5 MW 变速变桨风力机的叶轮设计为例，介绍实际风力机设计的方法、步骤以及结果[10]。

设计叶尖最大速度为 78 m/s(噪声的限制)，适应风区的类型为 IEC Ⅱa，其他参数见表 3-3。最佳设计点的上限风速为 $v_{d-u}=78/\lambda_D=11.14$ m/s，下限风速为 $v_{d-d}=5.06$ m/s，即当风速在上、下限风速之间时，风力机在设计点工作，其他风速时风力机运行在非设计点。额定风速取 12 m/s。

表 3-3   风力机设计参数表

额定功率 P_{rate}/MW	设计叶尖速比 λ_D	叶片个数 N	风轮直径 D/m	轮毂直径 D_{hub}/m	叶轮转速 /(r·min^{-1})	发电机转速 /(r·min^{-1})
2.5	7	3	80	2.4	8.5～18.6	900～1 990

选取四个系列翼型进行设计，它们分别为 AH 系列翼型、DU 系列翼型、FFA 系列翼型和 S 系列翼型[7]。翼型气动特性采用 XFOIL 软件计算。参考文献[8]对比了 XFOIL 软件计算的气动结果与实验结果，证明了利用 XFOIL 软件气动计算的准确性。由于风力机工作范围通常在雷诺数 $0.7\times10^6\sim10\times10^6$，而当雷诺数大于 2×10^6 时，雷诺数的变化对翼型特性的影响显著减小[11]，而大型风力机大部分工况下的雷诺数超过了这个数值，可以选择固定雷诺数为 3×10^6 条件下的翼型特性参数作为设计参数及气动计算依据。

考虑设计的叶片气动外形应满足结构强度的要求，从叶根到叶尖的厚度分布参照某实际叶片的相对厚度(叶片厚度/叶片弦长)值，如图 3-21 所示。

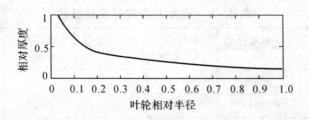

图 3-21　某实际叶片的厚度分布

　　根据前文所述设计方法,四个系列翼型叶片设计点参数及截面位置见表 3-4~表 3-7。

表 3-4　AH 系列翼型设计参数

翼型名称	最大厚度弦长 %	设计点 升力系数	设计点攻角 (°)	设计点 升阻比	截面距叶 根的距离 %
Cylinder	100	—	—	—	0
AH 93—W—300	29.98	1.207	7	112.8	38
AH 93—W—257	25.67	1.242 7	7	157	48
AH 93—W—215	21.5	1.25	10.25	130	61
AH 93—W—174	17.43	1.265	7	194.6	76
AH 93—W—145	14.48	1.212 2	6.5	186	100

表 3-5　DU 系列翼型设计参数

翼型名称	最大厚度弦长 %	设计点 升力系数	设计点攻角 (°)	设计点 升阻比	截面距叶 根的距离 %
Cylinder	100	—	—	—	0~3.2
DU97—W—300	30	1.255 2	7	121.9	38
DU91—W—250	25	1.198	6	151.6	51
DU93—W—210	21	1.132 6	5	161.8	63
DU96—W—180	18	1.076 6	7	158.3	75
NACA 63—615	15	0.963 3	4	166	100

表 3 - 6　FFA 系列翼型设计参数

翼型名称	最大厚度弦长 %	设计点 升力系数	设计点攻角 (°)	设计点 升阻比	截面距叶 根的距离 %
Cylinder	100	—	—	—	0~3.2
FFA W3—301	30.1	1.210 3	8.5	115.3	38.2
FFA W3—241	24.1	1.252 5	8	140.7	53.5
FFA W3—211	21.1	1.256 4	7.5	157.1	63
NACA 63—618	18	1.126 1	5.5	165.6	75
NACA 63—615	15	0.963 3	4	166	100

表 3 - 7　S 系列翼型设计参数

翼型名称	最大厚度弦长 %	设计点 升力系数	设计点攻角 (°)	设计点 升阻比	截面距叶 根的距离 %
Cylinder	100	—	—	—	0~3.2
S818	24	1.003 8	5	119.5	52.5
S816	21	0.950 8	5.5	148.56	63
S817	16	0.829 2	4	180.26	86.6
NACA 63—615	15	0.963 3	4	166	100

　　图 3 - 22~图 3 - 24 表示了依据优化设计方法所设计的不同系列翼型风力机的弦长和扭角分布及功率系数、推力系数曲线。

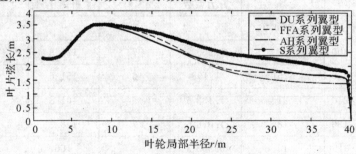

图 3 - 22　不同系列翼型设计的叶片弦长分布

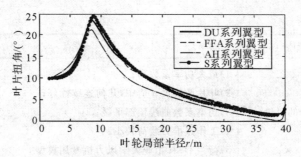

图 3-23 不同系列翼型设计的叶片扭角分布

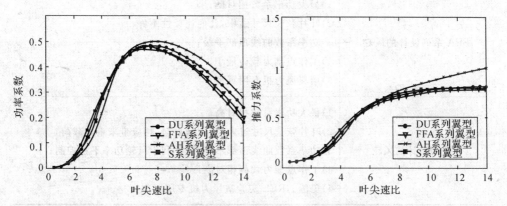

图 3-24 不同系列翼型设计的叶轮功率系数与推力系数曲线

当风速变化较快时,由于叶轮转动惯量较大,阻碍了转速实时跟踪最佳叶尖速比,机组通常工作在 c_p 曲线峰值两侧而不是峰值上。当变速风力机组叶片优化设计时,不仅要有较大的 c_p 峰值,还要保证顶端适当的平缓度[3]。

表 3-8 列出了不同系列翼型设计的风轮特点。DU 系列翼型设计的叶片弦长几何连续性好,风轮功率系数高,功率曲线顶部平缓,工作点推力载荷小。因此,其综合性能最好。为了方便表达,将其定义为 ZDS—2500 型风力机,图 3-25 表示了其风轮与叶片三维模型[10]。

表 3-8 不同系列翼型设计的风轮特点

不同翼型族	特点
AH 系列设计的风轮	1)最大功率系数高; 2)叶片窄,节省材料降低重力载荷,对叶片结构要求高; 3)不是风力机专业翼型,对粗糙度、灵敏度等没有测定过; 4)工作点推力载荷大; 5)功率系数曲线顶部平缓

续 表

不同翼型族	特点
DU 系列设计的风轮	1)最大功率系数高； 2)叶片弦长尺寸适中,几何连续性好； 3)功率系数曲线顶部平缓； 4)工作点推力载荷较小； 5)荷兰 Delft 工业大学风力机专用翼型
FFA 系列设计的风轮	1)最大功率系数相对低； 2)叶片弦长尺寸适中,几何连续性不好； 3)功率系数曲线顶部平缓； 4)工作点推力载荷最小； 5)瑞典风力机专用翼型
S 系列设计的风轮	1)最大功率系数相对高； 2)叶片弦长尺寸过大,需大量材料,相应带来重力载荷； 3)功率系数曲线顶部不平缓,不利于风轮功率平稳控制； 4)工作点推力载荷相对高； 5)美国 NREL 实验室风力机专用翼型

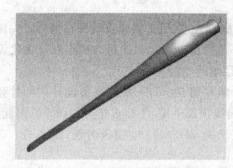

图 3-25　ZDS—2500 风轮及其叶片三维模型[10]

　　使用 3.3 节中介绍的计算方法分析了 ZDS—2500 风力机叶轮的偏载及变桨特性,如图 3-26 和图 3-27 所示[10]。

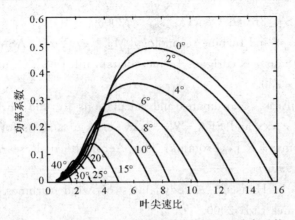

图 3 - 26　ZDS—2500 偏载及变桨特性——功率系数

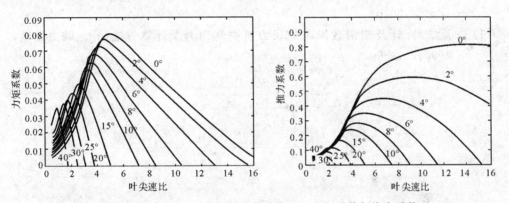

图 3 - 27　ZDS—2500 偏载及变桨特性——力矩系数与推力系数

参 考 文 献

[1]　廖明夫. 风力发电技术[M]. 西安：西北工业大学出版社,2009.

[2]　Robert Gasch, Jochen Twele. Windkraftanlagen[M]. Berlin：Teubner, 2005.

[3]　Tony Burton, David Sharpe, Nick Jenkins, et al. Wind energy handbook [M]. Hobcken：John Wiley & Sons Ltd, 2005.

[4]　Morarty P J, Hasen A C. AeroDyn Theory Manual[R]. Colcraelo： National Renewable Energy Laboratory Technical Report, 2005.

[5]　International Electrotechnical Commission. International Standard IEC

61400 – 1[S]. 3rd ed. Geneva：[s. n.],2005.

[6] Spera D A. Wind turbine technology[M]. New York：ASME Press,1994.

[7] Dieter Althaus. Niedriggeschwindigkeitsprofile[M]. Stuttgart：vieweg, 1996：138 – 230.

[8] Anders BjÊrck. Coordinates and calculations for the FFA – W1 – xxx , FFA – W2 – xxx and FFA – W3 – xxx series of airfoils for horizontal axis wind turbines[R]. Bromma：The Aeronautical Research Institute of Sweden，1990.

[9] Martin O L Hansen. Aerodynamics of wind turbines[M]. London： James&James Ltd, 2000.

[10] 董礼.水平轴变速变桨风力机气动设计与控制技术研究[D].西安:西北工业大学,2010.

[11] 阮志坤.计及雷诺数影响的风力机空气动力学计算方法[J]. 风力发电, 1990,2:1 – 6.

第4章 风力机气动载荷计算

风力机的气动力是风力机载荷的最主要来源。因此,在风力机设计过程中,分析风力机所受气动载荷是必不可少的一环。风力机的气动载荷计算又分为定常流动载荷计算和非定常流动载荷计算。

风力机定常流动载荷计算通常用来获取风力机的载荷和变桨特性。常用的计算方法有基于经典动量-叶素理论和 Schmitz 理论两种,在第 3 章中已对其进行了详细的介绍。

在风力机实际运行过程中,湍流、风切变、塔影效应等都会引起气流的非定常流动,会产生很大的动态载荷。因此,当评估风力机所受气动载荷时,必须进行非定常流动的气动载荷计算。目前,在风力机工程中,主要使用以加速势方法为基础进行修正的分析方法,例如 Pitt - Peters 方法[1-2]和通用动态入流(generalizied dynamic wake,GDW)方法[3-4]。

本章首先根据变桨变速风力机物理特点,建立风力机分析坐标系统,讨论动态失速对风力机气动载荷的影响,然后详细介绍如何在偏航和动态入流的条件下对动量-叶素理论进行改进,以使其适用于动态载荷计算,并给出了具体的计算流程和实例。

4.1 风力机坐标系统

在风力机气动载荷分析及结构动力学分析中,必须建立合适的坐标系才能对风力机整机及部件进行建模,从而实现准确分析风力机载荷及变形的目标。德国船级社公布的 GL 标准[5]和国际电气委员会(IEC)制定的相应风力机标准[6]中规定了风力机的坐标系统,而后我国的相关标准均参照了国际标准的规定。本章所用坐标系统是以参考文献[7]和参考文献[8]所用坐标系统为基础加以改进而来的,整个坐标系统如图 4-1 所示。所有定义的子坐标系统,均满足从 X 轴方向到 Y 轴方向的右手定则,大拇指所指方向就为 Z 轴方向。

该坐标系统针对不同部件分析特点由以下几个坐标系组成。

1.塔架底部坐标系 $O_t - X_t - Y_t - Z_t$

塔架底部坐标系为固定坐标系,不随塔架底部运动而改变,原点位置在塔架底面几何中心,但不在塔架上。X_t 为机舱没有偏航时的下风方向,Z_t 沿塔架垂直向上。

2. 塔架顶部坐标系 $O_{p,n} - X_p - Y_p - Z_p$

塔架顶部坐标系原点位于塔架顶部几何中心,当塔架没有变形时,其 X_p,Y_p,Z_p 同塔架底部坐标系对应坐标轴平行。该坐标系不随机舱偏航而旋转。

3. 机舱 / 偏航坐标系 $O_{p,n} - X_n - Y_n - Z_n$

机舱 / 偏航坐标系原点及方向均随塔架顶部部件运动。原点和塔架顶部坐标系相同,X_n 指向当前下风方向,Z_n 垂直向上。

4. 传动轴坐标系 $O_s - X_s - Y_s - Z_s$

传动轴坐标系不随转子系统的旋转而旋转,但是跟随机舱坐标系运动。原点位置在转轴与 $Y_n O_{p,n} Z_n$ 平面的交点,X_s 沿传动轴方向(可能存在一定倾角 θ),Y_s 与 Y_n 方向一致。

5. 轮毂坐标系(叶轮平面坐标系)$O_{h,c} - X_h - Y_h - Z_h$

轮毂坐标系跟随叶轮旋转,原点为叶轮平面与转轴的交点(无锥角叶轮)或者转轴同锥角顶端的交点(带锥角叶轮)。X_h 沿着轮毂中心线指向下风方向,Z_h 垂直于轮毂中心线,同 1 号叶片方位角相同。

6. 叶片锥角坐标系 $O_{h,c} - X_{c,i} - Y_{c,i} - Z_{c,i}$

叶片锥角坐标系对应每个叶片,随叶片转动而转动,但不受叶片变桨影响。原点位置和轮毂坐标系相同。$Z_{c,i}$ 沿着叶片变桨轴指向叶尖,$Y_{c,i}$ 为变桨角为 0° 时的叶片尾缘方向。

7. 叶片坐标系 $O_b - X_{b,i} - Y_{b,i} - Z_{b,i}$

叶片坐标系对应每个叶片,坐标方向定义同叶片锥角坐标系相同,只是该坐标系会随叶片变桨旋转。原点位置为叶片根部截面同变桨轴的交点。

8. 叶片截面坐标系 $O_{sc} - \eta - \zeta - \xi$

叶片截面坐标系原点位于变桨轴或者弹性轴(一般位于弦线上),ζ 沿前缘指向后缘方向,ξ 指向叶尖。

这里设偏航角为 γ、转轴倾角为 θ、叶轮旋转角度为 ψ、叶轮锥角为 φ、叶片变桨角为 α_p。转轴倾角、叶轮锥角、偏航角以图 4-1 所标方向为正。

塔架顶部坐标系内的矢量 G 可以通过转换矩阵 S 转化为叶片截面坐标系下的矢量 E:

$$E_{O_{sc} - \eta \zeta \xi} = S \cdot G_{O_{p,n} - X_p - Y_p - Z_p} \qquad (4-1)$$

式中,转换矩阵 S 为 $S = A_6 \cdot A_5 \cdot A_4 \cdot A_3 \cdot A_2 \cdot A_1$,其中

$$\boldsymbol{A}_1 = \begin{bmatrix} \cos\gamma & \sin\gamma & 0 \\ -\sin\gamma & \cos\gamma & 0 \\ 0 & 0 & 1 \end{bmatrix}, \quad \boldsymbol{A}_2 = \begin{bmatrix} \cos\theta & 0 & -\sin\theta \\ 0 & 1 & 0 \\ \sin\theta & 0 & \cos\theta \end{bmatrix}$$

$$\boldsymbol{A}_3 = \begin{bmatrix} 1 & 0 & 0 \\ 0 & \cos\psi & \sin\psi \\ 0 & -\sin\psi & \cos\psi \end{bmatrix}, \quad \boldsymbol{A}_4 = \begin{bmatrix} \cos\varphi & 0 & \sin\varphi \\ 0 & 1 & 0 \\ -\sin\varphi & 0 & \cos\varphi \end{bmatrix}$$

$$\boldsymbol{A}_5 = \begin{bmatrix} \cos\alpha_p & -\sin\alpha_p & 0 \\ \sin\alpha_p & \cos\alpha_p & 0 \\ 0 & 0 & 1 \end{bmatrix}, \quad \boldsymbol{A}_6 = \begin{bmatrix} 1 & 0 & -v' \\ 0 & 1 & 0 \\ v' & 0 & 1 \end{bmatrix}$$

式中，v' 为叶片截面拍打方向的位移对 Z_b 轴的导数。

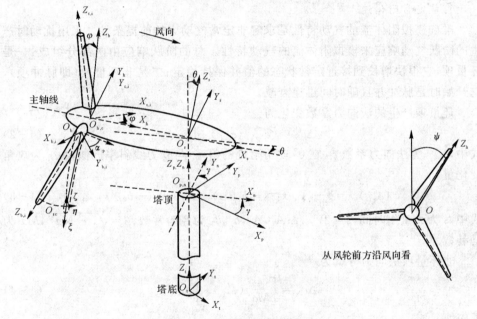

图 4-1　风力机坐标系统[7,8]

4.2　动态失速对风力机气动载荷的影响

在稳定来流情况下，叶片翼型的气动力与攻角存在一定的静态关系，这就是通常意义上的升力及阻力曲线。然而环境气流通常均处于非定常流动状态。因此，攻角是动态变化的。这时的气动力变化是个复杂的动态过程，翼型气动力与攻角的静态关系将不再成立,会发生失速延迟,这种现象称之为动态失速现象。发生失速延迟时,如仍用静态气动数据计算风力机载荷,会造成一定的误差。因此,当计算非定常流动气动载荷时,必须考虑动态失速修正。

Leishman-Beddoes 模型是工程中应用比较多的一种半经验模型[9]。它更多地考虑动态翼型的绕流物理特性,通过准确的静态数据,能较好地预测翼型的动态失速特性,Pierce 和 Minnema 分别对该模型进行了修正[10-11]。需要指出的是,与叶素理论中的升力和阻力不同,Leishman-Beddoes 模型中使用法向力和周向力进行分析修正。

本节将介绍如何将修正 Leishman-Beddoes 模型用于风力机气动分析。根据 Leishman-Beddoes 模型,可以将动态翼型气动特性的模拟分为三个部分。

1. 非定常附体流[10-11]

准确模拟附体流的气动特性是求解非定常气动力的前提条件。采用扰动时产生的阶跃气动响应来模拟附体流的气动特性。总的阶跃响应由两部分组成:一是环量项,它很快增长到接近定常状态的值并保持稳定;二是非环量项(即脉冲项),它开始时是脉冲并且随时间迅速衰减。

环量项产生的法向力系数变化为

$$\Delta c_{N}^{C} = [c_{N\alpha_A} (\varphi_{\alpha_A}^{C})_N] \Delta \alpha_A \qquad (4-2)$$

式中,$c_{N\alpha_A}$ 为法向力系数 c_N 在 $0°$ 攻角附近的斜率,与升力线斜率近似;$\Delta\alpha_A$ 为攻角变化量。

$$(\phi_{\alpha_A}^{C})_n = 1 - A_1 \exp(-b_1\beta^2 s) - A_2 \exp(-b_2\beta^2 s) \qquad (4-3)$$

式中,s 为无量纲时间,$s = 2V_r t/c$;A_1,A_2,b_1,b_2 为经验常数;$\beta = \sqrt{1-Ma^2}$,Ma 为马赫数。

非环量项法向力分量为

$$\Delta c_N^I = \left[\frac{4}{Ma} (\phi_{\alpha_A}^I)_N\right] \Delta \alpha_A \qquad (4-4)$$

其中

$$(\phi_{\alpha_A}^I)_N = \exp\left(-\frac{s}{S_{\alpha_A}^N}\right) \qquad (4-5)$$

$$S_{\alpha_A}^N = \frac{1.5Ma}{1 - Ma + \pi\beta^2 Ma^2 (A_1 b_1 + A_2 b_2)} \qquad (4-6)$$

总的附体流法向力系数为

$$c_{N,\text{stat}}^P = c_N^I + c_N^C \qquad (4-7)$$

2. 非定常分离流[10,11]

分离流主要讨论翼型后缘分离点的动态变化对翼型气动特性的影响。分离点在翼型表面的位置用分离点相对弦长的比值 f 来表示（$f=x/c$，x 为翼型前缘到分离点的距离，c 为弦长），分离点的位置与气动力系数的关系可以用基尔霍夫流动理论获得：

$$c_N(\alpha_A) = c_{N\alpha_A}(\alpha_A - \alpha_{A0})\left(\frac{1+\sqrt{f}}{2}\right)^2 \left.\begin{array}{c} \\ \\ \\ \end{array}\right\}$$
$$c_C(\alpha_A) = c_{N\alpha_A}(\alpha_A - \alpha_{A0})\tan(\alpha_A)\sqrt{f} \qquad (4-8)$$

式中，$c_{N\alpha_A}$ 为法向力系数在 $0°$ 攻角附近的斜率；α_{A0} 为零升力时的攻角。因此，静态情况下不同攻角的流动分离点可以利用定常气动力系数和式（4-8）求解。

当分离点在叶片表面移动时，分离点相对于攻角存在动态延迟，必须求得动态分离点位置 f，这里采用一个一阶延迟方程来反映分离点相对于静态值的滞后，即

$$\frac{df}{ds} = \frac{f_{stat} - f}{T_f} \qquad (4-9)$$

式中，T_f 为 s 空间的半经验时间常数；f_{stat} 为静态分离点。要求解式（4-9），需求静态分离点，而求静态分离点需已知有效攻角，由下式确定：

$$\alpha_{Ae} = \frac{c_{N,dyn}^P}{c_{N\alpha_A}} + \alpha_{A0} \qquad (4-10)$$

式中，$c_{N,dyn}^P$ 为发生前缘面分离时的法向力系数，$c_{N,stat}^P$ 影响它且存在一定的延迟，采用一阶延迟方程来描述：

$$\frac{dc_{N,dyn}^P}{ds} = \frac{c_{N,stat}^P - c_{N,dyn}^P}{T_P} \qquad (4-11)$$

式中，T_P 为经验时间常数。

获得有效攻角 α_{Ae} 和发生前缘面分离时的法向力系数 $c_{N,dyn}^P$ 后，根据式（4-8）就可以获得静态分离点，然后使用式（4-9）求得动态分离点 f，最后再用式（4-8）求分离流的法向力系数 c_N^f 和弦向力系数 c_C^f。

3. 动态涡的模拟[10-11]

当环流升力增大到一定值时，会发生涡流的产生和分离。涡流在向叶片后缘移动过程中气压降低，涡流升力随时间的增大而减少，同时又有涡流补充进来，产生新的涡流升力增量 c_v。动态涡模型为

$$\frac{dc_N^v}{ds} = \frac{c_v - c_N^v}{T_v} \qquad (4-12)$$

式中，$c_v = c_N^C - c_N^f$。

求解式（4-12）可得涡流引起的法向力系数 c_N^v。

最终总的法向力系数与切向力系数为

$$c_N = c_N^I + c_N^f + c_N^v \qquad (4-13)$$

$$c_{\mathrm{C}} = c_{\mathrm{C}}^f \qquad\qquad (4-14)$$

从而可以获得升力系数与阻力系数

$$\left.\begin{array}{l} c_L = c_{\mathrm{N}}\cos(\alpha_{\mathrm{A}}) + c_{\mathrm{C}}\sin(\alpha_{\mathrm{A}}) \\ c_D = c_{\mathrm{N}}\sin(\alpha_{\mathrm{A}}) - c_{\mathrm{C}}\cos(\alpha_{\mathrm{A}}) + c_{d0} \end{array}\right\} \qquad (4-15)$$

式中，c_{d0} 为零升力时的阻力系数值。

参照 Pierce 和 Minnema 对 Leishman-Beddoes 模型进行的部分修正[10-11]，参考文献[7]对以下几点进行了改进。

1) 通常，可以假设法向力与切向力系数关于 90° 和 −90° 对称。为了使动态失速模型在高攻角下仍然适用，对攻角进行如下修正：

$$\left.\begin{array}{ll} \alpha_{\mathrm{Am}} = \alpha_{\mathrm{A}} & (|\alpha_{\mathrm{A}}| \leqslant 90°) \\ \alpha_{\mathrm{Am}} = 180° - \alpha_{\mathrm{A}} & (\alpha_{\mathrm{A}} > 90°) \\ \alpha_{\mathrm{Am}} = -180° - \alpha_{\mathrm{A}} & (\alpha_{\mathrm{A}} < -90°) \end{array}\right\} \qquad (4-16)$$

式中，α_{A} 为当前攻角；α_{Am} 为修正后的攻角。

2) 由于静态翼型数据有限，因此当应用式(4-9)求取气流分离点 f 时，对静态数据进行了线性插值，从而保证分离点求取的准确性。

3) 如果应用法向力系数公式计算的分离点来获取切向力系数，有时会得到偏高或偏低的阻力，从而对功率预测和载荷计算带来很大的误差。因此，计算切向力系数将采用所谓的切向力系数分离点 f_{C}。当靠近正、负 90° 的攻角时，式(4-8)出现矛盾，即有效分离点位置 f 的开方为负值才能接近静态气动数据的结果。为了解决这一问题，进行如下修正：

$$t = 2\sqrt{\frac{c_{\mathrm{N}}}{c_{\mathrm{N}\alpha}(\alpha - \alpha_0)}} - 1, \quad f_{\mathrm{N}} = t^2 \operatorname{sign}(t)$$

$$c_{\mathrm{N}} = c_{\mathrm{N}\alpha}(\alpha - \alpha_0)\left[\frac{1 + \sqrt{\mathrm{abs}(f)}\operatorname{sign}(f)}{2}\right]^2 \qquad (4-17)$$

$$t = \frac{c_{\mathrm{C}}}{c_{\mathrm{N}\alpha}(\alpha - \alpha_0)\alpha}, \quad f_{\mathrm{C}} = t^2 \operatorname{sign}(t)$$

$$c_{\mathrm{C}} = c_{\mathrm{N}\alpha}(\alpha - \alpha_0)\alpha\sqrt{\mathrm{abs}(f_{\mathrm{C}})}\operatorname{sign}(f_{\mathrm{C}}) \qquad (4-18)$$

4) 利用无量纲涡时间参数 τ_v 来更准确地控制动态涡的产生与分离。当 $c_{\mathrm{N,dyn}}^P$ 超过失速 c_{N} 数值时，设置 τ_v 为零，并随着涡的移动而增加，到达翼型尾缘时为 1。当涡流过翼型尾缘后($\tau_v > 1$)，若补充涡没有产生时，涡强度会以 $\tau_v < 1$ 时的时间常数的一半($0.5T_v$)进行衰减，即

$$\frac{\mathrm{d}c_{\mathrm{N}}^v}{\mathrm{d}s} = \frac{-c_{\mathrm{N}}^v}{0.5T_v} \qquad (4-19)$$

当涡流过尾缘时,若攻角是向失速方向发展的,此时,重新设置 τ_v 为零;若攻角改变符号,τ_v 也被重新设置为零。若气流已经发生分离,涡时间参数增量为 $\Delta \tau_v = Ds/TVL$,其中 $Ds = 2V_r \Delta t/c$,TVL 为涡从前缘运动到后缘的无量纲时间参数。若 $c_{N,dyn}^P$ 没有超过失速 c_N 数值时,涡强度将以时间常数 $0.5T_v$ 衰减,见式(4 - 19)。

5)弦向力系数 c_C 是以法向力系数 c_N 为基础计算出来的。涡强度对弦向力系数有影响,式(4 - 14)修正为

$$c_C = c_C^f + c_C^v \qquad\qquad (4 - 20)$$

式中,$c_C^v = c_v \alpha_{Ae}(1 - \tau_v)$。

6)由于 Leishman-Beddoes 模型是基于静态气动数据的,故初始计算应采用静态数据初始化模型。c_N 和 c_C 由以下静态数据获得

$$c_N = c_L \cos \alpha_A + c_D \sin \alpha_A$$
$$c_C = c_D \cos \alpha_A - c_L \sin \alpha_A \qquad\qquad (4 - 21)$$

7)攻角的变化不仅受风速和风向变化的影响,同时变桨控制中桨角变化速度也会反映到攻角的变化中。因此,该模型还可以反映桨角动态变化的气动特性。同时,叶片运动对桨角的影响也能反映到该模型中。

该动态失速模型的计算流程如图 4 - 2 所示。其中,经验参数的选取可见参考文献[12]。

参考文献[7]对 DU96—W—180 翼型的动态失速特性进行了分析。经验常数为 $TVL = 11$,$T_P = 1.7$,$T_v = 6$,$T_f = 3$,$A_1 = 0.3$,$A_2 = 0.7$,$b_1 = 0.14$,$b_2 = 0.53^{[12-13]}$,声速为 340 m/s,攻角正弦变化 $\alpha_A = \alpha_{A平均} + \Delta \alpha_A \sin \omega t$。其中,$\omega$ 为攻角变化速度的度量,反映了风速、风向及变桨的速度,得到对应动态变化的升、阻力系数。如图 4 - 3 所示为 DU96—W—180 升、阻力系数的动态变化曲线,表示了 $2° \sim 18°$ 攻角正弦交变的翼型动态失速特性。从图中可以看出,升、阻力系数动态变化时产生了滞后环,并考虑了动态失速的翼型气动特性与静态气动特性差异较大。

对 ZDS—2500 叶轮进行湍流下的气动分析,探讨动态失速对风力机载荷的影响。假定风力机不变桨,且固定转速为 18.6 r/min,仿真 10 s 中平均风速为 10 m/s,湍流度为 20.96%,风速随时间变化如图 4 - 4 所示。图 4 - 5 表示了叶片根部受到的拍打方向弯矩的对比。从图中可以看出,考虑了动态失速,弯矩波动幅值有所增加,说明动态失速加剧了风力机的疲劳载荷。因此,当风力机非定常气动计算时,必须考虑动态失速的影响,以避免对风力机气动载荷的低估。

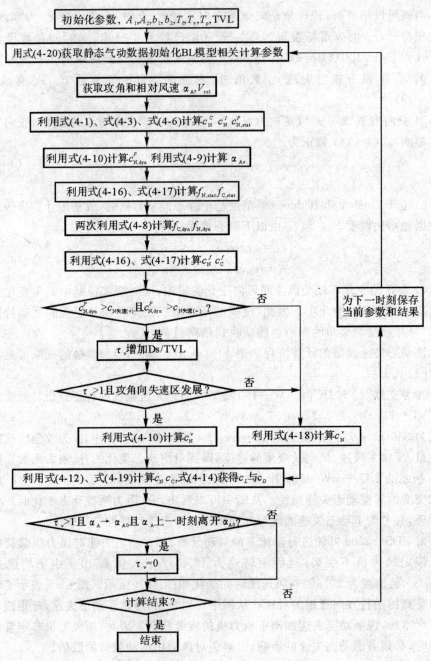

图 4 - 2　动态失速模型的计算流程图[7]

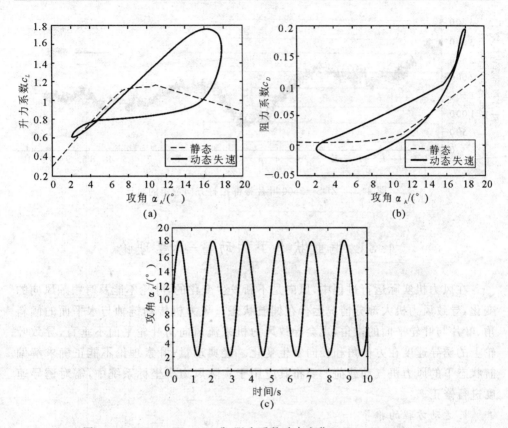

图 4 – 3　DU96—W—180 升、阻力系数动态变化($\alpha_A = 10 + 8\sin \omega t$)

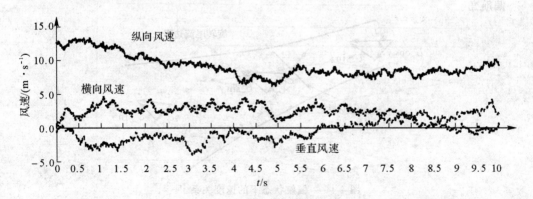

图 4 – 4　仿真风速波动

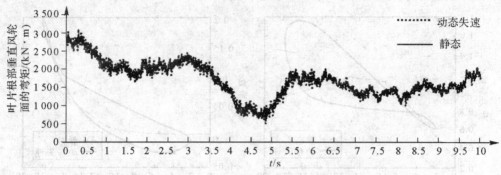

图 4-5　ZDS—2500 叶片根部拍打方向弯矩的对比

4.3　偏航状态下的动量-叶素理论

在风力机实际运行过程中,风向是不断发生变化的,叶轮不能及时跟踪风向的变化,导致风力机大部分情况运行在偏航状态。风力机传动链轴与水平面的倾斜角、叶片与叶轮平面的锥角,也会导致风力机来流风向与叶轮平面不垂直,导致叶轮上的诱导速度在方位角和径向发生变化。经典动量-叶素理论不能正确求解偏航状态下的风力机气动载荷。要将其应用于实际风力机坐标系统中,需对诱导速度进行修正。

1.运动方程的推导

如图 4-6 所示为偏航状态下的速度关系图。其中,U_∞ 为远端来流风速,γ 为偏航角。

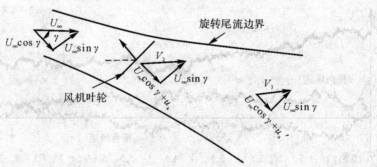

图 4-6　偏航状态下的速度关系[14]

将远端来流风速分解为平行于叶轮的速度 U_x 和垂直于叶轮的速度 U_y[14]:

$$U_x = U_\infty \sin \gamma, \quad U_y = U_\infty \cos \gamma \qquad (4-22)$$

设只有 U_y 受到叶轮的影响。因此，在叶轮处垂直于叶轮的速度为[14]

$$U'_y = U_y + u_a = U_\infty \sin \gamma + u_a \qquad (4-23)$$

式中，u_a 为叶轮面平均轴向诱导速度。

于是，偏航下叶轮截面来流速度为[14]

$$V_2 = \sqrt{(U_\infty \cos \gamma + u_a)^2 + U_\infty^2 \sin^2 \gamma} \qquad (4-24)$$

Glauert 给出了轴向推力的动量方程表达式[16]：

$$T = 2\rho u_a V_2 A \qquad (4-25)$$

式中，A 为叶轮面积。

由推力系数定义关系式，可得偏航时叶轮的推力系数为[14]

$$c_T(a,\gamma) = \frac{T}{\frac{1}{2}\rho A U_\infty^2} = 4a\sqrt{\sin^2 \gamma + (\cos^2 \gamma + a)^2} \qquad (4-26)$$

式中，a 为叶轮平均轴向诱导系数，$u_a = aU_\infty$。

对于基元圆环而言，推力和扭矩分别为

$$\mathrm{d}T = 4\pi \rho u_a r \sqrt{(U_\infty \cos \gamma + u_a)^2 + U_\infty^2 \sin^2 \gamma}\, \mathrm{d}r \qquad (4-27)$$

$$\mathrm{d}M = 4\pi \rho u_t r^2 \sqrt{(U_\infty \cos \gamma + u_a)^2 + U_\infty^2 \sin^2 \gamma}\, \mathrm{d}r \qquad (4-28)$$

式中，u_a 为基元圆环圆周平均轴向诱导速度；u_t 为基元圆环圆周平均周向诱导速度。

当轴向诱导因子 $a > 1/3$ 时，推力系数修正为

$$c_T = 4a\left[1 - \frac{1}{4}(5 - 3a)a\right] \qquad (4-29)$$

则推力为

$$\mathrm{d}T = c_T \rho \pi r U_\infty \mathrm{d}r = 4a\left[1 - \frac{1}{4}(5 - 3a)a\right]\rho \pi r U_\infty \mathrm{d}r \qquad (4-30)$$

参考文献[15]给出了 $O_{sc} - \eta - \zeta - \xi$ 坐标系下沿 ξ 轴某一半径下，点 A 的速度表达式：

$$V_{A,\eta} = r\Omega \sin \alpha_p + \dot{v} - \dot{\gamma}(d + \varphi r)\sin \alpha_p \cos \psi + \dot{\gamma} r \cos \alpha_p \sin \psi$$

$$V_{A,\zeta} = -r\Omega \cos \alpha_p + \dot{\gamma}[(d + \varphi r)\cos \alpha_p + v]\cos \psi + \dot{\gamma} r \sin \alpha_p \sin \psi \qquad (4-31)$$

$$V_{A,\xi} = (v'r - v)\Omega \sin \alpha_p - \dot{\gamma}[d + (v - v'r)\cos \alpha_p]\sin \psi$$

式中，v 和 v' 分别为叶片局部坐标系中叶片拍打方向的位移与该位移对 Z_b 方向的导数；d 为轮毂中心距离塔架轴线的距离。在式（4-31）中，考虑了偏航的动态变化速度对来流风速的影响。叶轮平面坐标系 $O_{h,c} - X_h - Y_h - Z_h$ 的诱导因子向

量记为

$$\boldsymbol{u} = \begin{bmatrix} u_{\mathrm{a}}/F \\ u_{\mathrm{t}}/F \\ u_{\mathrm{r}} \end{bmatrix} \qquad (4-32)$$

式中，u_{r} 为诱导速度的径向分量；F 为叶片损失因数[14]。

相对于动态叶片截面单元的来流风速通常由环境风速、诱导风速和叶片截面运动速度通过变换组成，如下式所示[14]：

$$\boldsymbol{V}_{(O_{\mathrm{sc}}-\eta\text{-}\zeta\text{-}\xi)} = \boldsymbol{S} \cdot \boldsymbol{U}_{\infty(O_{\mathrm{p,n}}-X_{\mathrm{p}}-Y_{\mathrm{p}}-Z_{\mathrm{p}})} + \boldsymbol{A}_6 \cdot \boldsymbol{A}_5 \cdot \boldsymbol{A}_4 \cdot \boldsymbol{u}_{(O_{\mathrm{h,c}}-X_{\mathrm{h}}-Y_{\mathrm{h}}-Z_{\mathrm{h}})} - \boldsymbol{V}_{\mathrm{A}(O_{\mathrm{sc}}-\eta\text{-}\zeta\text{-}\xi)}$$

$$(4-33)$$

其中，环境风速 $\boldsymbol{U}_{\infty}$ 基于塔架顶部坐标系，诱导速度 $\boldsymbol{u}$ 基于叶轮平面坐标系，因此，他们需要进行必要的坐标变换。坐标变换矩阵 $\boldsymbol{S}, \boldsymbol{A}_6, \boldsymbol{A}_5$ 和 $\boldsymbol{A}_4$ 由式（4-1）确定。叶片截面速度 $\boldsymbol{V}_{\mathrm{A}} = \begin{bmatrix} V_{\mathrm{A},\eta} & V_{\mathrm{A},\zeta} & V_{\mathrm{A},\xi} \end{bmatrix}^{\mathrm{T}}$。

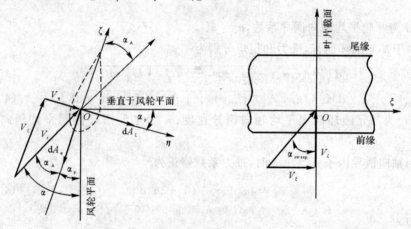

图 4-7　截面速度三角形[14]

从图 4-7[14] 可以看出，叶片截面内合成风速为

$$V_r = \sqrt{V_\eta^2 + V_\zeta^2} \qquad (4-34)$$

攻角为

$$\alpha_{\mathrm{A}} = \arctan\left(\frac{V_\eta}{V_\zeta}\right) \qquad (4-35)$$

设长度为 dr 的叶片截面气动载荷向量为

$$d\boldsymbol{A} = \begin{bmatrix} dA_\eta \\ dA_\zeta \\ dA_\xi \end{bmatrix} \qquad (4-36)$$

其中

$$dA_\eta = \frac{1}{2}\rho c V_r^2 \left[c_L(\alpha_A, Re)\cos\alpha_A + c_D(\alpha_A, Re)\sin\alpha_A \right] dr$$

$$dA_\zeta = \frac{1}{2}\rho c V_r^2 \left[c_D(\alpha_A, Re)\cos\alpha_A - c_L(\alpha_A, Re)\sin\alpha_A \right] dr$$

$$dA_\xi = 0$$

式中，c 为弦长；Re 为雷诺数，$Re = \rho V_r c / \mu_a$，μ_a 为空气黏度。

将叶片截面坐标系中叶片截面受力转换到叶轮平面，有

$$d\mathbf{A}_{rotor} = \mathbf{A}_4^{-1} \cdot \mathbf{A}_5^{-1} \cdot \mathbf{A}_6^{-1} \cdot d\mathbf{A} \tag{4-37}$$

于是得到

$$d\mathbf{A}_{rotor} = \begin{bmatrix} dA_\eta \cos\alpha_p \cos\varphi + dA_\zeta \cos\varphi\sin\alpha_p - dA_\xi \sin\varphi \\ dA_\zeta \cos\alpha_p - dA_\eta \sin\alpha_p \\ dA_\eta \cos\alpha_p \sin\varphi + dA_\zeta \sin\alpha_p \sin\varphi + dA_\xi \cos\varphi \end{bmatrix} \tag{4-38}$$

由 $dA_\xi = 0$，整理得

$$d\mathbf{A}_{rotor} = \begin{bmatrix} dA_\eta \cos\alpha_p \cos\varphi + dA_\zeta \cos\varphi\sin\alpha_p \\ dA_\zeta \cos\alpha_p - dA_\eta \sin\alpha_p \\ dA_\eta \cos\alpha_p \sin\varphi + dA_\zeta \sin\alpha_p \sin\varphi \end{bmatrix} \tag{4-39}$$

因此可得，叶轮推力为

$$dT = dA_\eta \cos\varphi\cos\alpha_p + dA_\zeta \cos\varphi\sin\alpha_p \tag{4-40}$$

驱动力矩为

$$dM = r\cos\varphi(dA_\eta \sin\alpha_p - dA_\zeta \cos\alpha_p) \tag{4-41}$$

联立式（4-40）、式（4-36）和式（4-27）可得推力平衡方程为

$$-4u_a \sqrt{(U_\infty \cos\gamma + u_a)^2 + U_\infty \sin\gamma^2} = \frac{c}{2\pi r}\cos\varphi \Bigg\{ \sum_{b=0}^{N-1} V_r c_L(\alpha_A, Re) \times$$

$$\left[V_\zeta \cos\alpha_p - V_\eta \sin\alpha_p \right] + \sum_{b=0}^{N-1} V_r c_D(\alpha_A, Re) \left[V_\eta \cos\alpha_p + V_\zeta \sin\alpha_p \right] \Bigg\}$$

$$\tag{4-42}$$

当 $-u_a > U_\infty/3$ 时，式（4-42）中的等号左边用 $c_T U_\infty$ 来替代，此处，c_T 取式（4-29）。

联立式（4-41）、式（4-36）和式（4-28）可得力矩平衡方程为

$$4u_t \sqrt{(U_\infty \cos\gamma + u_a)^2 + U_\infty^2 \sin\gamma^2} = \frac{c}{2\pi r}\cos\varphi \Bigg\{ \sum_{b=0}^{N-1} V_r c_L(\alpha_A, Re) \times$$

$$\left[V_\zeta \sin \alpha_\mathrm{p} + V_\eta \cos \alpha_\mathrm{p}\right] + \sum_{b=0}^{N-1} V_\mathrm{r} c_D (\alpha_\mathrm{A}, Re) \left[V_\eta \sin \alpha_\mathrm{p} + V_\zeta \cos \alpha_\mathrm{p}\right] \right\}$$

$$(4-43)$$

式中,N 为叶片数目。

求解式(4-42)和式(4-43)组成的平衡方程组就可以计算偏航状态下叶轮气动载荷。

2. 诱导速度的修正

(1) 诱导因子的不均匀性

当叶轮处于偏航状态时,圆环内诱导因子实际上是不均匀的。应对均匀轴向诱导因子进行修正,来解决偏航对推力的影响。Glauert 提出了相应修正[17],表达了偏航时的诱导因子状态,这里同样采用该修正,表达式为

$$u_{\mathrm{a,c}} = u_\mathrm{a} \left(1 + K \frac{r}{R} \sin \psi\right) \qquad (4-44)$$

式中,$K = (15\pi/32) \tan (\chi/2)$,$\chi = (0.6a+1)\gamma$,$a$ 为轴向诱导因子。

(2) 气流膨胀影响

气流流过叶轮,会发生膨胀。偏航时,尾流会倾斜,气流膨胀将引起 Y_w 和 Z_w 方向(尾流垂直平面内,与叶轮面成 χ 角的坐标系,见图4-8[17])的速度变化。

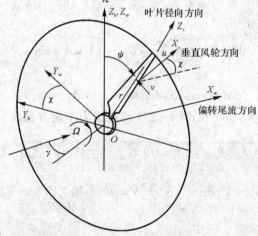

图 4-8 尾流坐标系[17]

Coleman 等给出了方位角为正、负 90° 位置的 Y_w 方向气流膨胀速度的解析解,但该解析解要求取完整的椭圆积分,实用性不强。参考文献[17]对 Coleman 的速度表达式进行了简化和拓展,给出了任意叶片截面位置 Y_w 和 Z_w 方向气流膨胀速度的近似表达式,其水平方向分量为

$$v_w(\chi,\mu,\psi) = -aU_\infty F(\mu)\sin\psi \tag{4-45}$$

垂直方向为

$$w_w(\chi,\mu,\psi) = aU_\infty F(\mu)\cos\psi \tag{4-46}$$

式中，μ 为相对半径，$\mu = r/R$；χ 为尾流偏斜角度；$F(\mu)$ 为气流膨胀函数，即

$$F(\mu) = \frac{2\mu}{\pi}\int_0^{\frac{\pi}{2}} \frac{\sin^2 2\varepsilon}{\sqrt{(1+\mu)^2 - 4\mu\sin^2\varepsilon}} \frac{1}{(\mu+\cos 2\varepsilon)^2\cos^2\chi + \sin^2 2\varepsilon}d\varepsilon$$

$$\tag{4-47}$$

1992 年 Φye 对气流膨胀函数式(4-47)进行了曲线拟合并修正了式(4-47)在叶尖部分数值过大的问题，提出了如下公式[17]：

$$F_\Phi(\mu) = \frac{1}{2}(\mu + 0.4\mu^3 + 0.4\mu^5) \tag{4-48}$$

将气流膨胀速度转换到叶轮平面坐标系，并用式(4-48)修正 $F(\mu)$ 得[17]

$$\left.\begin{aligned} u(\chi,\mu,\psi) &= -aU_\infty\left[1 + 2\sin\psi\tan\frac{\chi}{2}F_\Phi(\mu)\right] \\ v(\chi,\mu,\psi) &= aU_\infty\cos\psi\tan\frac{\chi}{2}\left[1 + 2\sin\psi\tan\frac{\chi}{2}F_\Phi(\mu)\right] \end{aligned}\right\} \tag{4-49}$$

将式(4-49)得到的气流膨胀速度的轴向分量 u 和周向分量 v 叠加到叶片截面气流速度中，就可以实现对气流膨胀影响的修正。

（3）旋转尾流影响

在偏航的情况下，旋转尾流将绕偏斜尾流轴旋转，而不是垂直叶轮平面的风力机轴线。旋转尾流速度可以用叶轮角速度来表示（旋转尾流速度基于绕尾流轴旋转的轴系）：

$$V_w = \Omega r_w a' h(\psi) \tag{4-50}$$

式中，a' 为周向诱导因子；$h(\psi)$ 为决定涡流影响强度的函数。在偏航角为 0° 的情况下，叶轮上周向诱导速度是叶轮下风无穷远处诱导速度的一半。当处于偏航状态时，对圆心处于叶轮中心的垂直于偏斜轴的圆盘，该原则同样成立。实际叶轮平面上的点到过垂直偏斜轴圆盘平面的距离决定了 $h(\psi)$ 的大小，其值大于 0 且小于 2，在两个平面的交轴上 $h(\psi) = 1$。由毕奥-萨伐尔定律可知，在圆柱坐标系 (x_w,ψ_w,r_w) 上，由强度 Γ 的单向无限涡产生的周向诱导速度（沿 x_w 轴）为[17]

$$\boldsymbol{V}_w = \frac{\Gamma}{4\pi r_w}\left[1 + \frac{x_w}{\sqrt{x_w^2 + r_w^2}}\right]\begin{bmatrix} 0 \\ 1 \\ 0 \end{bmatrix} = \begin{bmatrix} 0 \\ V_w \\ 0 \end{bmatrix} \tag{4-51}$$

其中，当 $x_w \to \infty$ 时，诱导速度 $\boldsymbol{V}_w$ 是 $x_w = 0$ 时的两倍，而当 $x_w \to -\infty$ 时 $\boldsymbol{V}_w$ 的值

等于零。

叶轮平面坐标系上的点 $x(0,\psi,r)$ 转换为坐标系 (x_w,ψ_w,r_w) 中的坐标为[17]

$$x_w = -y\sin\chi = r\sin\psi\sin\chi \tag{4-52}$$

$$r_w = r\sqrt{\cos^2\psi + \cos^2\chi\,\sin^2\psi} \tag{4-53}$$

$$\cos\psi_w = \frac{r}{r_w}\cos\psi \tag{4-54}$$

$$\sin\psi_w = \frac{r}{r_w}\sin\psi\cos\chi \tag{4-55}$$

由毕奥-萨伐尔定律可知,周向诱导因子还可以表示如下[17]:

$$a' = \frac{\Gamma}{4\pi r_w^2\Omega} \tag{4-56}$$

综合式(4-51)和式(4-56),可得点 x 处的诱导速度为

$$V_w = \Omega r_w a'\left(1 + \frac{x_w}{\sqrt{x_w^2 + r_w^2}}\right) \tag{4-57}$$

该诱导速度转换到叶轮平面就为

$$\mathbf{V} = \begin{bmatrix} 1 & 0 & 0 \\ 0 & \cos\psi & \sin\psi \\ 0 & -\sin\psi & \cos\psi \end{bmatrix} \begin{bmatrix} \cos\chi & \sin\chi & 0 \\ -\sin\chi & \cos\chi & 0 \\ 0 & 0 & 1 \end{bmatrix} \begin{bmatrix} 1 & 0 & 0 \\ 0 & \cos\psi_w & -\sin\psi_w \\ 0 & \sin\psi_w & \cos\psi_w \end{bmatrix} \begin{bmatrix} 0 \\ V_w \\ 0 \end{bmatrix}$$

$$\tag{4-58}$$

整理得

$$\mathbf{V} = \begin{bmatrix} \cos\psi\sin\chi \\ \cos\chi \\ 0 \end{bmatrix} \Omega r a'(1 + \sin\psi\sin\chi) \tag{4-59}$$

将 A,B,C 三种诱导速度修正集成,得到最终的诱导速度修正公式为[7]

$$\boldsymbol{u}_{mod} = \begin{bmatrix} [u_a(1 - K_{a膨胀})]/(F_{sa}F) + u_{a旋转} \\ u_t K_{t旋转}/F + u_{t膨胀} \\ 0 \end{bmatrix} \tag{4-60}$$

式中,F 为叶片损失因数;$K_{a膨胀} = 1 + 2\sin\psi\tan\dfrac{\chi}{2}F_\Phi(\mu)$;$u_{a旋转} = \Omega r a'\cos\psi\sin\chi(1 + \sin\psi\sin\chi)$;$F_{sa} = 1 + K\dfrac{r}{R}\sin\psi$,$K = \dfrac{15\pi}{32}\tan(\chi/2)$;$K_{t旋转} = \cos\chi(1 + \sin\psi\sin\chi)$;$u_{t膨胀} = u_a\cos\psi\tan\dfrac{\chi}{2}\left[1 + F_\Phi(\mu)2\tan\dfrac{\chi}{2}\sin\psi\right]$。

(4)三维气动系数修正[7]

由于叶轮是一个三维结构,因此,当进行气动分析时,需要将二维气动数据进行必要的三维修正才能加以应用。三维升力系数表示为

$$c_{L,3D} = c_{L,2D} + \Delta c_L \qquad (4-61)$$

式中,Δc_L 为附加升力系数,表示为

$$\Delta c_L = \tanh \left[3 \left(\frac{c}{r} \right)^2 \right] (c_{L,\text{inv}} - c_{L,2D}) \cos^2 \alpha_A \qquad (4-62)$$

式中,$c_{L,\text{inv}} = 2\pi(\alpha_A - \alpha_{A0})$,$\alpha_{A0}$ 为零升力时的攻角。

通常阻力系数变化较小,可不进行修正。

3. 程序实现

参考文献[7]和参考文献[14]给出了应用诱导速度的修正方法计算偏航状态风力机气动载荷的计算步骤。

叶片方位角可表示为

$$(\psi)_{\tau,b} = (\psi)_{\tau,0} + \frac{2\pi b}{B} \qquad (4-63)$$

式中,$b=0$ 为第一个叶片。

计算步骤如下(对于每一个截面 i 和每一个方位角位置 τ):

1)给定初始的平均轴向诱导因子 $(u_a)_{\tau,i}$,周向诱导速度 $(u_t)_{\tau,i}$ 和初始迎风角;

2)计算叶片单元的运动绝对速度;

3)计算普朗特损失因数、诱导速度修正参数;

4)计算修正后的 $(u_{\text{mod}})_{\tau,b,i}$;

5)计算叶片单元相对诱导速度 $(V_\eta)_{\tau,b,i}$,$(V_\zeta)_{\tau,b,i}$,$(V_\xi)_{\tau,b,i}$,$(V_r)_{\tau,b,i}$;

6)计算攻角 $(\alpha_A)_{\tau,b,i}$ 和雷诺数 $(Re)_{\tau,b,i}$;

7)计算升力系数、阻力系数、力矩系数(考虑三维修正和动态失速) $(c_L)_{\tau,b,i}$,$(c_D)_{\tau,b,i}$,$(c_M)_{\tau,b,i}$;

8)求解平衡方程,获得新的 $(u_a)_{\tau,i}$ 和 $(u_t)_{\tau,i}$;

9)获得的诱导速度和迎风角代入步骤 2)中,重复以上步骤,直到收敛;

10)计算气动载荷、推力和力矩,同时可以计算对偏航轴承处的载荷;

11)计算下一个叶片截面或下一个方位角,从而获得风轮连续旋转的载荷。

4.4　基于动态入流的动量-叶素理论

同 GDW 修正方法以及 Pitt-Peters 修正方法一样,动量-叶素理论(BEM)修正

方法的基本控制方程的推导也是从流体的欧拉方程开始的。假设各个方向的诱导速度远小于风速，因此动量方程有以下形式：

$$\left.\begin{array}{l} \rho\left(\dfrac{\partial u}{\partial t}+U_{\infty}\ \dfrac{\partial u}{\partial x}\right)=-\dfrac{\partial p}{\partial x} \\[3mm] \rho\left(\dfrac{\partial v}{\partial t}+U_{\infty}\ \dfrac{\partial v}{\partial x}\right)=-\dfrac{\partial p}{\partial y} \\[3mm] \rho\left(\dfrac{\partial w}{\partial t}+U_{\infty}\ \dfrac{\partial w}{\partial x}\right)=-\dfrac{\partial p}{\partial z} \end{array}\right\} \qquad (4-64)$$

式中，u,v,w 分别为轮毂坐标系（叶轮平面坐标系）x,y,z 方向的诱导速度；U_{∞} 为来流风速。

对式（4-64）两端在各自的特定方向上求导并相加，有

$$\rho\left[\dfrac{\partial}{\partial t}\left(\dfrac{\partial u}{\partial x}+\dfrac{\partial v}{\partial y}+\dfrac{\partial w}{\partial z}\right)+U_{\infty}\dfrac{\partial}{\partial x}\left(\dfrac{\partial u}{\partial x}+\dfrac{\partial v}{\partial y}+\dfrac{\partial w}{\partial z}\right)\right]=-\left(\dfrac{\partial^2 p}{\partial x^2}+\dfrac{\partial^2 p}{\partial y^2}+\dfrac{\partial^2 p}{\partial z^2}\right)$$

$$(4-65)$$

由于流动的连续性，有

$$\dfrac{\partial u}{\partial x}+\dfrac{\partial v}{\partial y}+\dfrac{\partial w}{\partial z}=0 \qquad (4-66)$$

于是，式（4-65）就变为

$$\dfrac{\partial^2 p}{\partial x^2}+\dfrac{\partial^2 p}{\partial y^2}+\dfrac{\partial^2 p}{\partial z^2}=0 \qquad (4-67)$$

记为

$$\nabla^2 p=0$$

式（4-67）为拉普拉斯方程，通过给定边界条件就可以求解此方程，获得叶轮周围的压力分布，从而可以获得叶轮诱导速度分布。

Kinner 在 1937 年给出了适合拉普拉斯方程的压强分布公式，该公式是建立在长球面坐标系中[17] 的：

$$\Phi(\upsilon,\eta,\psi,t)=\sum_{m=0}^{\infty}\ \sum_{n=m+1,m+3,\cdots}^{\infty}\mathrm{P}_n^m(\upsilon)\mathrm{Q}_n^m(i\eta)\left[C_n^m(t)\cos\ (m\psi)+D_n^m(t)\sin\ (m\psi)\right]$$

$$(4-68)$$

式中，P_n^m 为第一类伴随勒让德函数；Q_n^m 为第二类伴随勒让德函数；n,m 分别是伴随勒让德函数的级数和阶数；C_n^m,D_n^m 为任意常数；υ,η,ψ 为长球面坐标系坐标，同笛卡儿坐标系的关系如下：

$$x=\upsilon\eta,\quad y=\sqrt{1-\upsilon^2}\ \sqrt{1+\eta^2}\sin\psi,\quad z=\sqrt{1-\upsilon^2}\ \sqrt{1+\eta^2}\cos\psi$$

$$(4-69)$$

式中，ψ 为方位角；长球面坐标范围为 $-1\leqslant\upsilon\leqslant 1,0\leqslant\eta\leqslant\infty,0\leqslant\psi\leqslant 2\pi$；当处

于叶轮处时，$\eta = 0$。

在对压力分布方程求解中，当 $m = 0$ 时，压力成轴对称分布；当 $n = 1$ 时，有如下压力场[17]：

$$\Phi_1^0(v, \eta, \psi) = C_1^0 P_1^0(v) Q_1^0(i\eta) = C_1^0 v \left(\eta \arctan \frac{1}{\eta} - 1 \right) \tag{4-70}$$

在叶轮圆盘处压降为

$$P_1^0(\mu) = -2C_1^0 P_1^0(v) Q_1^0(i0) = 2C_1^0 v = 2C_1^0 \sqrt{1 - \mu^2} \tag{4-71}$$

式（4-71）是以动态流动压力 $0.5\rho U_\infty^2$ 为参考的无量纲结果，在叶轮面上积分得到整个叶轮的推力为

$$c_T \pi R^2 = \int_0^{2\pi} \int_0^R P(\mu) r \mathrm{d}r \mathrm{d}\psi = \int_0^{2\pi} \int_0^R 2C_1^0 \sqrt{1 - \left(\frac{r}{R} \right)^2} \, r \mathrm{d}r \mathrm{d}\psi \tag{4-72}$$

从而得到

$$C_1^0 = \frac{3}{4} c_T \tag{4-73}$$

由于风力机叶轮旋转轴处的压降应该接近于零，显然式（4-71）不满足这个边界条件，进一步计算 $m = 0, n = 3$ 的压力分布为

$$\Phi_3^0(v, \eta, \psi) = C_3^0 P_3^0(v) Q_3^0(i\eta) \tag{4-74}$$

其中

$$P_3^0(v) = \frac{1}{2} v(5v^2 - 3) = \frac{1}{2} \sqrt{1 - \mu^2} (2 - 5\mu^2) \tag{4-75}$$

$$Q_3^0(i\eta) = -\frac{\eta}{2}(5\eta^2 + 3) \arctan\left(\frac{1}{\eta} + \frac{5}{2}\eta^2 + \frac{2}{3} \right) \tag{4-76}$$

在叶轮圆盘处压降为

$$P_3^0(\mu) = -2C_3^0 P_3^0(v) Q_3^0(i0) = -\frac{2}{3} C_3^0 \sqrt{1 - \mu^2} (2 - 5\mu^2) \tag{4-77}$$

在 $\mu = 0$ 处，两个压力降之和为零，可以求得 $C_3^0 = \frac{9}{8} c_T$。

联立式（4-68）与式（4-74）压力分布可得

$$\Phi(v, \eta) = -\frac{15}{32} v c_{T,D} \left[-7\eta \arctan \frac{1}{\eta} + 4(1 - v^2) \right] + 15v^2 \eta^2 \left(\eta \arctan \frac{1}{\eta} - 1 \right) +$$
$$9\eta \left[\eta + (v^2 - \eta^2) \arctan \frac{1}{\eta} \right] \tag{4-78}$$

式中，$c_{T,D}$ 为由动态入流导致的附加推力系数。

圆盘处的压降为

$$P(\mu) = P_1^0(\mu) + P_3^0(\mu) = \frac{15}{4}c_T\mu^2\sqrt{1-\mu^2} \qquad (4-79)$$

由式(4-69)可进一步得叶轮平面坐标系与长球面坐标系的转换关系为

$$
\begin{bmatrix} \dfrac{\partial}{\partial \upsilon} \\[2mm] \dfrac{\partial}{\partial \eta} \\[2mm] \dfrac{\partial}{\partial \psi} \end{bmatrix} =
\begin{bmatrix} \dfrac{\partial x}{\partial \upsilon} & \dfrac{\partial y}{\partial \upsilon} & \dfrac{\partial z}{\partial \upsilon} \\[2mm] \dfrac{\partial x}{\partial \eta} & \dfrac{\partial y}{\partial \eta} & \dfrac{\partial z}{\partial \eta} \\[2mm] \dfrac{\partial x}{\partial \psi} & \dfrac{\partial y}{\partial \psi} & \dfrac{\partial z}{\partial \psi} \end{bmatrix}
\begin{bmatrix} \dfrac{\partial}{\partial x} \\[2mm] \dfrac{\partial}{\partial y} \\[2mm] \dfrac{\partial}{\partial z} \end{bmatrix} \qquad (4-80)
$$

对式(4-80)求逆矩阵得

$$
\begin{bmatrix} \dfrac{\partial}{\partial x} \\[2mm] \dfrac{\partial}{\partial y} \\[2mm] \dfrac{\partial}{\partial z} \end{bmatrix} =
\begin{bmatrix} \dfrac{\partial \upsilon}{\partial x} & \dfrac{\partial \eta}{\partial x} & \dfrac{\partial \psi}{\partial x} \\[2mm] \dfrac{\partial \upsilon}{\partial y} & \dfrac{\partial \eta}{\partial y} & \dfrac{\partial \psi}{\partial y} \\[2mm] \dfrac{\partial \upsilon}{\partial z} & \dfrac{\partial \eta}{\partial z} & \dfrac{\partial \psi}{\partial z} \end{bmatrix}
\begin{bmatrix} \dfrac{\partial}{\partial \upsilon} \\[2mm] \dfrac{\partial}{\partial \eta} \\[2mm] \dfrac{\partial}{\partial \psi} \end{bmatrix} \qquad (4-81)
$$

在叶轮平面内,式(4-81)中的数值为

$$\frac{\partial \eta}{\partial x} = \frac{1}{R\upsilon}, \qquad \frac{\partial \upsilon}{\partial x} = 0, \qquad \frac{\partial \psi}{\partial x} = 0$$

$$\frac{\partial \eta}{\partial y} = 0, \qquad \frac{\partial \upsilon}{\partial y} = \frac{-\sqrt{1-\upsilon^2}}{2\upsilon R}\sin\psi, \qquad \frac{\partial \psi}{\partial y} = \frac{\cos\psi}{R\sqrt{1-\upsilon^2}}$$

$$\frac{\partial \eta}{\partial z} = 0, \qquad \frac{\partial \upsilon}{\partial z} = \frac{-\sqrt{1-\upsilon^2}}{2\upsilon R}\sin\psi, \qquad \frac{\partial \psi}{\partial z} = \frac{-\sin\psi}{R\sqrt{1-\upsilon^2}}$$

采用式(4-78)中的压力分布,在叶轮平面上有如下关系:

$$\frac{\partial \Phi}{\partial x} = -\frac{15\pi}{64R}c_{T,D}(9\upsilon^2 - 7) \qquad (4-82)$$

$$\frac{\partial \Phi}{\partial y} = -\frac{15}{64R\upsilon}c_{T,D}\sqrt{1-\upsilon^2}(12\upsilon^2 - 4)\sin\psi \qquad (4-83)$$

$$\frac{\partial \Phi}{\partial z} = -\frac{15}{64R\upsilon}c_{T,D}\sqrt{1-\upsilon^2}(12\upsilon^2 - 4)\cos\psi \qquad (4-84)$$

式(4-64)可表示为

$$\rho\frac{\partial u}{\partial t} = -\frac{\partial \Phi}{\partial x}\frac{1}{2}\rho U_\infty^2 = \frac{15\pi}{64R}c_{T,D}\mu(2 - 9\mu^2)\frac{1}{2}\rho U_\infty^2 \qquad (4-85)$$

$$\rho\frac{\partial v}{\partial t} = -\frac{\partial \Phi}{\partial y}\frac{1}{2}\rho U_\infty^2 = \frac{15}{64R\sqrt{1-\mu^2}}c_{T,D}\mu(8 - 12\mu^2)\sin\psi\frac{1}{2}\rho U_\infty^2 \qquad (4-86)$$

$$\rho\frac{\partial w}{\partial t}=-\frac{\partial \Phi}{\partial z}\frac{1}{2}\rho U_\infty^2=\frac{15}{64R\sqrt{1-\mu^2}}c_{T,D}\mu(8-12\mu^2)\cos\psi\frac{1}{2}\rho U_\infty^2 \tag{4-87}$$

轴向加速度在叶轮盘上的平均值为

$$\frac{\partial u_0}{\partial t}=-\frac{75\pi}{256}\frac{U_\infty^2}{R}c_{T,D} \tag{4-88}$$

而由动态入流导致的附加推力为

$$F_{T,D}=\frac{1}{2}\rho U_\infty^2\pi R^2 c_{T,D} \tag{4-89}$$

将式(4-88)中的$c_{T,D}$导出,代入式(4-89)中可得

$$F_{T,D}=-\frac{128}{75}\rho R^3\frac{\partial u_0}{\partial t} \tag{4-90}$$

附加质量为$\frac{128}{75}\rho R^3$,对于叶轮圆环附加推力为

$$\frac{128}{75}\rho\left[(r+\mathrm{d}r)^3-r^3\right]=\frac{384}{75}\rho r^2\mathrm{d}r \tag{4-91}$$

叶轮圆环截面周向气流速度可以用下式表示:

$$u_t=-v\cos\psi-w\sin\psi \tag{4-92}$$

于是有

$$\frac{\partial u_t}{\partial t}=-\frac{\partial v}{\partial t}\cos\psi-\frac{\partial w}{\partial t}\sin\psi \tag{4-93}$$

将式(4-86)和式(4-87)代入式(4-93)整理可得

$$\frac{\partial u_t}{\partial t}=\frac{15}{16}\frac{c_{T,D}(3\mu^2-2)\mu}{\rho R\sqrt{1-\mu^2}}\sin(2\psi)\frac{1}{2}\rho U_\infty^2 \tag{4-94}$$

进一步整理得

$$\rho R\sqrt{1-\mu^2}\frac{\partial u_t}{\partial t}=\frac{15}{16}c_{T,D}(3\mu^2-2)\mu\sin(2\psi)\frac{1}{2}\rho U_\infty^2 \tag{4-95}$$

将式(4-95)两端对μ^2从0到1求积分,有

$$\int_0^1\rho R\sqrt{1-\mu^2}\frac{\partial u_t}{\partial t}\mathrm{d}\mu^2=\int_0^1\frac{15}{16}c_{T,D}(3\mu^2-2)\mu\sin(2\psi)\frac{1}{2}\rho U_\infty^2\mathrm{d}\mu^2 \tag{4-96}$$

令$\frac{\partial u_t}{\partial t}$在整个圆盘上的平均值为$\frac{\partial u_{t0}}{\partial t}$,式(4-96)变为

$$\frac{\partial u_{t0}}{\partial t}=-\frac{3c_{T,D}}{16\rho R}\sin(2\psi) \tag{4-97}$$

将式(4-88)中的$c_{T,D}$导出,代入式(4-97)可得

$$\frac{\partial u_{t0}}{\partial t}=-\frac{8}{25}\sin(2\psi)\frac{\partial u_0}{\partial t} \tag{4-98}$$

由以上分析可以发现,轴向及周向诱导速度的变化率对叶轮平面推力和力矩有影响。因此,将动量-叶素理论方程进行基于动态入流的修正,推力平衡方程如下:

$$-4u_a \sqrt{(U_\infty \cos \gamma + u_a)^2 + U_\infty^2 \sin^2 \gamma} - \frac{384}{75\pi} r \frac{\partial u_a}{\partial t} =$$

$$\frac{c}{2\pi r} \cos \varphi \Big[\sum_{b=0}^{N-1} V_r c_L (\alpha_A, Re) (V_\zeta \cos \beta - V_\eta \sin \beta) +$$

$$\sum_{b=0}^{N-1} V_r c_D (\alpha_A, Re) (V_\eta \cos \beta + V_\zeta \sin \beta) \Big] \qquad (4-99)$$

当 $-u_a > U_\infty/3$ 时,式(4-99)中的等号左边用 $c_T U_\infty - \frac{384}{75\pi} r \frac{\partial u_a}{\partial t}$ 来替代。

力矩平衡方程为

$$4u_t \sqrt{(U_\infty \cos \gamma + u_a)^2 + U_\infty^2 \sin^2 \gamma} + \frac{384}{75\pi} r \frac{\partial u_t}{\partial t} =$$

$$\frac{c}{2\pi r} \cos \varphi \Big[\sum_{b=0}^{N-1} V_r c_L (\alpha_A, Re) (V_\zeta \sin \beta + V_\eta \cos \beta) +$$

$$\sum_{b=0}^{N-1} V_r c_D (\alpha_A, Re) (V_\eta \sin \beta + V_\zeta \cos \beta) \Big] \qquad (4-100)$$

将周向变化率用轴向诱导因子变化替代,力矩平衡方程变为

$$4u_t \sqrt{(U_\infty \cos \gamma + u_a)^2 + U_\infty^2 \sin^2 \gamma} + \frac{1\,024}{625\pi} r \sin 2\psi \frac{\partial u_a}{\partial t} =$$

$$\frac{c}{2\pi r} \cos \varphi \Big[\sum_{b=0}^{N-1} V_r c_L (\alpha_A, Re) (V_\zeta \sin \beta + V_\eta \cos \beta) +$$

$$\sum_{b=0}^{N-1} V_r c_D (\alpha_A, Re) (V_\eta \sin \beta + V_\zeta \cos \beta) \Big] \qquad (4-101)$$

利用修正后的平衡方程就能够在风力机载荷计算中考虑动态入流的影响。使用迭代的方法,求解力矩平衡方程和推力平衡方程就可以得到风力机叶片微元所受气动载荷。

4.5 载荷计算程序及分析结果

美国可再生能源实验室(NREL)对风力机进行了大量风洞实验。其中,第 6 期实验主要针对风力机的非定常流动进行了测试。本节以该期实验的上风型风力机作为分析对象,建立了相应的模型,具体参数见表 4-1。该风力机可变桨、可偏航,实验时沿翼展方向在 $r/R = 0.3, 0.47, 0.63, 0.80$ 和 0.95 的 5 个叶片表面位置

装有测压孔,并在这 5 个截面处的前缘前端装了 5 孔探针等测试仪器,用于测量入流角和风速[18-19]。图 4 - 9 表示了 NREL 风洞测试及风力机的布置。

以下分别使用 Pitt - Peters 修正方法、GDW 修正方法及动量-叶素理论修正方法对风速为 10 m/s、固定偏航角为 30°的工况进行计算,并同 NREL 实验数据进行对比[7]。

表 4 - 1　实验风力机参数[18]

类型	直径 m	额定转速 r·min⁻¹	翼型	倾角 (°)	额定功率 kW	叶片个数 个
上风水平轴异步发电机	10.058	71.63	S809	0	19.8	2

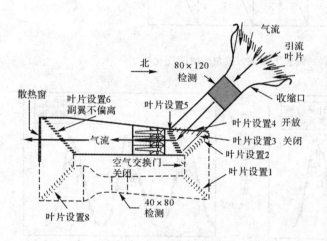

图 4 - 9　NREL 风洞布局及测试风力机[18]

由于 NREL 测试用的风力机轮毂上装有测试装置,在偏航条件下,这些测试装置会干扰风力机叶片前的气流流动,测试结果的准确性可能会受到影响。而且 NREL 实验风力机只在一个叶片上安装了测压装置,故在偏航条件下不能准确获得偏航下的叶轮功率、推力等。因此,只对所测试叶片的截面气动系数与根部弯矩进行对比分析。

将叶片截面升力系数与阻力系数在叶轮平面内的合成结果定义为截面切向力系数,将垂直于叶轮平面方向的合成结果定义为截面法向力系数。如图 4 - 10 所示为三个周期的方位角变化。如图 4 - 11～图 4 - 15 所示分别为在叶片截面位置 30%,47%,63%,80%和 95%处计算的切向力系数与实测结果的对比图。如图 4 - 16～图 4 - 20 所示分别为在叶片截面位置 30%,47%,63%,80%和 95%处计

算的法向力系数与实测结果对比图。如图 4-21 所示为叶片根部弯矩的计算结果
与实测结果对比图。从对比结果中可以看出，三种修正方法在不同叶片截面位置
处的切向力系数、法向力系数和叶片根部弯矩都与实验结果很接近，说明 Pitt-
Peters 修正方法、GDW 修正方法、动量-叶素理论修正方法均能够应用于风力机
偏航状态下的非定常流动载荷计算[7]。

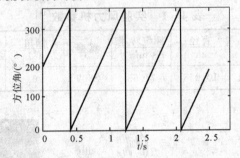

图 4-10　偏航下测试方位角随时间变化

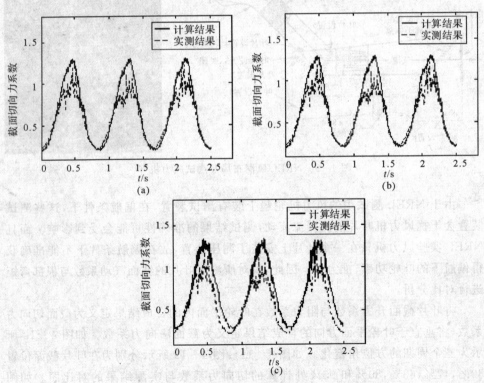

图 4-11　偏航下 30%截面位置切向力系数
(a)BEM 修正计算结果；　(b)GDW 修正计算结果；　(c)Pitt-Peters 修正计算结果

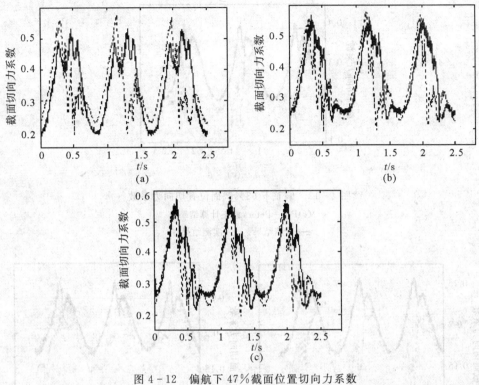

图 4-12　偏航下 47% 截面位置切向力系数

(a)BEM 修正计算结果；　(b)GDW 修正计算结果；　(c)Pitt-Peters 修正计算结果

——计算结果；　----实测结果

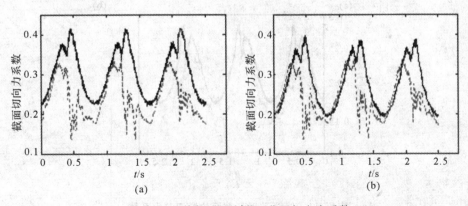

图 4-13　偏航下 63% 截面位置切向力系数

(a)BEM 修正计算结果；　(b)GDW 修正计算结果

——计算结果；　----实测结果

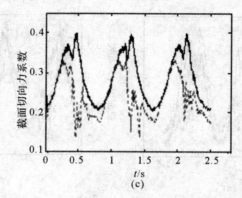

续图 4-13　偏航下 63％截面位置切向力系数

(c)Pitt-Peters 修正计算结果

——计算结果；　-----实测结果

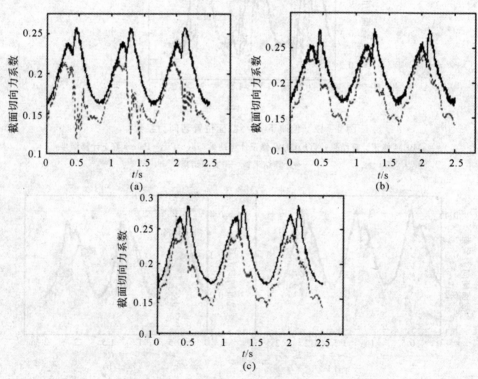

图 4-14　偏航下 80％截面位置切向力系数

(a)BEM 修正计算结果；　(b)GDW 修正计算结果；　(c)Pitt-Peters 修正计算结果

——计算结果；　-----实测结果

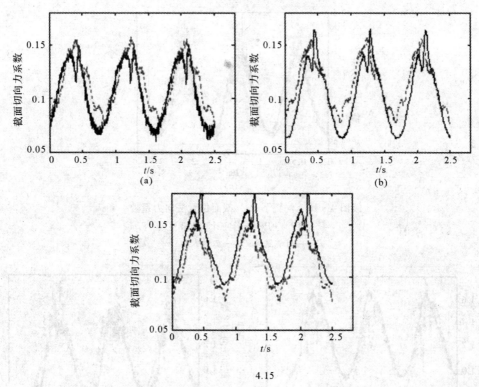

4.15

图 4-15　偏航下 95％截面位置切向力系数

(a)BEM 修正计算结果；　(b)GDW 修正计算结果；　(c)Pitt - Peters 修正计算结果

——计算结果；　-----实测结果

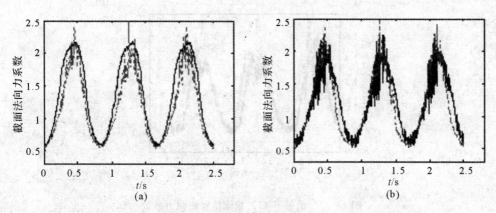

图 4-16　偏航下 30％截面位置法向力系数

(a)BEM 修正计算结果；　(b)GDW 修正计算结果

——计算结果；　-----实测结果

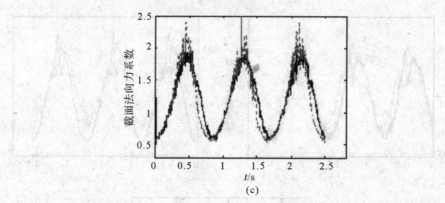

(c)

续图 4-16 偏航下 30% 截面位置法向力系数

(c)Pitt-Peters 修正计算结果

——计算结果； ----实测结果

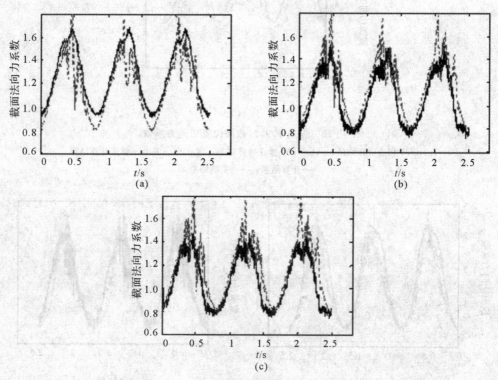

(a) (b)

(c)

图 4-17 偏航下 47% 截面位置法向力系数

(a)BEM 修正计算结果； (b)GDW 修正计算结果； (c)Pitt-Peters 修正计算结果

——计算结果； ----实测结果

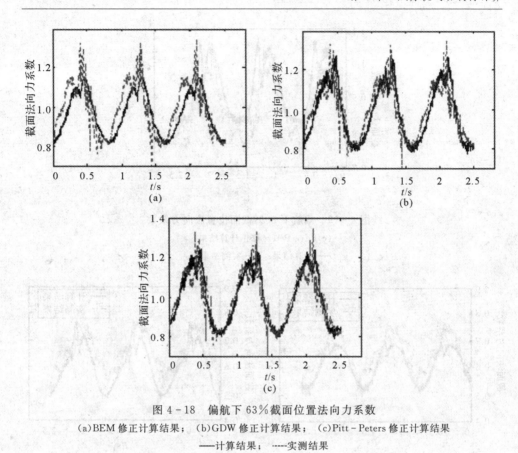

图 4 - 18　偏航下 63％截面位置法向力系数

(a)BEM 修正计算结果；　(b)GDW 修正计算结果；　(c)Pitt - Peters 修正计算结果

——计算结果；　----实测结果

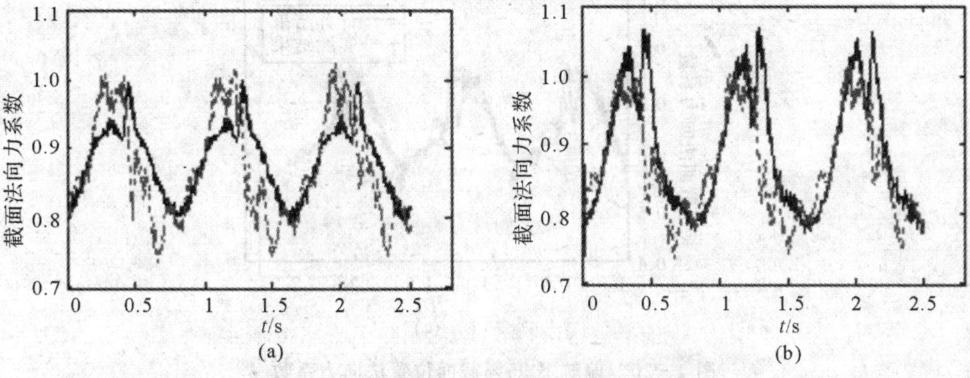

图 4 - 19　偏航下 80％截面位置法向力系数

(a)BEM 修正计算结果；　(b)GDW 修正计算结果

——计算结果；　----实测结果

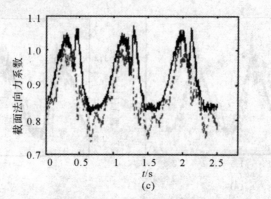

续图 4-19　偏航下 80％截面位置法向力系数

（c）Pitt-Peters 修正计算结果

——计算结果；　-----实测结果

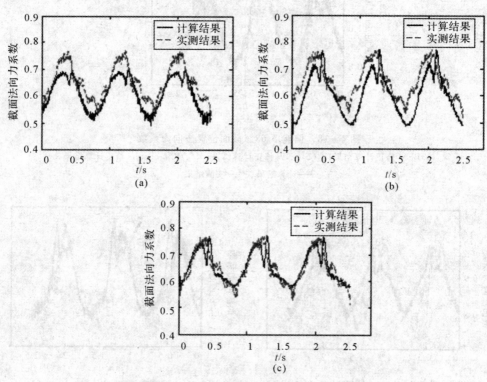

图 4-20　偏航下 95％截面位置法向力系数

（a）BEM 修正计算结果；　（b）GDW 修正计算结果；　（c）Pitt-Peters 修正计算结果

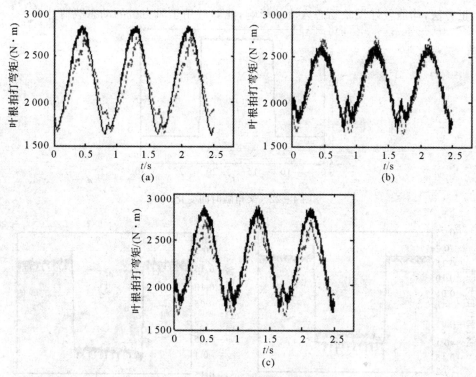

图 4-21　偏航下叶片根部弯矩对比

(a)BEM 修正计算结果；　(b)GDW 修正计算结果；　(c)Pitt-Peters 修正计算结果

——计算结果；　----实测结果

　　同时,针对风速在 8 m/s 下的动态变桨过程进行了载荷计算,用来检验动态入流的影响。在该工况中,桨角从 0°突变到 18°,持续 10 s 后再回到 0°,如图 4-22 所示。应用 Pitt-Peters 修正方法、GDW 修正方法、动量-叶素理论修正方法(考虑动态入流修正和未考虑动态入流修正)计算叶片截面 $0.8R$ 位置处的切向力系数、叶轮功率、叶轮总推力、叶根弯矩,并与 NREL 实验结果进行比较。比较结果如图4-23~图4-26所示。三种修正方法的稳态计算结果与 NREL 实验结果对比表明,GDW 修正方法的计算结果稳态误差最小,而三种修正方法稳态误差均在 17% 以内,可以用于工程实际中的载荷计算,见表 4-2。当桨角突然变化时,Pitt-Peters 修正方法、GDW 修正方法、基于动态入流的动量-叶素理论修正方法均可以反映由于动态入流引起的载荷冲击,且与测试结果趋势一致。而未考虑动态入流修正的动量-叶素理论在桨角瞬间变化时不能反映桨角突变的动态影响。由此证明,Pitt-Peters 修正方法、GDW 修正方法以及基于动态入流的动量-叶素理论修正方法,均能较好反映动态入流的影响,能够应用于风力机的动态载荷计算。

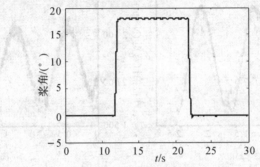

图 4-22 桨角随时间变化

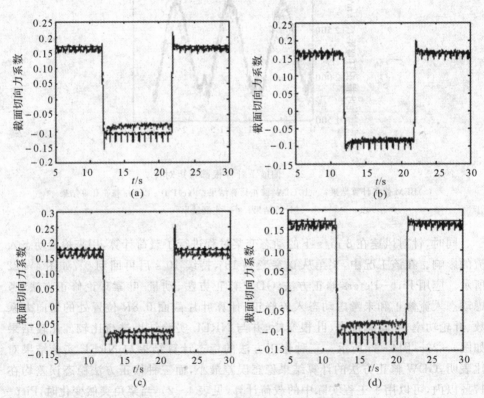

图 4-23 动态变桨的叶片切向力系数对比

(a)BEM 修正计算结果(考虑动态入流修正); (b)GDW 修正计算结果;

(c)Pitt-Peters 修正计算结果; (d)BEM 修正计算结果(未考虑动态入流修正)

——计算的叶片 80% 截面切向力系数;

---- NREL 测试的叶片 80% 截面切向力系数

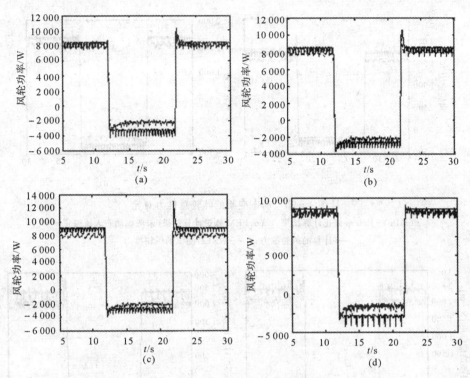

图 4 - 24　动态变桨的叶轮功率对比

(a)BEM 修正计算结果(考虑动态入流修正)；　(b)GDW 修正计算结果；

(c)Pitt - Peters 修正计算结果；　(c)BEM 修正计算结果(未考虑动态入流修正)

——计算的风轮功率；　---- NREL 测试的风轮功率

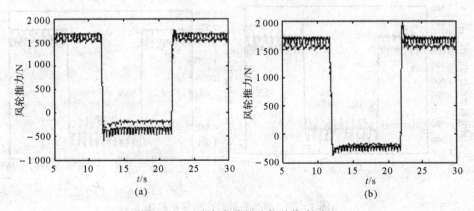

图 4 - 25　动态变桨的叶轮总推力对比

(a)BEM 修正计算结果(考虑动态入流修正)；　(b)GDW 修正计算结果

——计算的风轮推力；　---- NREL 测试的风轮推力

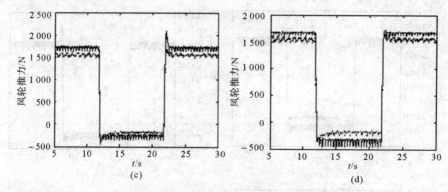

续图 4-25　动态变桨的叶轮总推力对比
(c)Pitt-Peters 修正计算结果；　(d)BEM 修正计算结果(未考虑动态入流修正)
——计算的风轮推力；　---- NREL 测试的风轮推力

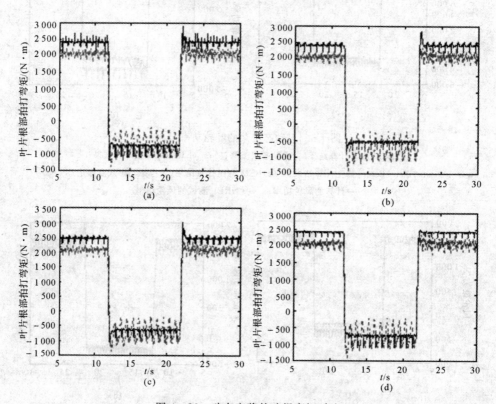

图 4-26　动态变桨的叶根弯矩对比
(a)BEM 修正计算结果(考虑动态入流修正)；　(b)GDW 修正计算结果；
(c)Pitt-Peters 修正计算结果；　(d)BEM 修正计算结果(未考虑动态入流修正)
——计算的叶片根部弯矩；　---- NREL 测试的叶片根部弯矩

表 4 - 2 三种方法的稳态计算误差(%)

项目	截面切向力系数	叶轮功率	叶轮推力	叶片根部拍打弯矩
BEM 修正	13.6	11.9	16.6	14.9
Pitt - Peters 修正	15.7	12.85	13.4	12.7
GDW 修正	2.47	6.2	9.7	6.9

参 考 文 献

[1] Peters D A, Chengjian He. Correlation of Measured Induced velocity with a finite-state wake model[C]. Washington: Proceedings of 45th Annual National Forum of the American Helicopter Society,1989.

[2] Pitt D M, Peters D A. Theoretical prediction of dynamic — inflow derivatives[J]. Vertica, 1981,5,21 - 34.

[3] Chengjian He. Development and application of a generalized dynamic wake theory for lifting rotors[D]. Atlant: Georgia Institute of Technology, 1989.

[4] Suzuki A. Application of dynamic inflow theory to wind turbine rotors[D]. Salt Labe City: University of Utah,2000.

[5] Germanischer Lioyd. Germanischer Lioyd Guideline for the Certification of Wind Turbine[S]. Hamburg: Germanischer Lioyd,2004.

[6] International Electrotechnical Commission. IEC 61400—1 Wind turbine generator systems—Part 1: Safety requirements[S]. Geneva:International Electrotechnical Commission,2004.

[7] 董礼.水平轴变速变桨风力机气动设计与控制技术研究[D].西安:西北工业大学,2010.

[8] 黄巍.大型水平轴风力机整机动力学动力学研究[D].西安:西北工业大学,2012.

[9] Leishman J G, Beddoes T S. A semi-emprical model for dynamic stall[J]. Journal of the American Helicopter society, 1989, 34(3): 3 - 17.

[10] Pierce K G. Wind Turbine Load Prediction Using the Beddoes—Leishman Model for Unsteady Aerodynamics and Dynamic Stall[D]. Salt Lake City:

University of Utah，1996.

[11] Minnema J E. Pitching moment predictions on wind turbine blades using the beddoes — leishman model for unsteady aerodynamics and dynamic stall[D]. Sact City：University of Utah,1998.

[12] Leishman J G, Beddoes T S. A generalized model for airfoil unsteady aerodynamic behavior and dynamic stall using the indicial method[C]. Washington DC：Proceedings of the 42nd Annual Forum of the American Helicopter Society,1986,243 - 265.

[13] 刘雄. 基于 BEDDOES - LEISHMAN 动态失速模型的水平轴风力机动态气动载荷计算方法[J]. 太阳能学报,2008,29(12)：1449 - 1455.

[14] Tonio Sant. Improving BEM based aerodynamic models in wind turbine design codes [D]. Delft：TU Delft ,2007.

[15] Spera D A. Wind turbine technology[M]. New York：ASME Press, 1994.

[16] Glauert H. A general theory for the autogiro[M]. Granfield：ARC R&M 786，1926.

[17] Tony Burton, David Sharpe, Nick Jenkins,et al. Wind energy handbook [M]. 2nd ed. Hoboken：John Wiley & Sons Ltd, 2010.

[18] Hand M M, Simms D A, Fingersh L J. Unsteady aerodynamics experiment phase VI：Wind tunnel test configurations and available data campaigns[R]. Colorado：NREL Technical Report, 2001.

[19] Simms D, Schreck S, Hand M. NREL unsteady aerodynamics experiment in the NASA — ames wind tunnel：A comparison of predictions to measurements[R]. Colorado：NREL Technical Report,2001.

第5章　风力机模态分析

风力机模态分析主要是指获得风力机主要部件及整机的各阶自振频率以及对应的振型。其目的在于使风力机设计者能够通过各种手段使风力机运行在非共振区，从而避免风力机因产生结构共振而损坏，提高风力机的使用寿命，减少维护成本。

分析结构模态通常有两种方法。一是实验测试的方法。实验测试法的主要优点是所得结果正确可信。但是由于风力机的结构巨大，测试和加载均存在一定的困难，通常只有风力机部件，例如叶片和传动系统，能使用实验法。二是数值分析法。数值分析法中最常用的方法有传递矩阵法和有限元方法。参考文献[1]介绍了使用有限元法分析风力机叶片及塔架的自振频率和振型。目前有多款基于有限元方法的风力机模态分析商业软件。本章详细介绍如何使用多体系统传递矩阵方法研究风力机整机及叶片塔架的模态。多体系统传递矩阵方法是在经典传递矩阵方法基础上发展而来的，可以分析结构静力学及动力学问题，继承了经典传递矩阵法建模灵活、计算效率高、无需建立系统总体动力学模型等优点，同时又克服了原有方法使用情况单一，不能解决多维、时变、非线性系统的难题[2]。相对于有限元方法，传递矩阵法建模更加简便，计算速度更快。

5.1　叶片建模及模态分析

本节介绍如何使用传递矩阵法建立风力机叶片自由振动传递矩阵模型，并以美国国家可再生能源实验室(NREL) 1.5 MW 示例风力机叶片为例进行了计算分析。

5.1.1　叶片自由振动传递矩阵建模

风力机叶片是典型的细长杆结构。因此，通常情况下可将其简化为带扭转变形的无质量梁单元和集中质量惯量单元的组合。这里，假设叶片与轮毂为刚性连接。为了方便后续的叶片动力学特性研究及载荷分析，此处使用叶片锥角坐标系。因为该坐标系的 X 轴和 Y 轴分别对应叶轮平面外(out - of - plane)和平面内(in - plane)两个常用叶片载荷分析方向。叶片简化模型及坐标系如图 5 - 1 所示。如果需要研究叶片弦向(edgewise)及翼型厚度方向(flapwise)特性及载荷只需要进行一次坐标变换，将叶片锥角坐标系变为叶片坐标系，如式(5 - 1)所示，其中 R_{hub}

为轮毂半径，α_p 为叶片变桨角。为了研究和分析方便，锥角在这里设为零[6]。

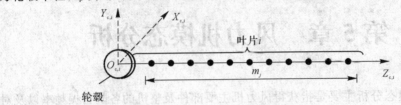

图 5-1　叶片简化模型及坐标系[6]

$$\begin{bmatrix} x \\ y \\ z \end{bmatrix}_{b,i} = \begin{bmatrix} \cos \alpha_p & -\sin \alpha_p & 0 \\ \sin \alpha_p & \cos \alpha_p & 0 \\ 0 & 0 & 1 \end{bmatrix} \begin{bmatrix} x \\ y \\ z \end{bmatrix}_{c,i} + \begin{bmatrix} 0 \\ 0 \\ -R_{hub} \end{bmatrix} \qquad (5-1)$$

为了描述简单方便，本章中所提的 X,Y,Z 轴均表示叶片锥角坐标系坐标轴。

根据叶片结构及其振动表现，Z 轴方向的振动、位移及受力可以忽略，但 Z 轴方向的力由于叶片截面 X,Y 方向运动而产生的力矩需要加以考虑。集中质量惯量单元具有 X 方向平动、Y 方向平动及绕 Z 轴旋转三个自由度。叶片系统的状态矢量如式(5-2)所示，下标 i 表示第 i 个叶片截面，M 为弯矩，Q 为剪切力。

$$\boldsymbol{Z}_i = [x \quad y \quad \theta_x \quad \theta_y \quad \theta_z \quad M_x \quad M_y \quad M_z \quad Q_x \quad Q_y]_i^{\mathrm{T}} \qquad (5-2)$$

以下针对不同单元、不同变形情况推导建立其传递矩阵模型。

1. 无质量弯曲变形梁单元传递矩阵

如图 5-2 所示为叶片无质量梁单元 X 方向弯曲变形的受力及位移关系示意图。这里考虑了 Z 轴方向力产生的弯矩[6]。

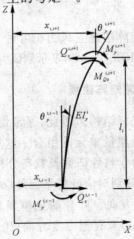

图 5-2　无质量梁单元 X 方向弯曲变形的受力及位移示意图[6]

这里 $M_{Q_z}^{i,i+1}$ 为 Z 方向力产生的力矩,当考虑重力及离心力时,Z 方向的力 Q_z 满足以下关系[6]:

$$Q_z^{i,i+1} = \sum_{j=i+1}^{N_s} m_j g \cos\phi - \sum_{j=i+1}^{N_s} m_j r_j \Omega^2 \tag{5-3}$$

式中,N_s 为叶片的梁单元总数。

根据材料力学及静力学原理,可得下式:

$$\left.\begin{aligned}
&Q_x^{i,i-1} - Q_x^{i,i+1} = 0 \\
&-M_y^{i,i-1} + M_y^{i,i+1} - Q_x^{i,i+1} l_i + M_{Q_z}^{i,i+1} = 0 \\
&x_{i,i+1} = x_{i,i-1} + \theta_y^{i,i-1} l_i + (M_y^{i,i+1} + M_{Q_z}^{i,i+1}) \frac{l_i^2}{2EI_y^i} - Q_x^{i,i+1} \frac{l_i^3}{3EI_y^i} \\
&\theta_y^{i,i+1} = \theta_y^{i,i-1} + (M_y^{i,i+1} + M_{Q_z}^{i,i+1}) \frac{l_i}{EI_y^i} - Q_x^{i,i+1} \frac{l_i^2}{2EI_y^i} \\
&M_{Q_z}^{i,i+1} = Q_z^{i,i+1} (x_{i,i+1} - x_{i,i-1})
\end{aligned}\right\} \tag{5-4}$$

式中,I_y^i 为叶片截面相对于 Y 轴的惯性矩,也称为叶轮平面外方向惯性矩。当叶片弦线和 Y 轴重合时,I_y^i 为叶片厚度方向相对于弦线的惯性矩,通常记为 I_{flap}^i。与此对应,I_x^i 为叶片截面相对于 X 轴的惯性矩,也称为叶轮平面内方向惯性矩。当叶片弦线和 Y 轴重合时,I_x^i 为叶片弦线方向相对于垂直于弦线的惯性矩,通常记为 I_{edge}^i。由于目前使用的大型风力机多为变桨变速风力机,其 I_x^i,I_y^i 随叶片桨角而变化。因此,在风力机设计及载荷分析中,通常提供的惯性矩数据为 I_{flap}^i,I_{edge}^i。这里就需要使用惯性矩的转轴公式,并考虑叶片变桨方向,进行变换才能得到 I_x^i,I_y^i,见式(5-5)。这里假设 Z 轴为主惯性轴,因此惯性积 $I_{xy}^i = 0$。

$$\left.\begin{aligned}
I_y^i &= \frac{1}{2}(I_{flap}^i + I_{edge}^i) + \frac{1}{2}(I_{flap}^i - I_{edge}^i)\cos[-2(\alpha_p + \alpha_{bau}^i)] \\
I_x^i &= \frac{1}{2}(I_{flap}^i + I_{edge}^i) - \frac{1}{2}(I_{flap}^i - I_{edge}^i)\cos[-2(\alpha_p + \alpha_{bau}^i)]
\end{aligned}\right\} \tag{5-5}$$

式中,α_{bau}^i 为叶片 i 截面设计扭角。

对应该系统,其状态矢量为

$$\boldsymbol{Z}_x^i = [x \quad \theta_y \quad M_y \quad Q_x]_i^T \tag{5-6}$$

整理式(5-4),可以得到无质量梁单元在 X 方向的自由振动传递矩阵为[6]

$$\boldsymbol{B}_x^i = \begin{bmatrix} 1 & l_i & \dfrac{l_i^2}{2EI_y^i} & \dfrac{l_i^3}{6EI_y^i} \\ 0 & 1 & \dfrac{l_i}{EI_y^i} & \dfrac{l_i^2}{2EI_y^i} \\ 0 & -Q_z^{i,i+1}l_i & 1 - \dfrac{Q_z^{i,i+1}l_i^2}{2EI_y^i} & l_i\left(1 - \dfrac{Q_z^{i,i+1}l_i^2}{6EI_y^i}\right) \\ 0 & 0 & 0 & 1 \end{bmatrix} \tag{5-7}$$

在 Y 方向,梁单元有类似的传递矩阵。

2. 平移运动集中质量单元传递矩阵

如图 5-3 所示为叶片集中质量单元的受力示意图,以 Y 自由度为例。其中,$m_i\omega_i^2 y_i$ 为集中质量惯性力,ω 为振动频率[6]。

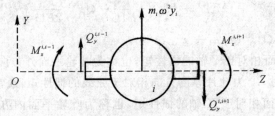

图 5-3　叶片集中质量单元的受力示意图[6]

根据运动学方程,可以很容易得出其传递矩阵[2]:

$$\boldsymbol{H}_y^i = \begin{bmatrix} 1 & 0 & 0 & 0 \\ 0 & 1 & 0 & 0 \\ 0 & 0 & 1 & 0 \\ m_i\omega^2 & 0 & 0 & 1 \end{bmatrix} \tag{5-8}$$

3. 无质量扭转梁单元及集中惯量单元传递矩阵

实际运行时,叶片存在以 Z 轴为转轴的扭转振动。这里的状态矢量为

$$\boldsymbol{Z}_i = \begin{bmatrix} \theta_z & M_z \end{bmatrix}_i^{\mathrm{T}} \tag{5-9}$$

参考文献[2]从运动微分方程推导了无质量扭转梁单元的传递矩阵,其形式如下:

$$\boldsymbol{T}_i = \begin{bmatrix} 1 & \dfrac{l_i}{GJ_p^i} \\ 0 & 1 \end{bmatrix} \tag{5-10}$$

式中,G 为材料抗扭截面模量;J_p^i 为截面的极惯性矩;GJ_p^i 为截面的抗扭刚度。

扭转集中惯量的传递矩阵为

$$\boldsymbol{TH}_i = \begin{bmatrix} 1 & 0 \\ -J_i\omega^2 & 1 \end{bmatrix} \tag{5-11}$$

式中，J_i 为集中转动惯量。

4. 梁单元及集中质量总体传递矩阵

根据所选择的叶片截面状态矢量式(5-2)，假设截面三个自由度的运动相互独立，无质量梁单元的总体传递矩阵为[6]

$$
\boldsymbol{B}_i =
\begin{bmatrix}
1 & 0 & 0 & l_i & 0 & 0 & \dfrac{l_i^2}{2EI_y^i} & 0 & \dfrac{l_i^3}{6EI_y^i} & 0 \\[2mm]
0 & 1 & l_i & 0 & 0 & \dfrac{l_i^2}{2EI_x^i} & 0 & 0 & 0 & \dfrac{l_i^3}{6EI_x^i} \\[2mm]
0 & 0 & 1 & 0 & 0 & \dfrac{l_i}{EI_x^i} & 0 & 0 & 0 & \dfrac{l_i^2}{2EI_x^i} \\[2mm]
0 & 0 & 0 & 1 & 0 & 0 & \dfrac{l_i}{EI_y^i} & 0 & \dfrac{l_i^2}{2EI_y^i} & 0 \\[2mm]
0 & 0 & 0 & 0 & 1 & 0 & 0 & \dfrac{l_i}{GJ_p^i} & 0 & 0 \\[2mm]
0 & 0 & -Q_z^{i,i+1}l_i & 0 & 0 & 1-\dfrac{Q_z^{i,i+1}l_i^2}{2EI_x^i} & 0 & 0 & 0 & l_i\left(1-\dfrac{Q_z^{i,i+1}l_i^2}{6EI_x^i}\right) \\[2mm]
0 & 0 & 0 & -Q_z^{i,i+1}l_i & 0 & 0 & 1-\dfrac{Q_z^{i,i+1}l_i^2}{2EI_y^i} & 0 & l_i\left(1-\dfrac{Q_z^{i,i+1}l_i^2}{6EI_y^i}\right) & 0 \\[2mm]
0 & 0 & 0 & 0 & 0 & 0 & 0 & 1 & 0 & 0 \\[1mm]
0 & 0 & 0 & 0 & 0 & 0 & 0 & 0 & 1 & 0 \\[1mm]
0 & 0 & 0 & 0 & 0 & 0 & 0 & 0 & 0 & 1
\end{bmatrix}
$$

$$(5-12)$$

集中质量惯量单元的总体传递矩阵为[6]

$$
\boldsymbol{H}_i =
\begin{bmatrix}
1 & 0 & 0 & 0 & 0 & 0 & 0 & 0 & 0 & 0 \\
0 & 1 & 0 & 0 & 0 & 0 & 0 & 0 & 0 & 0 \\
0 & 0 & 1 & 0 & 0 & 0 & 0 & 0 & 0 & 0 \\
0 & 0 & 0 & 1 & 0 & 0 & 0 & 0 & 0 & 0 \\
0 & 0 & 0 & 0 & 1 & 0 & 0 & 0 & 0 & 0 \\
0 & 0 & 0 & 0 & 0 & 1 & 0 & 0 & 0 & 0 \\
0 & 0 & 0 & 0 & 0 & 0 & 1 & 0 & 0 & 0 \\
0 & 0 & 0 & 0 & -J_i\omega^2 & 0 & 0 & 1 & 0 & 0 \\
m_i\omega^2 & 0 & 0 & 0 & 0 & 0 & 0 & 0 & 1 & 0 \\
0 & m_i\omega^2 & 0 & 0 & 0 & 0 & 0 & 0 & 0 & 1
\end{bmatrix}
$$

$$(5-13)$$

将各个单元传递矩阵按照叶片离散化顺序相乘,就可以得到叶片总的传递矩阵,见式(5-14)。式(5-15)为叶片自由振动整体传递方程。

$$U = H_n B_{n-1} H_{n-2} \cdots B_2 H_1 B_0 \tag{5-14}$$

$$Z_n = UZ_0 \tag{5-15}$$

式中,Z_0 和 Z_n 分别为叶根及叶尖的状态矢量,也称为叶片传递矩阵的边界条件。在已知边界条件后,即可通过叶片传递矩阵求得叶片中间截面的状态矢量。

5.1.2 叶片模态分析

在得到叶片整体传递矩阵后,使用以下方法可以求得叶片的自振频率及其对应的振型。

当叶片自由振动时,Z_0 和 Z_n 中的某些状态变量必须满足以下边界条件:

$$\left. \begin{array}{l} x_0 = 0, \theta_y^0 = 0, M_y^n = 0, Q_x^n = 0 \\ y_0 = 0, \theta_x^0 = 0, M_x^n = 0, Q_y^n = 0 \\ \theta_z^0 = 0, M_z^n = 0 \end{array} \right\} \tag{5-16}$$

将式(5-16)代入式(5-15),可得

$$\begin{bmatrix} 0 \\ 0 \\ 0 \\ 0 \\ 0 \end{bmatrix}_n = \begin{bmatrix} u_{6,6} & u_{6,7} & u_{6,8} & u_{6,9} & u_{6,10} \\ u_{7,6} & u_{7,7} & u_{7,8} & u_{7,9} & u_{7,10} \\ u_{8,6} & u_{8,7} & u_{8,8} & u_{8,9} & u_{8,10} \\ u_{9,6} & u_{9,7} & u_{9,8} & u_{9,9} & u_{9,10} \\ u_{10,6} & u_{10,7} & u_{10,8} & u_{10,9} & u_{10,10} \end{bmatrix} \begin{bmatrix} M_x \\ M_y \\ M_z \\ Q_x \\ Q_y \end{bmatrix}_0 \Rightarrow \quad \mathbf{0} = U'Z'_0$$

$$\tag{5-17}$$

式中,$u_{i,j}$ 为叶片整体传递矩阵元素,它们是频率 ω 的函数;U' 为结构的特征矩阵。由上可见,式(5-17)为齐次线性方程组,它有非零解的条件为其系数矩阵 U' 的行列式为零,即 $\det(U') = 0$。该方程也称为整体传递矩阵的特征方程。由上可知,$\det(U')$ 只是频率 ω 的函数,使结构特征方程成立的频率值即为结构的自振频率。通常情况下,$\det(U')$ 为 ω 的高阶多项式,很难直接获得解析解。因此,常使用扫频法来求解 ω。

以上为通常情况下的自振频率求解过程。这样求解出来的自振频率包括三个自由度所有的自振频率。针对叶片整体传递矩阵的构建特点,可以进行如下的处理[6]。

根据叶片截面三个自由度相互独立的假设,特征矩阵 U' 具有如下的形式:

$$\boldsymbol{U}' = \begin{bmatrix} u_{6,6} & 0 & 0 & 0 & u_{6,10} \\ 0 & u_{7,7} & 0 & u_{7,9} & 0 \\ 0 & 0 & u_{8,8} & 0 & 0 \\ 0 & u_{9,7} & 0 & u_{9,9} & 0 \\ u_{10,6} & 0 & 0 & 0 & u_{10,10} \end{bmatrix} \tag{5-18}$$

对 $\boldsymbol{U}'$ 分别进行两次行变换和两次列变换,对应特征方程式(5-17)变为

$$\begin{bmatrix} 0 \\ 0 \\ 0 \\ 0 \\ 0 \end{bmatrix}_n = \begin{bmatrix} u_{6,6} & u_{6,10} & 0 & 0 & 0 \\ u_{10,6} & u_{10,10} & 0 & 0 & 0 \\ 0 & 0 & u_{8,8} & 0 & 0 \\ 0 & 0 & 0 & u_{7,7} & u_{7,9} \\ 0 & 0 & 0 & u_{9,7} & u_{9,9} \end{bmatrix} \begin{bmatrix} \boldsymbol{M}_x \\ \boldsymbol{Q}_y \\ \boldsymbol{M}_z \\ \boldsymbol{M}_y \\ \boldsymbol{Q}_x \end{bmatrix}_0 \quad\Rightarrow\quad \boldsymbol{0} = \boldsymbol{U}''\boldsymbol{Z}''_0 \tag{5-19}$$

因此,求解 $\det(\boldsymbol{U}'') = 0$ 同样可以得到叶片的自振频率。变形后的特征矩阵 $\boldsymbol{U}''$ 又可以分解为三个子矩阵:$\boldsymbol{U}_{\mathrm{ip}}$, $\boldsymbol{U}_{\mathrm{t}}$, $\boldsymbol{U}_{\mathrm{op}}$。

$$\boldsymbol{U}'' = \begin{bmatrix} u_{6,6} & u_{6,10} & 0 & 0 & 0 \\ u_{10,6} & u_{10,10} & 0 & 0 & 0 \\ 0 & 0 & u_{8,8} & 0 & 0 \\ 0 & 0 & 0 & u_{7,7} & u_{7,9} \\ 0 & 0 & 0 & u_{9,7} & u_{9,9} \end{bmatrix} = \begin{bmatrix} \boldsymbol{U}_{\mathrm{ip}} & & \\ & \boldsymbol{U}_{\mathrm{t}} & \\ & & \boldsymbol{U}_{\mathrm{op}} \end{bmatrix} \tag{5-20}$$

$$\boldsymbol{U}_{\mathrm{ip}} = \begin{bmatrix} u_{6,6} & u_{6,10} \\ u_{10,6} & u_{10,10} \end{bmatrix}, \quad \boldsymbol{U}_{\mathrm{t}} = \begin{bmatrix} u_{8,8} \end{bmatrix}, \quad \boldsymbol{U}_{\mathrm{op}} = \begin{bmatrix} u_{7,7} & u_{7,9} \\ u_{9,7} & u_{9,9} \end{bmatrix}$$

由线性代数理论可得

$$\det(\boldsymbol{U}'') = \det(\boldsymbol{U}_{\mathrm{op}})\det(\boldsymbol{U}_{\mathrm{ip}})\det(\boldsymbol{U}_{\mathrm{t}}) \tag{5-21}$$

因此,特征方程 $\det(\boldsymbol{U}'') = 0$ 可以分解为三个子方程:

$$\left. \begin{matrix} \det(\boldsymbol{U}_{\mathrm{op}}) = 0 \\ \det(\boldsymbol{U}_{\mathrm{ip}}) = 0 \\ \det(\boldsymbol{U}_{\mathrm{t}}) = 0 \end{matrix} \right\} \tag{5-22}$$

其中,每个子方程所求得的解分别对应叶轮平面外、叶轮平面内和扭转自由度自振频率。如果某个 ω 能使式(5-22)中多个方程成立,则该 ω 为多自由度耦合自振频率。

在求解出各阶自振频率后,只需要给叶片一个初始边界条件,使用已建立的传递矩阵方程就可以迭代出各个截面的状态矢量,其位置参数即为叶片的振型。

本节以美国可再生能源实验室(NREL)1.5MW 示例风力机作为分析对象,

对其叶片的模态进行分析。该叶片总长为 33.25 m,其截面质量、扭转角度、刚度、惯性等分布见参考文献[3]。

表 5-1 为本书使用传递矩阵方法计算的叶片在桨角为 0°、叶轮转速为 0 r/min、叶轮方位角为 0°时,20 Hz 内各阶自振频率,并同美国可再生能源实验室开发的 Modes 程序[1]进行了对比[6]。

表 5-1　传递矩阵与 Modes 计算的 NREL 1.5 MW 叶片自振频率

单位:Hz

项目	一阶	二阶	三阶	四阶
平面外	1.240(1.256)	3.679(3.792)	8.055(8.995)	14.88(18.552)
平面内	1.866(1.897)	6.351(6.485)	14.68(15.152)	
扭转	8.982	16.016		

注:括号内为 Modes 结果。[6]

从表 5-1 可以看出,两种方法低阶自振频率计算结果非常接近,只有叶轮平面外方向第四阶自振频率差别较大。

如图 5-4~图 5-6 所示分别为叶片三个振动方向前三阶振型以及同 Modes 计算结果的对比图,以上振型曲线均进行了归一化处理。从图中可以看出,在叶轮平面内叶片的振型和平面外叶片的振型方面,传递矩阵法算出的结果同 Modes 程序结果几乎完全相同。Modes 程序不易计算扭转振动,因此图 5-6 仅为利用传递矩阵法计算的扭转振型。

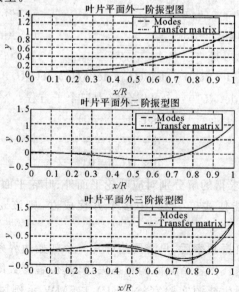

图 5-4　叶片叶轮平面外方向振型图

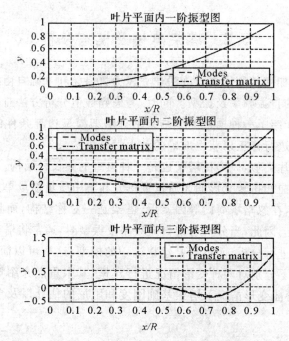

图 5 - 5　叶片叶轮平面内方向振型图

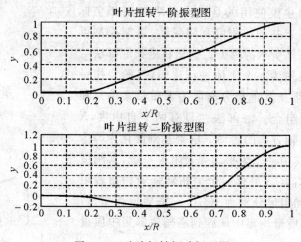

图 5 - 6　叶片扭转振动振型图

5.2　塔架建模及模态分析

本节介绍了如何使用传递矩阵法建立风力机塔架和基础自由振动传递矩阵模型,以计算塔架的自振频率及振型。同时,考虑到数值分析方法对边界条件的严重依赖性,这里还介绍了一种通过测试结果估计塔架模型边界条件的方法。使用该方法对塔架模型进行修正以获得准确的动力学分析结果。

与风力机叶片类似,风力机塔架也是一种典型的细长杆结构。因此,这里同样将其简化为带弯曲和扭转变形的无质量梁单元和集中质量惯量单元的组合。与叶片情况不同的是,在忽略塔筒门等因素后,塔架是一对称结构,而且其基础通常情况下也不会旋转。因此,当分析塔架自振频率及振型时,通常将塔架弯曲变形和扭转变形情况分别进行分析,而不需要建立统一的模型,这样可以简化分析过程,提高计算速度。以下分别对两种变形情况进行建模,其中重点介绍弯曲变形传递矩阵模型的建立、弯曲变形情况下塔架基础刚度和阻尼的估计以及弯曲变形模态的计算[6]。

5.2.1　塔架弯曲变形自由振动传递矩阵建模

风力机塔架建模使用的是风力机塔架底部坐标系。在考虑到塔架基础的刚度和阻尼后,塔架模型可以简化为如图 5-7 所示的模型。这里将塔架底部法兰盘单独分离出来作为一个刚体进行建模,机舱当作一个集中质量,而塔架其他部分离散为无质量梁单元和集中质量单元的组合。底部法兰盘有两个自由度,X 方向平动及绕 Y 轴方向的转动。塔架基础简化为两个弹簧阻尼系统,其中一个为平动弹簧阻尼系统,其刚度和阻尼分别为 K_h,C_h;另外一个为扭转弹簧和扭转阻尼系统,其刚度和阻尼分别为 K_t,C_t。塔架顶部质量,包括机舱及叶轮质量均集中加载到塔架顶部集中质量单元上[7-8]。

使用 5.1 节介绍的方法可得塔架无质量梁单元的传递矩阵为[7-8]

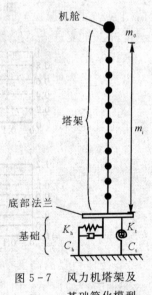

图 5-7　风力机塔架及基础简化模型

$$\boldsymbol{B}_i = \begin{bmatrix} 1 & l_i & \dfrac{l_i^2}{2EI_i} & \dfrac{l_i^3}{6EI_i} \\[3mm] 0 & 1 & \dfrac{l_i}{EI_i} & \dfrac{l_i^2}{2EI_i} \\[3mm] 0 & -\displaystyle\sum_{j=i+1}^{N_s} m_j g l_i & 1 - \dfrac{\displaystyle\sum_{j=i+1}^{N_s} m_j g l_i^2}{2EI_i} & l_i\left(1 - \dfrac{\displaystyle\sum_{j=i+1}^{N_s} m_j g l_i^2}{6EI_i}\right) \\[3mm] 0 & 0 & 0 & 1 \end{bmatrix} \tag{5-23}$$

式中，E 为塔架材料的弹性模量；I_i 为塔架截面相对于 X 轴或者 Y 轴的截面惯性矩；EI_i 为截面的抗弯刚度；N_s 为塔架梁单元总数目。

在不考虑阻尼的情况下，集中质量单元的自由振动传递矩阵仍然为

$$\boldsymbol{H}_i = \begin{bmatrix} 1 & 0 & 0 & 0 \\ 0 & 1 & 0 & 0 \\ 0 & 0 & 1 & 0 \\ m_i\omega^2 & 0 & 0 & 1 \end{bmatrix} \tag{5-24}$$

式中，ω 为振动频率。在考虑结构阻尼后，ω 需要变为 λi，i 是虚数单位，λ 为结构特征值，它是结构自振频率的函数。后面介绍的各种单元自由振动传递矩阵在有阻尼的情况下也要进行类似的变换[7-8]。

假设基础对塔架底部法兰盘的作用力作用在法兰盘底部中央，而塔架对底部法兰盘的作用力作用在法兰盘顶部中央。同时，假设该法兰盘的角位移 θ 很小，也就是说 $\sin\theta \approx \theta$，$\cos\theta \approx 1$，对系统自由振动，根据质心运动定理和活动矩心绝对动量矩定理，略去微小量 θ 的乘积项与 $\dot{\theta}^2$ 的乘积项[2]，得动力学方程：

$$\left.\begin{aligned} x_O &= x_1 - h_f\theta_1 \\ \theta_O &= \theta_1 \\ Q_O &= Q_1 - m_f\ddot{x}_1 + m_f\frac{h_f}{2}\ddot{\theta}_1 \\ M_O &= M_1 - h_f Q_1 + m_f\ddot{x}_1\frac{h_f}{2} + \ddot{\theta}_1\left(J_1 - m_f\frac{h_f^2}{2}\right) \end{aligned}\right\} \tag{5-25}$$

式中，h_f 为法兰盘的高度；m_f 为法兰盘的质量；J_1 为法兰盘相对于通过基础作用点的水平轴的转动惯量。由此可得塔架底部法兰盘的传递矩阵为[7-8]

$$L = \begin{bmatrix} 1 & -h_f & 0 & 0 \\ 0 & 1 & 0 & 0 \\ -m_f\omega^2\dfrac{h_f}{2} & -\omega^2\left(J_I - m_f\dfrac{h_f^2}{2}\right) & 1 & -h_f \\ m_f\omega^2 & -m_f\omega^2\dfrac{h_f}{2} & 0 & 1 \end{bmatrix} \quad (5-26)$$

由于已经将塔架基础简化为两个弹簧阻尼系统,因此,基础的传递矩阵很容易求得。式(5-27a)为无阻尼情况下基础的传递矩阵,式(5-27b)为有阻尼情况下基础的传递矩阵[2]。

$$F = \begin{bmatrix} 1 & 0 & 0 & -\dfrac{1}{K_h} \\ 0 & 1 & \dfrac{1}{K_t} & 0 \\ 0 & 0 & 1 & 0 \\ 0 & 0 & 0 & 1 \end{bmatrix} \quad (5-27a)$$

$$F = \begin{bmatrix} 1 & 0 & 0 & -\dfrac{1}{K_h+C_h\lambda} \\ 0 & 1 & \dfrac{1}{K_t+C_t\lambda} & 0 \\ 0 & 0 & 1 & 0 \\ 0 & 0 & 0 & 1 \end{bmatrix} \quad (5-27b)$$

将所有单元传递矩阵按照塔架离散化顺序乘积起来,就可以得到塔架(含基础)整体的自由振动传递矩阵,见式(5-28)。式(5-29)为塔架整体传递方程。

$$U = H_n B_{n-1} H_{n-2} \cdots B_2 H_1 B_0 LF \quad (5-28)$$

$$Z_n = H_n B_{n-1} H_{n-2} \cdots B_2 H_1 B_0 LFZ_0 = UZ_0 \Rightarrow$$

$$\begin{bmatrix} x \\ \theta \\ M \\ Q \end{bmatrix}_n = \begin{bmatrix} u_{11} & u_{12} & u_{13} & u_{14} \\ u_{21} & u_{22} & u_{23} & u_{24} \\ u_{31} & u_{32} & u_{33} & u_{34} \\ u_{41} & u_{42} & u_{43} & u_{44} \end{bmatrix} \begin{bmatrix} x \\ \theta \\ M \\ Q \end{bmatrix}_0 \quad (5-29)$$

式中,u_{ij} 为整体传递矩阵元素($i,j=1,2,3,4$),它是 ω 或者 λ 的函数,取决于是否考虑基础阻尼。

5.2.2 塔架弯曲变形自振频率计算

在得到塔架(含基础)整体自由振动传递矩阵后,根据塔架及基础的边界条件,使用以下方法可以求得塔架的自振频率。

塔架自由振动时,其边界条件见式(5-30)。将边界条件带入塔架整体传递方程,可以得到一个线性齐次方程组,见式(5-31)。该方程组有非零解的充分必要条件:其系数矩阵行列式的值必须为零。这样就得到了一个新的方程 $\det(\boldsymbol{U}')=0$。求解该方程就可以得到塔架的各阶自振频率。在不考虑阻尼的情况下,该方程应该是自振频率 ω 的高阶实数方程,通过扫频法可以很容易求得方程的解,即塔架的自振频率。当考虑阻尼时,该方程是特征值 λ 的复数方程,不能直接用扫频法求解,这时需要使用其他数值方法,例如米勒法进行求解[6]。

$$x_0 = 0, \quad \theta_0 = 0, \quad M_n = 0, \quad Q_n = 0 \tag{5-30}$$

$$\begin{bmatrix} 0 \\ 0 \end{bmatrix} = \begin{bmatrix} u_{33} & u_{34} \\ u_{43} & u_{44} \end{bmatrix} \begin{bmatrix} M \\ Q \end{bmatrix}_0 \quad \Rightarrow \quad \boldsymbol{0} = \boldsymbol{U}'\boldsymbol{Z}'_0 \tag{5-31}$$

5.2.3 风力机塔架自振频率现场测试

风力机塔架自振频率是风力机结构和控制器设计的重要参数。目前,在风力机设计过程中,主要是通过数值仿真的方法来确定塔架的自振频率。但是,即使是最准确的数值分析方法,要获得正确的分析结果也需要准确地输入边界条件和连接条件,例如塔架段与段之间、塔架底部与基础之间的连接刚度以及基础的刚度和阻尼等。实际上,这些参数很难事先估准。因此,塔架自振频率的现场测试很有必要。由于大型风力机塔架尺寸巨大,只能考虑使用改进的冲击响应测试法进行塔架自振频率测量。风力机在工况转变时(也称为暂态工况)会对风力机结构,尤其是塔架产生较大的冲击载荷。考虑到实际测试条件及风力机运行状态,推荐选择紧急停机和偏航停止两个过程产生的冲击载荷响应作为测试信号。

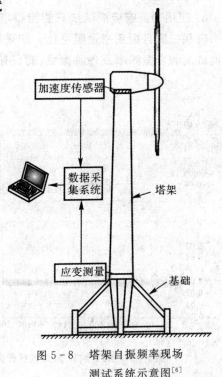

图 5-8 塔架自振频率现场测试系统示意图[6]

为了准确可靠地获取塔架冲击载荷响应信号,需要可靠的测量系统。根据所选测试参数及传感器的类型不同,通常有两种测量方法:第一种为测量风力机机舱振动,所用传感器为超低频振动传感器,例如超低频加速度传感器,安装位置为机舱机座水平及轴向位置;第二种为测量风力机塔架根部应变,所用传感器为应变计,安装位置在塔架根部。考虑到风力机存在偏航的情况,需要在同一高度每隔45°位置贴一个纵向应变计,对应两个应变计组成一个半桥测试电路。将传感器获得的电信号通过数据采集系统导入计算机,再使用专业的采集处理程序就可以获得所要的自振频率测量结果。整个测试系统及测量位置的示意图如图 5-8 所示[6]。

如图 5-9 所示为某 2 MW 风力机所得的机舱振动冲击响应时域波形及频谱图。从图中可以得到以下结论[6]:

1) 所测试的风力机塔架一阶自振频率为 0.354 Hz,二阶自振频率为 1.05 Hz。

2) 通过对冲击响应的衰减曲线进行分析,计算得到该塔架及地基的阻尼比为 $0.003 \sim 0.005$。

3) 使用冲击响应测试法只能测得塔架有限的动力学特性。本测试获得塔架的一阶和二阶自振频率及阻尼比。如果还需要了解更多的塔架动力学特征,例如其他阶次的自振频率及各阶振型,就只有依靠数值分析方法。

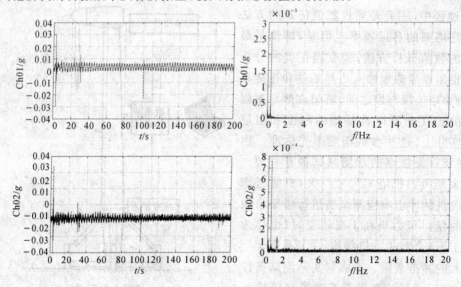

图 5-9   某 2 MW 风力机机舱振动冲击响应时域波形及频谱图

5.2.4   塔架基础刚度及阻尼估计

综上所述,要准确计算塔架的自振频率,必须准确确定基础的刚度和阻尼。以下介绍一个结合塔架现场测试结果估计塔架基础刚度和阻尼的方法。使用该方法可以准确的估计出不同类型塔架基础的刚度和阻尼,对风力机塔架的设计提供技术基础。

在风力机工程中,考虑塔架一阶模态时,可以将风力机简化为一个带阻尼的弹簧振子系统。这时,其特征值 λ_1 为以下形式[4]:

$$\lambda_1 = -\omega_{n,1}\xi \pm i\omega_{n,1}\sqrt{1-\xi^2} = -\lambda_1^r \pm i\lambda_1^i \qquad (5-32)$$

式中,$\omega_{n,1}$ 为系统无阻尼下的一阶自振频率;ξ 为系统阻尼比。特征值的虚部 λ_1^i 又称为系统带阻尼情况下的自振频率。在通常情况下,阻尼比很小,带阻尼自振频率和无阻尼自振频率几乎相等,即式

$$\lambda_1^i = \omega_{n,1}\sqrt{1-\xi^2} = \omega_{d,1} \approx \omega_{n,1} \qquad (5-33)$$

由 5.2.3 节可知,可以通过塔架自振频率现场测试测得塔架的一阶自振频率和阻尼比,即现场测试可以得到结构的一阶特征值。因此,估计塔架基础刚度和阻尼的基本思想是,通过调整风力机塔架传递矩阵模型中基础的刚度和阻尼,使传递矩阵分析结果同测试结果相符。这时的刚度和阻尼就是塔架基础合理的刚度和阻尼。但是,通过现场测试得到的动力学特征参数有限,而塔架基础模型中一共有四个未知量,通过有限的测量参数并不能完全确定这四个未知量。因此,当评估塔架基础刚度和阻尼时,必须对这些未知量再进行合理的简化。不妨以 5.2.3 节测试实例进行说明。

首先,忽略塔架基础的水平阻尼及扭转阻尼,这时基础只剩下两个刚度参数 K_h 和 K_t,基础传递矩阵使用式(5-27a)。计算塔架基础不同水平刚度 K_h 和扭转刚度 K_t 对塔架自振频率的影响。如图 5-10 所示为塔架前三阶自振频率随基础水平刚度及扭转刚度的变化趋势[8]。

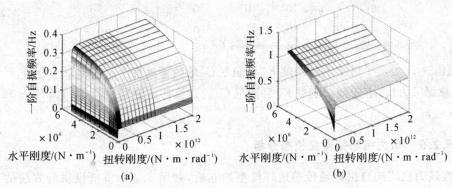

图 5-10   不同基础刚度下塔架前三阶自振频率[8]

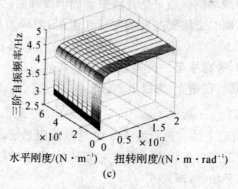

水平刚度/(N·m⁻¹)　扭转刚度/(N·m·rad⁻¹)

(c)

续图 5-10　不同基础刚度下塔架前三阶自振频率[8]

从图 5-10 可以看出,当扭转刚度 $K_t > 10^{11}$ N·m/rad 时,前三阶自振频率只由基础平动刚度 K_h 确定,而且塔架的第二、第三阶自振频率同平动刚度 K_h 呈线性关系。当扭转刚度 K_t 小于这个值时,基础扭转刚度 K_t 对自振频率的影响远大于基础平动刚度 K_h。考虑到一阶自振频率 0.354 Hz 和二阶自振频率 1.05 Hz 的测试结果,查图 5-10(a) 可以确定,该塔架基础的扭转刚度 K_t 一定大于 10^{11} N·m/rad。这时,基础平动刚度 K_h 的范围为 $2×10^6 \sim 6×10^6$ N/m。因此,这里可以假设塔架底部法兰盘在扭转自由度上受完全约束,从而可以不再考虑扭转刚度 K_t 和扭转阻尼 C_t,故只需要估计塔架基础平动刚度和阻尼即可。这时塔架基础的传递矩阵变为式(5-34)。为了描述方便,本小节后面所提基础刚度和阻尼均指塔架基础平动刚度和阻尼[8]。

$$F = \begin{bmatrix} 1 & 0 & 0 & -\dfrac{1}{K_h + C_h\lambda} \\ 0 & 1 & 0 & 0 \\ 0 & 0 & 1 & 0 \\ 0 & 0 & 0 & 1 \end{bmatrix} \qquad (5-34)$$

图 5-11 表示了塔架基础刚度 K_h 和阻尼 C_h 的估算流程[8]。根据以上分析,针对该被测风力机,塔架基础刚度 K_h 和阻尼 C_h 的计算初值分别设为 $2×10^6$ N/m 和 0 N·s/m。

5.2.5　风力机塔架弯曲模态分析

在风力机塔架自由振动传递矩阵模型建立后,利用 5.2.4 节所提供的方法估计出塔架基础合理的刚度和阻尼,就可以准确的计算出塔架的各阶自振频率及特征值,然后赋给塔架一个初始边界条件,使用已建立的传递矩阵方程就可以迭代出各个截面的状态矢量,其中位置参数即为塔架的振型。

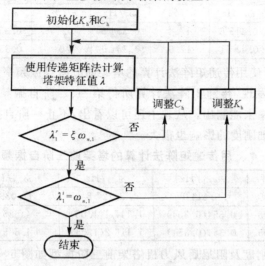

图 5-11　塔架基础刚度和阻尼估算流程图[8]

表 5-2 列出了被测风力机塔架基础刚度及阻尼的估计结果,这里分别列出了阻尼比为 0.003 和 0.005 两种情况。从表中可以看出,两个阻尼比下,塔架基础的刚度差别不大,但是基础阻尼的差别很大,这和理论分析是一致的。另外,基础阻尼同塔架整体阻尼比呈线性关系,这个结果符合模型简化的情况。

表 5-2　风力机塔架基础刚度及阻尼估计结果

情况	塔架阻尼比	基础刚度 /(N·m^{-1})	基础阻尼 /(N·s·m^{-1})
1	0.003	3.938×10^6	3.884×10^4
2	0.005	3.935×10^6	6.469×10^4

表 5-3 列出了传递矩阵法与有限元法计算被测风力机塔架一阶自振频率的结果对比。其中,η 为计算结果同测试结果的相对误差,$\xi = 0.003$ 和 $\xi = 0.005$ 分别为表 5-2 中对应的两种塔架基础情况。由该表可以看出,如果不考虑塔架基础的刚度和阻尼(表 5-3 和表 5-4 中的完全约束,即刚度无穷大),数值分析方法存在很大的计算误差,其结果完全不能用于风力机设计。说明,基础的刚度和阻尼对塔架的自振频率影响很大。另外,三种约束条件下,ANSYS 同传递矩阵法计算结果均非常相近,说明风力机塔架传递矩阵模型以及计算程序完全可行。

表 5 - 3   用传递矩阵法与有限元法计算的塔架一阶自振频率结果对比

塔架底部约束条件	完全约束		$\xi = 0.003$		$\xi = 0.005$	
	ω_n/Hz	$\eta/(\%)$	ω_n/Hz	$\eta/(\%)$	ω_n/Hz	$\eta/(\%)$
ANSYS	0.415 6	17.4	0.354 5	0.14	0.354 4	0.11
传递矩阵	0.414 1	17.0	0.354 0	0	0.354 0	0

表 5-4 列出了使用传递矩阵法计算的塔架前三阶自振频率,括号内的值为实测结果。对比可以发现,传递矩阵法计算所得第一、二阶自振频率与实测结果相符。第三阶自振频率未能测出。从表中还可以看出,不止一阶自振频率,其他各阶自振频率受塔架基础刚度的影响也很大。

表 5 - 4   用传递矩阵法计算的塔架前三阶自振频率

约束条件	$\omega_{n,1}/\text{Hz}$	$\omega_{n,2}/\text{Hz}$	$\omega_{n,3}/\text{Hz}$
完全约束	0.414 1	3.727 8	11.039 5
$\xi = 0.003$	0.354(0.354)	1.117 1(1.05)	4.685 9
$\xi = 0.005$	0.354(0.354)	1.116 2(1.05)	4.685 4

代入塔架基础刚度及阻尼后风力机塔架前三阶振型如图 5-12 所示。其中,一阶和二阶振型变形情况相近,只是塔架底部位移有所不同,而第三阶振型为典型的二弯振型。

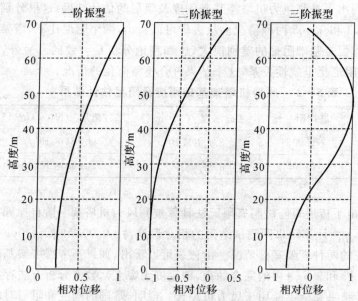

图 5 - 12   代入塔架基础刚度及阻尼后风力机塔架前三阶振型图

5.2.6　塔架扭转振动传递矩阵建模

塔架扭转振动特性在风力机设计过程中通常并不受重视。这是因为塔架扭转自振频率相对于弯曲自振频率要高得多,远高于风力机工作频段,而且风力机所受载荷中几乎没有如此高频的扭转载荷。因此,这里仅作简要介绍。

同叶片建模情况类似,这里也将塔架离散为无质量扭转梁单元和集中惯量单元的组合,可以很容易得到塔架无质量扭转梁单元和集中惯量单元的自由振动传递矩阵。按照塔架离散化顺序,将各个单元的传递矩阵乘起来,就可以得到塔架扭转变形整体传递矩阵。通常情况下,将基础扭转自由度的约束设为完全约束。计算塔架扭转自振频率和振型的过程同叶片相似,这里不再赘述。

5.3　风力机整机模态分析

本节首先介绍使用多体系统传递矩阵法构建风力机整机传递矩阵模型,得到其结构特征方程用于自振频率及振型分析。以 NREL 5 MW 示例风力机为例,分析该型风力机的整机自振频率及振型,并同 Bladed 和 FAST 分析结果进行对比。

5.3.1　整机传递矩阵建模

风力机叶片安装在轮毂上,轮毂固接在转子系统上,而转子系统通过支承系统将载荷传递到机舱机座,机座又由塔架支撑。叶片及塔架的简化及建模在前文中已经给出。因此,建立风力机整机模态分析模型只需要对机舱及各部件之间的链接进行简化建模即可[6]。

考虑到叶片及塔架的简化情况,兼顾分析精度和计算速度要求,本书将机舱和轮毂看作一体,并简化为一集中质量惯量单元。叶片和塔架均与机舱单元刚性连接。如图 5-13 所示为三叶片风力机整机简化模型示意图[6]。

从图 5-13 中可以看出,风力机模型是一个典型的分叉式系统,其传递矩阵模型的构建同链式系统传递矩阵构建有明显的不同。 分叉式系统可以看作一个多输入、单输出系统。设风力机的三个叶

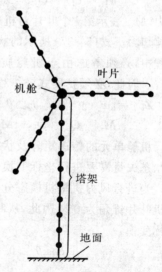

图 5-13　三叶片风力机整机
简化模型示意图[6]

片为输入端,风力机塔架为输出端,三叶片风力机即为一个三输入、单输出的系统[6]。

前文中给出了叶片的传递矩阵模型,该模型是建立在叶片锥角坐标系中,所选状态矢量见式(5-2)。设三个叶片叶尖的状态矢量分别为 $\boldsymbol{Z}_{b1,t}$, $\boldsymbol{Z}_{b2,t}$, $\boldsymbol{Z}_{b3,t}$,它们也是整个系统的输入矢量,叶根的状态矢量分别为 $\boldsymbol{Z}_{b1,r}$, $\boldsymbol{Z}_{b2,r}$, $\boldsymbol{Z}_{b3,r}$,叶片传递矩阵为 $\boldsymbol{U}_{b1}$, $\boldsymbol{U}_{b2}$, $\boldsymbol{U}_{b3}$,则以下等式成立[6]:

$$\left.\begin{aligned} \boldsymbol{Z}_{b1,t} &= \boldsymbol{U}_{b1}\boldsymbol{Z}_{b1,r} \\ \boldsymbol{Z}_{b2,t} &= \boldsymbol{U}_{b2}\boldsymbol{Z}_{b2,r} \\ \boldsymbol{Z}_{b3,t} &= \boldsymbol{U}_{b3}\boldsymbol{Z}_{b3,r} \end{aligned}\right\} \Rightarrow \left.\begin{aligned} \boldsymbol{Z}_{b1,r} &= \boldsymbol{U}_{b1}^{-1}\boldsymbol{Z}_{b1,t} \\ \boldsymbol{Z}_{b2,r} &= \boldsymbol{U}_{b2}^{-1}\boldsymbol{Z}_{b2,t} \\ \boldsymbol{Z}_{b3,r} &= \boldsymbol{U}_{b3}^{-1}\boldsymbol{Z}_{b3,t} \end{aligned}\right\} \tag{5-35}$$

风力机塔架的传递矩阵模型以塔底坐标系为参照系,所选状态矢量与叶片状态矢量相似。设塔架底部状态矢量为 $\boldsymbol{Z}_{t,b}$,同时也是整个系统的输出状态矢量,塔架顶部的状态矢量为 $\boldsymbol{Z}_{t,t}$。设自底向上构建的塔架传递矩阵为 $\boldsymbol{U}_t$,则下式成立[6]:

$$\boldsymbol{Z}_{t,t} = \boldsymbol{U}_t\boldsymbol{Z}_{t,b} \Rightarrow \boldsymbol{Z}_{t,b} = \boldsymbol{U}_t^{-1}\boldsymbol{Z}_{t,t} \tag{5-36}$$

机舱单元作为连接单元,一共有三个输入矢量,一个输出矢量。考虑到输入点位移参数相同,因此,机舱单元的输入变量为[6]

$$\boldsymbol{Z}_{n,I} = \begin{bmatrix} x & y & \theta_x & \theta_y & \theta_z & M_{x1} & M_{y1} & M_{z1} & Q_{x1} & Q_{y2} & M_{x2} & M_{y2} \\ M_{z2} & Q_{x2} & Q_{y2} & M_{x3} & M_{y3} & M_{z3} & Q_{x3} & Q_{y3} \end{bmatrix}^T \tag{5-37}$$

式中,M_{xi} 表示第 i 个叶片对机舱 X 方向的弯矩;Q_{xi} 表示第 i 个叶片对机舱 X 方向的剪切力。式(5-37)所示的状态矢量是不考虑机舱受外力情况下的,然而在建模过程中,必须考虑由于机舱质心位置偏离塔架中心而引入的对塔架顶部的弯矩[6]。因此,必须扩展式(5-37)表示的机舱单元输入状态矢量,即

$$\boldsymbol{Z}_{n,I} = \begin{bmatrix} x & y & \theta_x & \theta_y & \theta_z & M_{x1} & M_{y1} & M_{z1} & Q_{x1} & Q_{y2} & M_{x2} & M_{y2} \\ M_{z2} & Q_{x2} & Q_{y2} & M_{x3} & M_{y3} & M_{z3} & Q_{x3} & Q_{y3} & 1 \end{bmatrix}^T \tag{5-38}$$

机舱单元的传递矩阵及状态矢量也以塔底坐标系为参照系。因此,叶片根部的状态矢量需要进行坐标变换才能作为机舱的输入状态矢量。

当进行风力机整机模态分析时,可以忽略风力机的偏航。目前,大部分大型风力机叶片锥角为 0°。因此,从叶片锥角坐标系到塔架底部坐标系仅需要进行两次坐标变换:

$$\boldsymbol{V}_{O_t\text{-}X_t\text{-}Y_t\text{-}Z_t} = \begin{bmatrix} \cos\theta & 0 & \sin\theta \\ 0 & 1 & 0 \\ -\sin\theta & 0 & \cos\theta \end{bmatrix} \begin{bmatrix} 1 & 0 & 0 \\ 0 & \cos\psi_i & -\sin\psi_i \\ 0 & \sin\psi_i & \cos\psi_i \end{bmatrix} \boldsymbol{V}_{O_{h,c}\text{-}X_{c,i}\text{-}Y_{c,i}\text{-}Z_{c,i}} =$$

$$\boldsymbol{S}\boldsymbol{V}_{O_{h,c}\text{-}X_{c,i}\text{-}Y_{c,i}\text{-}Z_{c,i}} \tag{5-39}$$

式中,$\boldsymbol{S}$ 为坐标变换矩阵。

由此得到叶片状态矢量从叶片锥角坐标系到塔架底部坐标系的变换矩阵为[6]

$$
\boldsymbol{T}_i = \begin{bmatrix}
S_{1,1} & S_{1,2} & 0 & 0 & 0 & 0 & 0 & 0 & 0 & 0 \\
S_{2,1} & S_{2,2} & 0 & 0 & 0 & 0 & 0 & 0 & 0 & 0 \\
0 & 0 & S_{1,1} & S_{1,2} & S_{1,3} & 0 & 0 & 0 & 0 & 0 \\
0 & 0 & S_{2,1} & S_{2,2} & S_{2,3} & 0 & 0 & 0 & 0 & 0 \\
0 & 0 & S_{3,1} & S_{3,2} & S_{3,3} & 0 & 0 & 0 & 0 & 0 \\
0 & 0 & 0 & 0 & 0 & S_{1,1} & S_{1,2} & S_{1,3} & 0 & 0 \\
0 & 0 & 0 & 0 & 0 & S_{2,1} & S_{2,2} & S_{2,3} & 0 & 0 \\
0 & 0 & 0 & 0 & 0 & S_{3,1} & S_{3,2} & S_{3,3} & 0 & 0 \\
0 & 0 & 0 & 0 & 0 & 0 & 0 & 0 & S_{1,1} & S_{1,2} \\
0 & 0 & 0 & 0 & 0 & 0 & 0 & 0 & S_{2,1} & S_{2,2}
\end{bmatrix} \tag{5-40}
$$

式中，$S_{i,j}$ 为坐标变换矩阵的元素。

机舱单元的输入状态矢量可以分解为三个叶片根部状态矢量的线性叠加。由于输入状态矢量为扩展形式，因此，三个叶片中的其中一个状态矢量也需要转换为对应的扩展形式。设 3 号叶片的状态矢量为其原有状态矢量的扩展形式，其对应的传递矩阵和坐标变换矩阵也相应变为原矩阵的扩展矩阵。机舱单元输入矢量的分解可表示为

$$
\boldsymbol{Z}_{n,I} = \boldsymbol{E}_1 \boldsymbol{T}_1 \boldsymbol{Z}_{b1,r} + \boldsymbol{E}_2 \boldsymbol{T}_2 \boldsymbol{Z}_{b2,r} + \boldsymbol{E}_3 \boldsymbol{T}_3 \boldsymbol{Z}_{b3,r} \tag{5-41}
$$

式中

$$
\boldsymbol{E}_1 = \begin{bmatrix} \boldsymbol{I}_{10\times10} \\ \boldsymbol{O}_{11\times10} \end{bmatrix}, \quad
\boldsymbol{E}_2 = \begin{bmatrix} \boldsymbol{O}_{5\times5} & \boldsymbol{O}_{5\times5} \\ \boldsymbol{O}_{5\times5} & \boldsymbol{I}_{5\times5} \\ \boldsymbol{O}_{6\times5} & \boldsymbol{O}_{6\times5} \end{bmatrix}, \quad
\boldsymbol{E}_3 = \begin{bmatrix} \boldsymbol{O}_{15\times5} & \boldsymbol{O}_{15\times6} \\ \boldsymbol{O}_{6\times5} & \boldsymbol{I}_{6\times6} \end{bmatrix} \tag{5-42}
$$

式中，$\boldsymbol{O}_{m\times n}$ 为 m 行 n 列的零矩阵；$\boldsymbol{I}_{n\times n}$ 为 n 阶单位阵。

机舱单元为集中质量惯量单元。前文中已经给出了单输入、单输出集中质量惯量单元的传递矩阵。根据力学关系可以很容易地写出机舱单元的传递矩阵。在考虑了三个叶片作用点位置以及机舱轮毂质量产生的弯矩后，机舱单元的传递矩阵为[6]

$$
\boldsymbol{U}_n = \begin{bmatrix} \boldsymbol{U}_{n1} & \boldsymbol{U}_{n2} & \boldsymbol{U}_{n3} & \boldsymbol{Ma} \end{bmatrix} \tag{5-43}
$$

式中

$$\boldsymbol{U}_{n1} = \begin{bmatrix} 1 & 0 & 0 & 0 & 0 & 0 & 0 & 0 & 0 \\ 0 & 1 & 0 & 0 & 0 & 0 & 0 & 0 & 0 \\ 0 & 0 & 1 & 0 & 0 & 0 & 0 & 0 & 0 \\ 0 & 0 & 0 & 1 & 0 & 0 & 0 & 0 & 0 \\ 0 & 0 & 0 & 0 & 1 & 0 & 0 & 0 & 0 \\ 0 & 0 & 0 & 0 & 0 & 1 & 0 & 0 & L_{z,1} \\ 0 & 0 & 0 & 0 & 0 & 0 & 1 & L_{z,1} & 0 \\ 0 & 0 & 0 & 0 & J_{n}\omega^{2} & 0 & 0 & 1 & L_{y,1} & L_{x,1} \\ -(m_{n}+m_{h})\omega^{2} & 0 & 0 & 0 & 0 & 0 & 0 & 0 & 1 & 0 \\ 0 & -(m_{n}+m_{h})\omega^{2} & 0 & 0 & 0 & 0 & 0 & 0 & 0 & 1 \end{bmatrix}$$

$$(5-44a)$$

$$\boldsymbol{U}_{ni} = \begin{bmatrix} 0 & 0 & 0 & 0 & 0 & 1 & 0 & 0 & 0 & 0 \\ 0 & 0 & 0 & 0 & 0 & 0 & 1 & 0 & 0 & 0 \\ 0 & 0 & 0 & 0 & 0 & 0 & 0 & 1 & 0 & 0 \\ 0 & 0 & 0 & 0 & 0 & 0 & L_{z,i} & L_{y,i} & 1 & 0 \\ 0 & 0 & 0 & 0 & 0 & 0 & L_{z,i} & 0 & L_{x,i} & 0 & 1 \end{bmatrix}^{T} \quad (i=2,3) \quad (5-44b)$$

$$\boldsymbol{Ma} = \begin{bmatrix} 0 & 0 & 0 & 0 & 0 & 0 & m_{n}L_{x,n}+m_{h}L_{x,h} & 0 & 0 & 0 \end{bmatrix}^{T} \quad (5-44c)$$

式中，m_{n} 为机舱质量；m_{h} 为轮毂质量；$L_{x,n}$ 为机舱质心到塔架顶部中心 X 轴方向的距离；$L_{x,h}$ 为轮毂中心到塔架顶部中心 X 轴方向的距离；$L_{x,i}$，$L_{y,i}$，$L_{z,i}$ 为第 i 个叶片根部中心在塔架顶部坐标系中的坐标[6]。

机舱单元的传递方程为

$$\boldsymbol{Z}_{t,t} = \boldsymbol{Z}_{n,O} = \boldsymbol{U}_{n}\boldsymbol{Z}_{n,I} \tag{5-45}$$

联立式(5-35)、式(5-36)、式(5-41)和式(5-45)，可得[6]

$$\boldsymbol{Z}_{t,b} = \boldsymbol{U}_{t}^{-1}\boldsymbol{Z}_{t,t} = \boldsymbol{U}_{t}^{-1}\boldsymbol{U}_{n}\boldsymbol{Z}_{n,I} = \boldsymbol{U}_{t}^{-1}\boldsymbol{U}_{n}(\boldsymbol{E}_{1}\boldsymbol{T}_{1}\boldsymbol{Z}_{b1,r} + \boldsymbol{E}_{2}\boldsymbol{T}_{2}\boldsymbol{Z}_{b2,r} + \boldsymbol{E}_{3}\boldsymbol{T}_{3}\boldsymbol{Z}_{b3,r}) =$$

$$\boldsymbol{U}_{t}^{-1}\boldsymbol{U}_{n}\boldsymbol{E}_{1}\boldsymbol{T}_{1}\boldsymbol{U}_{b1}^{-1}\boldsymbol{Z}_{b1,t} + \boldsymbol{U}_{t}^{-1}\boldsymbol{U}_{n}\boldsymbol{E}_{2}\boldsymbol{T}_{2}\boldsymbol{U}_{b2}^{-1}\boldsymbol{Z}_{b2,t} + \boldsymbol{U}_{t}^{-1}\boldsymbol{U}_{n}\boldsymbol{E}_{3}\boldsymbol{T}_{3}\boldsymbol{U}_{b3}^{-1}\boldsymbol{Z}_{b3,t} \tag{5-46}$$

三个叶片根部状态矢量中的位移变量在塔底坐标系中应该一致，所以有下式：

$$\boldsymbol{F}_{1}\boldsymbol{T}_{1}\boldsymbol{U}_{b1}^{-1}\boldsymbol{Z}_{b1,t} = \boldsymbol{F}_{2}\boldsymbol{T}_{2}\boldsymbol{U}_{b2}^{-1}\boldsymbol{Z}_{b2,t} = \boldsymbol{F}_{3}\boldsymbol{T}_{3}\boldsymbol{U}_{b3}^{-1}\boldsymbol{Z}_{b3,t} \tag{5-47}$$

式中，$\boldsymbol{F}_{i}$ 为位置变量提取矩阵，即

$$\left. \begin{array}{l} \boldsymbol{F}_{i} = \begin{bmatrix} \boldsymbol{I}_{5\times5} & \boldsymbol{O}_{5\times5} \end{bmatrix} \quad (i=1,2) \\ \boldsymbol{F}_{3} = \begin{bmatrix} \boldsymbol{I}_{5\times5} & \boldsymbol{O}_{5\times6} \end{bmatrix} \end{array} \right\} \tag{5-48}$$

联立式(5-46)和式(5-47)，可得

$$\boldsymbol{U}_{all}\boldsymbol{Z}_{all}^{I} = \boldsymbol{Z}_{all}^{O} \tag{5-49}$$

式中

$$U_{all} = \begin{bmatrix} U_t^{-1} U_n E_1 T_1 U_{b1}^{-1} & U_t^{-1} U_n E_2 T_2 U_{b2}^{-1} & U_t^{-1} U_n E_3 T_3 U_{b3}^{-1} \\ F_1 T_1 U_{b1}^{-1} & -F_2 T_2 U_{b2}^{-1} & O_{5 \times 11} \\ O_{5 \times 10} & F_2 T_2 U_{b2}^{-1} & -F_3 T_3 U_{b3}^{-1} \end{bmatrix}_{20 \times 31}$$

$$Z_{all}^I = \begin{bmatrix} Z_{b1,t} \\ Z_{b2,t} \\ Z_{b3,t} \end{bmatrix}_{31 \times 1} \qquad\qquad\qquad\qquad\qquad\qquad\qquad (5-50)$$

$$Z_{all}^O = \begin{bmatrix} Z_{t,b} \\ O_{10 \times 1} \end{bmatrix}_{20 \times 1}$$

风力机系统存在如下边界条件：

$$\left. \begin{aligned} Z_{bi,t} &= \begin{bmatrix} X & Y & \Theta_x & \Theta_y & \Theta_z & 0 & 0 & 0 & 0 & 0 \end{bmatrix}^T \quad (i=1,2) \\ Z_{b3,t} &= \begin{bmatrix} X & Y & \Theta_x & \Theta_y & \Theta_z & 0 & 0 & 0 & 0 & 0 & 1 \end{bmatrix}^T \\ Z_{t,b} &= \begin{bmatrix} 0 & 0 & 0 & 0 & 0 & M_x & M_y & M_z & Q_x & Q_y \end{bmatrix}^T \end{aligned} \right\} \quad (5-51)$$

将式(5-51)带入式(5-49)可得

$$\begin{bmatrix} U_{all}(1:5,1:5) & U_{all}(1:5,11:15) & U_{all}(1:5,21:25) \\ U_{all}(11:20,1:5) & U_{all}(11:20,11:15) & U_{all}(11:20,21:25) \end{bmatrix}_{15 \times 15} \cdot$$

$$\begin{bmatrix} Z_{all}^I(1:5) \\ Z_{all}^I(11:15) \\ Z_{all}^I(21:25) \end{bmatrix}_{15 \times 1} = 0 \quad \Rightarrow \quad \bar{U}_{all} \bar{Z}_{all} = 0 \qquad (5-52)$$

其中，$U_{all}(m:n,k:l)$ 表示该子矩阵由 U_{all} 矩阵中的第 m 行到 n 行、k 列到 l 列元素组成，$Z_{all}^I(i:j)$ 表示由 i 列到 j 列元素组成[6]。

因此，风力机整机结构的特征方程为[6]

$$\det (\bar{U}_{all}) = 0 \qquad\qquad\qquad\qquad\qquad (5-53)$$

5.3.2 整机模态分析

求解特征方程式(5-53)就可以得到风力机整机的各阶自振频率 $\omega_k (k=1,2,\cdots,n)$。对每个 ω_k 求解式(5-52)，可得对应 ω_k 的边界状态矢量 $Z_{b1,t}$，$Z_{b2,t}$，$Z_{b3,t}$ 和 $Z_{t,b}$，进而由传递方程可得各截面状态矢量以及整个风力机振型。整机振型的求解过程与叶片以及塔架振型求解过程相似。

本书以美国可再生能源实验室(NREL)5 MW 陆地风力机[3,5]为分析对象，计算了该型风力机整机 3 Hz 内的各阶自振频率及振型，并同 NREL 手册[5]以及 FAST 的分析结果进行了对比。分析工况为叶片桨角为 $0°$，1 号叶片的方位角为

0°,叶轮转速为 0 r/min。表 5-5 为 NREL 5 MW 风力机整机自振频率分析结果对比[6]。

表 5-5　NREL 5 MW 风力机整机自振频率对比　　单位:Hz

模态	传递矩阵法	FAST 分析法	NREL 手册
塔架一阶左、右向	0.327 6	0.313 7	0.312
塔架一阶前、后向	0.335 2	0.324 3	0.324
叶片一阶 flap 不对称	0.662 9	0.667 5	0.667 5
叶片一阶 flap 对称	0.713 4	0.698 0	0.699 3
叶片一阶 edge 不对称	1.000 7	1.079 1	1.079 3
叶片一阶 edge 对称	1.101 9	1.090 2	1.089 8
叶片二阶 flap 不对称	1.923 4	1.920 8	1.933 7
叶片二阶 flap 对称	2.020 7	1.933 3	2.020 5
塔架二阶左、右向	3.017 9	2.952 8	2.936 1
塔架二阶前、后向	3.107 4	2.918 4	2.900 3
叶片二阶 edge	3.770 4		

由表 5-5 可以看出,FAST 的分析结果同 NREL 手册值最为接近,这主要是因为它们均源自美国可再生能源实验室,手册值很有可能就是用 FAST 算得的。传递矩阵法所得结果同 FAST 以及 NREL 手册值的误差在许可范围内,完全能满足风力机工程应用。传递矩阵法分析风力机整机自振频率在便利性上具有明显的优势,使用传递矩阵法可以直接求解出整机各阶自振频率和振型。

从前文可以看出,目前风力机塔架的一阶自振频率通常为 0.32~0.38 Hz,对应的叶轮转速范围为 19.2~22.8 r/min。变桨变速风力机的叶轮工作转速通常为 10~20 r/min。由此可见,塔架的一阶自振频率通常不在叶轮工作转速范围,也不在三倍工作转速范围。这样就可以有效地避免风力机最主要的工频和三倍频载荷引起塔架共振。

图 5-14 表示使用传递矩阵法计算的 NREL 5 MW 风力机的各阶振型[6]。

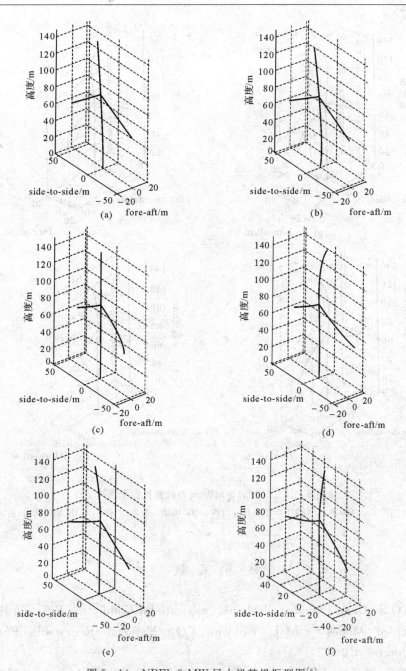

图 5 - 14　NREL 5 MW 风力机整机振型图[6]

(a)塔架一阶左、右向；　(b)塔架一阶前、后向；　(c)叶片一阶 flap 不对称；　(d)叶片一阶 flap 对称；
(e)叶片一阶 edge 不对称；　(f)叶片一阶 edge 对称

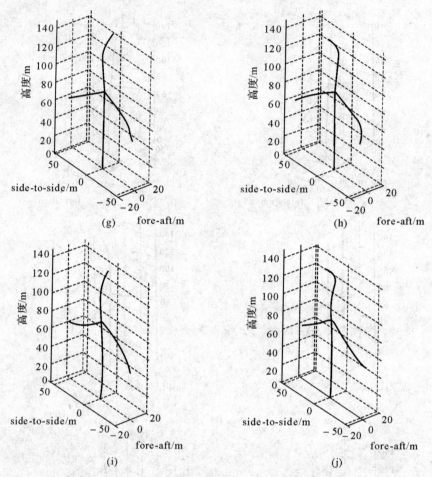

续图 5-14   NREL 5 MW 风力机整机振型图[6]

(g)叶片二阶 flap 不对称； (h)叶片二阶 flap 对称； (i)塔架二阶左、右向； (j)塔架二阶前、后向

参 考 文 献

[1]   Bir G S. User's Guide to BModes (software for Computing Rotating Beam
      Coupled Modes) [M]. Golden, CO: National Renewable Energy
      Laboratory, 2005.
[2]   芮筱亭,贠来峰,何斌,等.多体系统传递矩阵法及其应用[M].北京:科学出
      版社,2008.

[3] Jason Jonkman, National wind Technology Center. FAST an aeroelastic computer aided engineening (CAE) tool for horizontal axis wind turbines. [OL]. [2003 - 07 - 30]. http://wind. nrel. gov/designcodes/simulators/fast/

[4] William T Thomson, Marie Dillon Dahleh. Theory of vibration with applications[M]. New York: Pearson, 2005.

[5] Butterfield S, Musial W, Scott G. Definition of a 5－MW reference wind turbine for offshore system development [M]. Colorado: National Renewable Energy Laboratory, 2009.

[6] 黄巍. 大型水平轴风力机整机动力学动力学研究[D]. 西安: 西北工业大学, 2012.

[7] 黄巍, 廖明夫, 程勇. 传递矩阵法在风力机塔架分析中的应用[J]. 科学技术与工程, 2012, 12(7): 77 - 81.

[8] Wei Huang, Mingfu Liao, Yong Cheng. Combined Method with Transfer Matrix and Measurement for Investigating the Dynamic Behavior of Wind Turbine Tower[C]. Xi'an: The Spring World Congress on Engineering and Technology (SCET12), 2012, 5.

第6章 变桨变速风力机系统建模及仿真

风力机是一个由多个部件组成的机电一体化系统,其主要部件包括叶轮、传动链、发电机、塔架、控制系统等。为了建立风力机整机动力学仿真系统,就必须建立各部件合理的仿真模型,并准确确定各部件间的关联。如图 6-1 所示为变桨变速风力机主要部件关系图[10]。

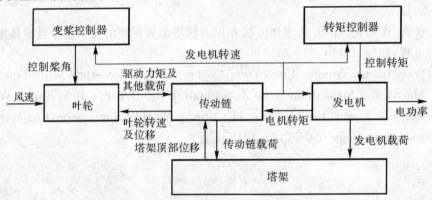

图 6-1 变桨变速风力机主要部件关系图[10]

本章介绍风电机组主要部件的建模及其接口。

6.1 叶 轮

叶轮是风力机中将风能转化为机械能的部件,由一个或者多个叶片以及轮毂组成。目前广泛使用的风力机多为三叶片风力机。叶片根部有金属法兰边与轮毂用螺栓进行连接,用以传递叶片的负荷。大型风电机组的轮毂通常为刚性轮毂。因此,在风力机整机仿真中,通常将叶片和轮毂的连接设为刚性连接,叶片根部负载通过刚性轮毂直接传递到主轴上。

本章使用离散时间传递矩阵法对叶片的动力学响应进行分析。本节将详细介绍叶片离散时间传递矩阵模型的建立。

离散时间传递矩阵模型是在自由振动传递矩阵模型的基础上改进而来[1]的,

因此,叶片模型的离散化和先前相同。这里假设叶片所受外力均作用于集中质量惯量单元,无质量梁单元并不受外力。由于要考虑外力作用,所以传递矩阵和状态矢量均要使用扩展形式。叶片离散时间传递矩阵的状态矢量表示如下[11]:

$$\boldsymbol{Z}_j = \begin{bmatrix} x & y & \theta_x & \theta_y & \theta_z & M_x & M_y & M_z & Q_x & Q_y & Q_z \end{bmatrix}_j^{\mathrm{T}} \quad (6-1)$$

式中,下标 j 表示第 j 个叶片截面;M 为弯矩;Q 为剪切力。

同第 5 章类似,先分别介绍各单元离散时间传递矩阵的构建,然后再推出叶片单元和叶片的整体传递矩阵。

1.无质量弯曲变形梁单元离散时间传递矩阵

无质量弯曲变形梁单元不受外力作用,也没有惯性力。因此,其离散时间传递矩阵即为其自由振动传递矩阵的扩展矩阵,对应的状态矢量为扩展状态矢量。

$$\boldsymbol{Z}_x^i = \begin{bmatrix} x & \theta_y & M_y & Q_x & 1 \end{bmatrix}_j^{\mathrm{T}} \quad (6-2)$$

$$\boldsymbol{B}_x^i = \begin{bmatrix} 1 & l_i & \dfrac{l_i^2}{2EI_y^i} & \dfrac{l_i^3}{6EI_y^i} & 0 \\[2ex] 0 & 1 & \dfrac{l_i}{EI_y^i} & \dfrac{l_i^2}{2EI_y^i} & 0 \\[2ex] 0 & -Q_z^{i,i+1}l_i & 1 - \dfrac{Q_z^{i,i+1}l_i^2}{2EI_y^i} & l_i\left(1 - \dfrac{Q_z^{i,i+1}l_i^2}{6EI_y^i}\right) & 0 \\[2ex] 0 & 0 & 0 & 1 & 0 \\[2ex] 0 & 0 & 0 & 0 & 1 \end{bmatrix} \quad (6-3)$$

式中,$Q_z^{i,i+1}$ 为离心力及重力在 Z 轴方向的分力的合力,由式(5-3)确定;I_y^i 为叶片截面惯性矩。需要注意的是,在仿真过程中,叶片截面会发生绕 Z 轴方向的扭转振动。因此,当计算叶片截面惯性矩 I_x^i 和 I_y^i 时,必须将叶片截面当前扭转角度 θ_z^i 考虑进去,式(5-5)修正如下[11]:

$$\left. \begin{aligned} I_y^i &= \frac{1}{2}(I_{\mathrm{flap}}^i + I_{\mathrm{edge}}^i) + \frac{1}{2}(I_{\mathrm{flap}}^i - I_{\mathrm{edge}}^i)\cos[-2(\alpha_{\mathrm{p}} + \alpha_{\mathrm{bau}}^i + \theta_z^i)] \\ I_x^i &= \frac{1}{2}(I_{\mathrm{flap}}^i + I_{\mathrm{edge}}^i) - \frac{1}{2}(I_{\mathrm{flap}}^i - I_{\mathrm{edge}}^i)\cos[-2(\alpha_{\mathrm{p}} + \alpha_{\mathrm{bau}}^i + \theta_z^i)] \end{aligned} \right\} \quad (6-4)$$

2.集中质量单元离散时间传递矩阵

叶片上的外力主要有离心力、重力和气动力。离心力沿 Z 轴方向,同集中质量 X,Y 两个方向自由度无关,可以不再考虑。根据所选用的叶片锥角坐标系,叶片截面在 X 轴方向所受的外力为气动力的推力分量,而在 Y 轴方向所受的外力为气动力周向分量和重力 Y 轴分量的合力。在风力机实际运行过程中,重力在 Y 轴上的分力与叶片相位角相关,叶片相位角为时间 t 的函数,因此,重力在叶片锥角坐标系中是时间 t 的函数。由于气动力也是时间 t 的函数,所以叶片所受外力是一时变力：

$$f_x^i(t_j) = T_{t_j}^i$$
$$f_y^i(t_j) = -m_i g \sin\phi_{t_j} - U_{t_j}^i$$

(6-5)

式中，$T_{t_j}^i$ 为叶片第 i 截面 t_j 时的推力；$U_{t_j}^i$ 为叶片第 i 截面 t_j 时的周向力；ϕ_{t_j} 为 t_j 时叶片相位角。

此处只考虑集中质量沿 Y 轴方向的平动，而绕 X 轴的转动不予考虑。根据动力学原理，忽略阻尼情况下集中质量单元两端位移及受力满足以下关系式：

$$\left. \begin{array}{l} y_{i,i-1}(t_j) = y_{i,i+1}(t_j) = y_{c,i}(t_j) \\ \theta_{i,i-1}(t_j) = \theta_{i,i+1}(t_j) \\ M_x^{i,i-1}(t_j) = M_x^{i,i+1}(t_j) \end{array} \right\}$$

(6-6)

$$m_i \ddot{y}_{c,i}(t_j) = Q_y^{i,i-1}(t_j) + f_y^i(t_j) - Q_y^{i,i+1}(t_j)$$

(6-7)

式中，$y_{c,i}$ 为集中质量单元质心坐标。

为了使传递关系成立，现在需要对式(6-7)进行线性化。参考文献[1]介绍了多种数值方法可以将 $\ddot{y}$ 和 $\dot{y}$ 用 y 线性表示。本节选用逐步时间积分法中的 Newmark-β 法进行线性化。

线性化的基本思想是将速度（角速度）、加速度（角加速度）表示为位置坐标（转角）的线性函数，即

$$\left. \begin{array}{l} \ddot{y}_{c,i}(t_j) = A(t_{j-1}) y_{c,i}(t_j) + B_y(t_{j-1}) \\ \dot{y}_{c,i}(t_j) = C(t_{j-1}) y_{c,i}(t_j) + D_y(t_{j-1}) \end{array} \right\}$$

(6-8)

式中，$A(t_{j-1}),B_y(t_{j-1}),C(t_{j-1}),D_y(t_{j-1})$ 为线性化系数。在 t_j 时刻是时间 t_{j-1} 的已知函数，这里简写为 A,B_y,C,D_y：

$$\left. \begin{array}{l} A = \dfrac{1}{\beta \Delta T^2} \\[2mm] B_y = A\left[-y_{c,i}(t_{j-1}) - \dot{y}_{c,i}(t_{j-1})\Delta T - \left(\dfrac{1}{2}-\beta\right)\ddot{y}_{c,i}(t_{j-1})\Delta T^2 \right] \\[2mm] C = \dfrac{\gamma}{\beta \Delta T} \\[2mm] D_y = \dot{y}_{c,i}(t_{j-1}) + (1-\gamma)\ddot{y}_{c,i}(t_{j-1})\Delta T + \gamma \beta_y \Delta T \end{array} \right\}$$

(6-9)

其中，γ,β 为修正系数，可为多种组合。从数学上可以证明，对线性系统 $\gamma \geqslant 1/2$，$\beta \geqslant \gamma/2$ 为无条件稳定，β 数值的增加将降低计算精度，$\beta=1/12$ 时计算精度最高，但是属于条件稳定。Newmark 同时指出，对于线性系统 $\gamma < 1/2$ 将产生负阻尼，即在积分计算中导致振幅的增长，而当 $\gamma > 1/2$ 将产生人工阻尼，从而使振幅人为的衰减，故一般采用 $\gamma \geqslant 1/2$，最通常的是取 $\gamma = 1/2$[1]。综上所述，本节选取 $\gamma =$

$1/2,\beta=\gamma/2=1/4$ 作为修正系数,这样即考虑了稳定性,同时也兼顾了计算精度。

将式(6-8)带入式(6-7)得

$$Q_y^{i,i+1}(t_j)=-m_iAy_{c,i}(t_j)+Q_y^{i,i-1}(t_j)+f_y^i(t_j)-m_iB_y \tag{6-10}$$

联立式(6-6)和式(6-10),可以得到集中质量单元在 t_j 时刻的传递方程[11]:

$$\begin{bmatrix} y \\ \theta_x \\ M_x \\ Q_y \\ 1 \end{bmatrix}_{i,i+1} = \begin{bmatrix} 1 & 0 & 0 & 0 & 0 \\ 0 & 1 & 0 & 0 & 0 \\ 0 & 0 & 1 & 0 & 0 \\ -m_iA & 0 & 0 & 1 & f_y^i(t_j)-m_iB_y \\ 0 & 0 & 0 & 0 & 1 \end{bmatrix} \begin{bmatrix} y \\ \theta_x \\ M_x \\ Q_y \\ 1 \end{bmatrix}_{i,i-1} \tag{6-11}$$

于是,集中质量单元的传递矩阵为

$$\boldsymbol{H}_y^i = \begin{bmatrix} 1 & 0 & 0 & 0 & 0 \\ 0 & 1 & 0 & 0 & 0 \\ 0 & 0 & 1 & 0 & 0 \\ -m_iA & 0 & 0 & 1 & f_y^i(t_j)-m_iB_y \\ 0 & 0 & 0 & 0 & 1 \end{bmatrix} \tag{6-12}$$

3. 无质量扭转梁单元离散时间传递矩阵

无质量扭转梁单元类似无质量弯曲梁单元。因为梁上无外力作用,且没有惯性力,所以其离散时间传递矩阵即为自由振动传递矩阵的扩展矩阵。

$$\boldsymbol{T}_i = \begin{bmatrix} 1 & \dfrac{l_i}{GJ_p^i} & 0 \\ 0 & 1 & 0 \\ 0 & 0 & 1 \end{bmatrix} \tag{6-13}$$

对应的状态变量为

$$\boldsymbol{Z}_i = \begin{bmatrix} \theta_z & M_z & 1 \end{bmatrix}_i^T \tag{6-14}$$

4. 扭转集中惯量离散时间传递矩阵

扭转集中惯量所受外力主要是由于叶片截面气动力作用中心和变桨轴位置不一致产生的。通常情况下,假设气动中心和变桨轴都在叶片截面弦线上面。这时气动力对叶片变桨轴存在一个力矩,如图6-2所示[11]。

图6-2中,la_i 为气动中心到叶片变桨轴的距离,其正、负由叶片锥角坐标系确定(图6-2情况下 la_i 为正值);D_i 和 L_i 分别为叶片截面所受的阻力和升力;α_A 为叶片截面的攻角,同时也是阻力矢量同叶片截面弦线的夹角。因此,叶片气动力对叶片变桨轴的扭矩 M_z^i 为

$$M_z^i = -D_i la_i \sin\alpha_A^i - L_i la_i \cos\alpha_A^i \tag{6-15}$$

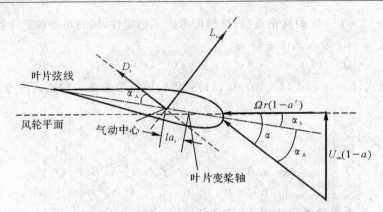

图 6-2　叶片截面气动力中心与变桨轴的关系[11]

扭转集中惯量单元的离散时间传递矩阵推导过程和平动集中质量单元类似。根据刚体运动定理可以得到如下两个方程：

$$\theta_z^{i,i-1} = \theta_z^{i,i+1} = \theta_z^i \qquad (6-16)$$

$$M_z^{i,i+1} = M_z^{i,i-1} + J_i\ddot{\theta}_z^i - M_z^i \qquad (6-17)$$

此处同样使用 Newmark - β 法进行线性化处理，即

$$\left.\begin{aligned}\ddot{\theta}_z^i(t_j) &= A(t_{j-1})\theta_z^i(t_j) + B_{\theta z}(t_{j-1}) \\ \dot{\theta}_z^i(t_j) &= C(t_{j-1})\theta_z^i(t_j) + D_{\theta z}(t_{j-1})\end{aligned}\right\} \qquad (6-18)$$

式中

$$\left.\begin{aligned}A &= \frac{1}{\beta\Delta T^2} \\ B_{\theta z} &= A\left[-\theta_z^i(t_{j-1}) - \dot{\theta}_z^i(t_{j-1})\Delta T - \left(\frac{1}{2}-\beta\right)\ddot{\theta}_z^i(t_{j-1})\Delta T^2\right] \\ C &= \frac{\gamma}{\beta\Delta T} \\ D_{\theta z} &= \dot{\theta}_z^i(t_{j-1}) + (1-\gamma)\ddot{\theta}_z^i(t_{j-1})\Delta T + \gamma B_{\theta z}\Delta T\end{aligned}\right\} \qquad (6-19)$$

将式(6-18)带入式(6-17)得

$$M_z^{i,i+1}(t_j) = J_iA\theta_z^i(t_j) + M_z^{i,i-1}(t_j) + J_iB_{\theta z} - M_z^i(t_j) \qquad (6-20)$$

结合式(6-16)和式(6-20)可得扭转集中惯量的离散时间传递矩阵为[11]

$$\boldsymbol{TH}_i = \begin{bmatrix} 1 & 0 & 0 \\ J_iA & 1 & J_iB_{\theta z} - M_z^i \\ 0 & 0 & 1 \end{bmatrix} \qquad (6-21)$$

5.3 自由度梁单元及集中质量惯量单元离散时间传递矩阵

结合式(6-3)及式(6-13)，考虑所选状态矢量式(6-1)，3 自由度梁单元离散时间传递矩阵应该是其自由振动传递矩阵的扩展矩阵[11]，即

$$\boldsymbol{B}_i(t_j) = \begin{bmatrix} B_i & 0 \\ 0 & 1 \end{bmatrix} \tag{6-22}$$

式中，$\boldsymbol{B}_i$ 为梁单元自由振动传递矩阵，即式(5-12)。

集中质量惯量单元的离散时间传递矩阵相对自由振动传递矩阵复杂得多，综合式(6-12)及式(6-21)可得[11]

$$\boldsymbol{H}_i(t_j) = \begin{bmatrix} 1 & 0 & 0 & 0 & 0 & 0 & 0 & 0 & 0 & 0 & 0 \\ 0 & 1 & 0 & 0 & 0 & 0 & 0 & 0 & 0 & 0 & 0 \\ 0 & 0 & 1 & 0 & 0 & 0 & 0 & 0 & 0 & 0 & 0 \\ 0 & 0 & 0 & 1 & 0 & 0 & 0 & 0 & 0 & 0 & 0 \\ 0 & 0 & 0 & 0 & 1 & 0 & 0 & 0 & 0 & 0 & 0 \\ 0 & 0 & 0 & 0 & 0 & 1 & 0 & 0 & 0 & 0 & 0 \\ 0 & 0 & 0 & 0 & 0 & 0 & 1 & 0 & 0 & 0 & 0 \\ 0 & 0 & 0 & 0 & h^i_{8,5} & 0 & 0 & 1 & 0 & 0 & h^i_{8,11} \\ h^i_{9,1} & 0 & 0 & 0 & 0 & 0 & 0 & 0 & 1 & 0 & h^i_{9,11} \\ 0 & h^i_{10,2} & 0 & 0 & 0 & 0 & 0 & 0 & 0 & 0 & h^i_{10,11} \\ 0 & 0 & 0 & 0 & 0 & 0 & 0 & 0 & 0 & 0 & 1 \end{bmatrix} \tag{6-23}$$

其中

$$\left. \begin{aligned} & h^i_{8,5} = J_i A \\ & h^i_{8,11} = J_i B_{\theta z} - M^i_z \\ & h^i_{9,1} = -m_i A \\ & h^i_{9,11} = -m_i B_x + f^i_x(t_j) \\ & h^i_{10,2} = -m_i A \\ & h^i_{10,11} = -m_i B_y + f^i_y(t_j) \\ & A = \frac{1}{\beta \Delta T^2} \\ & C = \frac{\gamma}{\beta \Delta T} \\ & B_x = A\left[-x_{i,i+1}(t_{j-1}) - \dot{x}_{i,i+1}(t_{j-1})\Delta T - \left(\frac{1}{2} - \beta\right)\ddot{x}_{i,i+1}(t_{j-1})\Delta T^2 \right] \\ & B_y = A\left[-y_{i,i+1}(t_{j-1}) - \dot{y}_{i,i+1}(t_{j-1})\Delta T - \left(\frac{1}{2} - \beta\right)\ddot{y}_{i,i+1}(t_{j-1})\Delta T^2 \right] \\ & B_{\theta z} = A\left[-\theta^{i,i+1}_z(t_{j-1}) - \dot{\theta}^{i,i+1}_z(t_{j-1})\Delta T - \left(\frac{1}{2} - \beta\right)\ddot{\theta}^{i,i+1}_z(t_{j-1})\Delta T^2 \right] \\ & D_x = \dot{x}_{i,i+1}(t_{j-1}) + (1-\gamma)\ddot{x}_{i,i+1}(t_{j-1})\Delta T + \gamma B_x \Delta T \\ & D_y = \dot{y}_{i,i+1}(t_{j-1}) + (1-\gamma)\ddot{y}_{i,i+1}(t_{j-1})\Delta T + \gamma B_y \Delta T \\ & D_{\theta z} = \dot{\theta}^{i,i+1}_z(t_{j-1}) + (1-\gamma)\ddot{\theta}^{i,i+1}_z(t_{j-1})\Delta T + \gamma B_{\theta z} \Delta T \end{aligned} \right\} \tag{6-24}$$

同自由振动传递矩阵构建情况一样,将各个单元离散时间传递矩阵按照叶片离散化顺序相乘,就可以得到叶片总的离散时间传递矩阵。与自由振动传递矩阵不同,叶片总的离散时间传递矩阵的元素为时间 t 的函数,当 t 不同时,其传递矩阵也不相同。

式(6-26)为叶片在 t_j 时刻的离散时间整体传递方程。

$$\boldsymbol{U}(t_j) = \boldsymbol{H}_n \boldsymbol{B}_{n-1} \boldsymbol{H}_{n-2} \cdots \boldsymbol{B}_1 \boldsymbol{H}_1 \boldsymbol{B}_0 \tag{6-25}$$

$$\boldsymbol{Z}_n(t_j) = \boldsymbol{U}(t_j)\boldsymbol{Z}_0(t_j) \tag{6-26}$$

在叶片整体离散时间传递矩阵建立后,给出边界条件以及 t_0 时刻的初始条件,将其带入式(6-25)就可以求出 t_1 时刻的系统边界状态矢量中的未知量。同时,利用迭代的方法可以求出各个叶片截面的动力学参数,将此作为计算 t_2 时刻状态矢量的初始条件,重复上述过程就可求得 t_2 时刻的系统动力学参数。依次类推,可求得任意时刻叶片各个截面的系统动力学参数。

上述分析中忽略了叶片结构阻尼的影响。以下将介绍如何在叶片离散时间传递矩阵模型中引入结构阻尼。这里引入两个假设:

1)将相邻无质量梁单元和集中质量单元看成一个整体或组合单元,每个组合单元均假设为一端固支的悬臂结构,集中质量位于单元悬臂端,其所受阻尼为梁单元所提供的黏性阻尼,阻尼系数为 c。由参考文献[2]可知:

$$c = \xi c_c = 2\xi \sqrt{\frac{3mEI}{l^3}} \tag{6-27}$$

式中, ξ 为阻尼比。

悬臂梁扭转变形时的阻尼系数为

$$c_{\mathrm{rot}} = \xi_{\mathrm{rot}} c_{c,\mathrm{rot}} = 2\xi_{\mathrm{rot}} \sqrt{\frac{3JGJ_p}{l}} \tag{6-28}$$

2)假设叶片各个梁单元的阻尼比相同。由于目前还没有实际风力机叶片阻尼分布测试结果,考虑到叶片各个梁单元材料相同且结构具有相似性,因此,可以认为该假设为一合理假设。这里忽略了多翼型叶片各单元翼型不同。考虑到叶片截面厚度方向和弦长方向结构差异较大,两个方向的阻尼比需要分别设置,设叶片单元厚度方向阻尼比为 ξ_{flap}^e,弦长方向阻尼比为 ξ_{edge}^e,扭转阻尼比为 ξ_{tor}^e。

首先推导带阻尼梁单元弯曲变形情况下的修正传递矩阵模型。如图6-3所示为叶片处于弯曲变形时各方向黏性阻尼力在截面的关系图。其中, $f_{c,i}$ 为该截面所受总的黏性阻尼力; $f_{c,i}^{\mathrm{flap}}$, $f_{c,i}^{\mathrm{edge}}$ 分别为厚度及弦长方向的阻尼分力; $f_{c,i}^x$, $f_{c,i}^y$ 分别为叶片锥角坐标系 X 和 Y 方向的阻尼分力[11]。

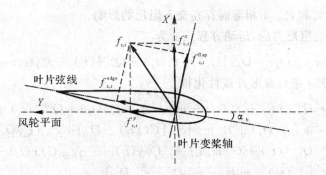

图 6-3　叶片截面阻尼力关系图[11]

第 i 个梁单元厚度及弦长方向的阻尼系数为

$$c_{\mathrm{flap}}^i = \xi_{\mathrm{flap}}^e c_{c,\mathrm{flap}}^i = 2\xi_{\mathrm{flap}}^e \sqrt{\frac{3m_i EI_{\mathrm{flap}}^i}{l_i^3}} \qquad (6-29)$$

$$c_{\mathrm{edge}}^e = \xi_{\mathrm{edge}}^e c_{c,\mathrm{edge}}^i = 2\xi_{\mathrm{edge}}^e \sqrt{\frac{3m_i EI_{\mathrm{flap}}^i}{l_i^3}} \qquad (6-30)$$

由黏性阻尼力的定义可以得到以下等式,此处为了表述方便,忽略阻尼力与截面速度相反的负号。

$$f_{c,i}^{\mathrm{flap}} = c_{\mathrm{flap}}^i v_{\mathrm{flap}}^i$$
$$f_{c,i}^{\mathrm{edge}} = c_{\mathrm{edge}}^i v_{\mathrm{edge}}^i \qquad (6-31)$$

式中,v_{flap}^i 和 v_{edge}^i 分别为叶片截面在厚度和弦长方向的速度,它们同叶片截面 X 和 Y 方向速度存在如下关系:

$$v_{\mathrm{flap}}^i = v_x^i \cos\alpha_b - v_y^i \sin\alpha_b$$
$$v_{\mathrm{edge}}^i = v_x^i \sin\alpha_b + v_y^i \cos\alpha_b \qquad (6-32)$$

式中,α_b 为叶片扭角。

阻尼力各个分力之间也存在着类似的关系,将式(6-31)和式(6-32)带入后,经整理得到[11]

$$\begin{bmatrix} f_{c,i}^x \\ f_{c,i}^y \end{bmatrix} = \begin{bmatrix} c_{x,x}^i & c_{x,y}^i \\ c_{y,x}^i & c_{y,y}^i \end{bmatrix} \begin{bmatrix} v_x^i \\ v_y^i \end{bmatrix} \qquad (6-33)$$

式中

$$\left.\begin{array}{l} c_{x,x}^i = c_{\mathrm{flap}}^i \cos^2\alpha_b + c_{\mathrm{edge}}^i \sin^2\alpha_b \\ c_{x,y}^i = c_{y,x}^i = (c_{\mathrm{edge}}^i - c_{\mathrm{flap}}^i)\cos\alpha_b \sin\alpha_b \\ c_{y,y}^i = c_{\mathrm{flap}}^i \sin^2\alpha_b + c_{\mathrm{edge}}^i \cos^2\alpha_b \end{array}\right\} \qquad (6-34)$$

由上可知,当 c_{flap}^i 和 c_{edge}^i 不相等时存在交叉阻尼的影响。

在引入黏性阻尼力后,运动方程式变为

$$m_i \ddot{y}_{\mathrm{c},i}(t_j) = Q_y^{i,i-1}(t_j) + f_y^i(t_j) - Q_y^{i,i+1}(t_j) - f_{\mathrm{c},j}^y(t_j) \qquad (6-35)$$

对式(6-35)进行变形并线性化得[11]

$$
\begin{aligned}
Q_y^{i,i+1}(t_j) &= Q_y^{i,i-1}(t_j) + f_y^i(t_j) - m_i \ddot{y}^i(t_j) - f_{\mathrm{c},j}^y(t_j) = Q_y^{i,i-1}(t_j) + f_y^i(t_j) - \\
&\quad m_i [Ay(t_j) + B_y] - \{ c_{y,x}^i [Cx(t_j) + D_x] + c_{y,y}^i [Cy(t_j) + D_y] \} = \\
&\quad Q_y^{i,i-1}(t_j) + (-m_i A - c_{y,y}^i C) y(t_i) + (-c_{y,x}^i C) x(t_j) + \\
&\quad [f_y^i(t_y) - m_i B_y - c_{y,y}^i D_y - c_{y,x}^i D_x] \qquad (6-36)
\end{aligned}
$$

X 方向也存在同样的关系式。

同梁弯曲变形推导情况类似,扭转自由度方面,式(6-17)在引入扭转阻尼后变为

$$
\begin{aligned}
M_z^{i,i+1}(t_j) &= M_z^{i,i-1}(t_j) + J_i \ddot{\theta}_z^i(t_j) - M_z^i(t_j) + c_{\mathrm{rot}}^i \dot{\theta}_z^i(t_j) = \\
&\quad M_z^{i,i-1}(t_j) + J_i [A\theta_z^i(t_j) + B_{\theta z}] - M_z^i(t_j) + c_{\mathrm{rot}}^i [C\theta_z^i(t_j) + D_{\theta z}] = \\
&\quad M_z^{i,i-1}(t_j) + (AJ_i + c_{\mathrm{rot}}^i C) + [-M_z^i(t_j) + J_i B_{\theta z} + c_{\mathrm{rot}}^i D_{\theta z}]
\end{aligned}
$$

$$(6-37)$$

综合式(6-36)和式(6-37),集中质量惯量单元在带阻尼情况下的传递矩阵为[11]

$$
\boldsymbol{H}_i(t_j) =
\begin{bmatrix}
1 & 0 & 0 & 0 & 0 & 0 & 0 & 0 & 0 & 0 \\
0 & 1 & 0 & 0 & 0 & 0 & 0 & 0 & 0 & 0 \\
0 & 0 & 1 & 0 & 0 & 0 & 0 & 0 & 0 & 0 \\
0 & 0 & 0 & 1 & 0 & 0 & 0 & 0 & 0 & 0 \\
0 & 0 & 0 & 0 & 1 & 0 & 0 & 0 & 0 & 0 \\
0 & 0 & 0 & 0 & 0 & 1 & 0 & 0 & 0 & 0 \\
0 & 0 & 0 & 0 & 0 & 0 & 1 & 0 & 0 & 0 \\
0 & 0 & 0 & 0 & h_{8,5}^i & 0 & 0 & 1 & 0 & 0 & h_{8,11}^i \\
h_{9,1}^i & h_{9,2}^i & 0 & 0 & 0 & 0 & 0 & 0 & 1 & 0 & h_{8,11}^i \\
h_{10,1}^i & h_{10,2}^i & 0 & 0 & 0 & 0 & 0 & 0 & 0 & 1 & h_{10,11}^i \\
0 & 0 & 0 & 0 & 0 & 0 & 0 & 0 & 0 & 0 & 1
\end{bmatrix}
\qquad (6-38)
$$

其中

$$h_{8,5}^i = J_i A + c_{\text{rot}}^i C$$

$$h_{8,11}^i = -M_z^i + J_i B_{\theta z} + c_{\text{rot}}^i D_{\theta z}$$

$$h_{9,1}^i = -m_i A - c_{x,x}^i C$$

$$h_{9,2}^i = -c_{x,y}^i C$$

$$h_{9,11}^i = f_x^i(t_j) - m_i B_x - c_{x,x}^i D_x - c_{x,y}^i D_y \qquad (6-39)$$

$$h_{10,1}^i = -c_{y,x}^i C$$

$$h_{10,2}^i = -m_i A - c_{y,y}^i C$$

$$h_{10,11}^i = f_y^i(t_j) - m_i B_y - c_{y,y}^i D_y - c_{y,x}^i D_x$$

式(6-39) 中的 $A, C, B_x, B_y, B_{\theta z}, D_x, D_y, D_{\theta z}$ 已在式(6-24) 中定义。

将叶片离散时间传递矩阵模型同第 4 章非定常流动气动载荷计算相结合，就可以得到叶片在不同工况下的受力及变形情况。同时通过受力分析，可以很容易得到叶轮对传动链的载荷。

传动链对叶轮的作用表现在叶轮转速、轴向及水平方向速度三个方面，这三个因素会影响叶轮的气动性能，从而导致叶片所受气动力发生变化。

6.2　传动链及发电机

根据传动链结构和发电机的不同，大型风力机主要分为两大类：一是双馈型风力机，二是直驱型风力机。从结构上看，它们最主要的区别在于有无齿轮箱。因此，其传动链结构不同。以下分别对这两种风力机进行介绍。

1. 双馈型风力机[12]

双馈型风力机的传动链主要由低速轴（又称主轴）、增速齿轮箱、高速轴、发电机以及传动链支撑组成，可将其简化为如图 6-4 所示的模型。齿轮传动系统的转动惯量相比叶轮和主轴的转动惯量要小得多，故可将齿轮传动系统简化为一级圆柱齿轮传动，传动比 N_g 与实际齿轮传动比相同，高速齿轮 D_2 只看作为无转动惯量的刚体。K_s, D_s 代表齿轮箱和发电机间的联轴器扭转刚度和阻尼。主轴视作刚体。叶轮、轮毂、主轴及低速齿轮 D_1 的转动惯量为 J_r，发电机的转动惯量为 J_g。

叶轮和发电机在转动的过程中，受到激扰均可在转动的同时发生扭转振动。用 θ_r 表示叶轮扭转振动角位移，θ_g 表示发电机扭转振动角位移。

无风力作用和电磁转矩影响时，风力机转子系统的无阻尼扭转振动方程为

$$J_r \ddot{\theta}_r + N_g K_s (\theta_2 - \theta_g) = 0 \qquad (6-40)$$

$$J_g \ddot{\theta}_g + K_s (\theta_g - \theta_2) = 0 \qquad (6-41)$$

式中,θ_2 为高速齿轮 D_2 的扭转角度,且 $\theta_2 = N_g\theta_r$。

代入 $\theta_2 = N_g\theta_r$,则式(6-40)和式(6-41)为

$$J_r\ddot{\theta}_r + N_g^2 K_s\theta_r - N_g K_s\theta_g = 0 \qquad (6-42)$$

$$J_g\ddot{\theta}_g + K_s\theta_g - K_s N_g\theta_r = 0 \qquad (6-43)$$

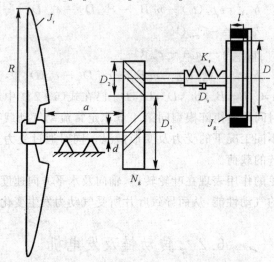

图 6-4   双馈型风力机传动链模型及参数

写成矩阵形式,则有

$$\begin{bmatrix} J_r & 0 \\ 0 & J_g \end{bmatrix}\begin{bmatrix} \ddot{\theta}_r \\ \ddot{\theta}_g \end{bmatrix} + \begin{bmatrix} N_g^2 K_s & -N_g K_s \\ -N_g K_s & K_s \end{bmatrix}\begin{bmatrix} \theta_r \\ \theta_g \end{bmatrix} = \begin{bmatrix} 0 \\ 0 \end{bmatrix} \qquad (6-44)$$

方程的解有如下形式:

$$\begin{bmatrix} \theta_r \\ \theta_g \end{bmatrix} = \begin{bmatrix} \theta_{r0} \\ \theta_{g0} \end{bmatrix} e^{i\omega t} \qquad (6-45)$$

代入式(6-44)后,可得到特征方程:

$$(K_s N_g^2 - J_r\omega^2)(K_s - J_g\omega^2) - K_s^2 N_g = 0 \qquad (6-46)$$

展开后得

$$J_g J_r\omega^4 - K_s(J_r + N_g^2 J_g)\omega^2 = 0 \qquad (6-47)$$

$\omega = 0$ 显然是方程的一个解,表示风力机转子系统发生刚体运动。

当 $\omega \neq 0$ 时,有

$$J_g J_r\omega^2 - K_s(J_r + N_g^2 J_g) = 0 \qquad (6-48)$$

由此解得

$$\omega = \sqrt{\frac{K_s N_g^2}{J_r} + \frac{K_s}{J_g}} = \sqrt{\frac{K_s}{J_r}} \sqrt{N_g^2 + \frac{J_r}{J_g}} \tag{6-49}$$

即为传动链的自振频率。

把式(6-49)和式(6-45)带回式(6-44),得

$$\theta_{r0} = -\frac{N_g J_g}{J_r} \theta_{g0} \tag{6-50}$$

说明,转子系统发生反相振动。对于如图6-4所示的双馈型风力机模型,反相振动表示,当风轮顺时针扭振时,发电机转子也顺时针扭振。

当考虑风力作用和电磁转矩影响时,风力机转子系统的带阻尼扭转振动方程如式(6-51)和式(6-52)所示。这里,T_r 为叶轮对传动链的驱动力矩,同时 T_g 为电磁反力矩。

$$J_r \ddot{\theta}_r + N_g D_s(\dot{\theta}_2 - \dot{\theta}_g) + N_g K_s(\theta_2 - \theta_g) = T_r \tag{6-51}$$

$$J_g \ddot{\theta}_g + D_s(\dot{\theta}_g - \dot{\theta}_2) + K_s(\theta_g - \theta_2) = -T_g \tag{6-52}$$

设 δ 为传动链扭转角度差,$\delta = \theta_2 - \theta_g = N_g \theta_r - \theta_g$。联立式(6-51)和式(6-52)得传动链总的运动学方程为

$$\frac{J_g J_r}{J_r + N_g J_g} \ddot{\delta} + D_s \dot{\delta} + K_s \delta = \frac{N_g J_g}{J_r + N_g^2 J_g} T_r + \frac{J_r}{J_r + N_g^2 J_g} T_g \tag{6-53}$$

这是一个单自由度二阶系统,并且由式(6-53)可以得到与式(6-49)相同的传动链自振频率关系式。

当无法获知传动链等效刚度和等效阻尼时,有时为了简化系统,将传动链看作刚性传动,则传动链可简化为刚性传动链,此时动力学方程[3] 为

$$J_{total} \dot{\omega}_r = T_r - N_g T_g \tag{6-54}$$

式中,J_{total} 为传动链相对于低速轴总转动惯量,即

$$J_{total} = J_r + N_g^2 J_g \tag{6-55}$$

传动链的支承系统包括主轴轴承、齿轮箱支承系统、发电机支承系统。支承系统的主要功能是托起整个转子系统,并将转子系统所受载荷传递到塔架。由支承结构可知,叶轮对传动链的载荷除驱动力矩外,其他载荷均可认为是直接传递到塔架的。

设发电机静子和齿轮箱均与机座刚性连接,则传动链对机座在 X_s 方向的反作用力矩[3] 为

$$T_{nac} = \frac{N_g \pm 1}{N_g} J_g \dot{\omega}_g + T_g \tag{6-56}$$

其中,当高速轴和低速轴同向转动时,式(6-56)取负号。

2. 直驱型风力机[12]

直驱型风力机的扭振模型如图 6-5 所示。叶轮和轮毂的转动惯量为 J_r，发电机转子的转动惯量为 J_g，叶轮与发电机转子之间的连接扭转刚度和阻尼分别为 K_s 和 D_s。叶轮与发电机转子绕中心支承柱旋转。中心支承柱与发电机定子一起固定在承力架上。

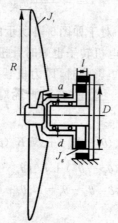

图 6-5　直驱型风力机传动链模型及参数

不考虑气动力作用和电磁转矩影响时，传动链的无阻尼扭转振动方程为

$$J_r \ddot{\theta}_r + K_s (\theta_r - \theta_g) = 0 \tag{6-57}$$

$$J_g \ddot{\theta}_g + K_s (\theta_g - \theta_r) = 0 \tag{6-58}$$

写成矩阵形式则有

$$\begin{bmatrix} J_r & 0 \\ 0 & J_g \end{bmatrix} \begin{bmatrix} \ddot{\theta}_r \\ \ddot{\theta}_g \end{bmatrix} + \begin{bmatrix} K_s & -K_s \\ -K_s & K_s \end{bmatrix} \begin{bmatrix} \theta_r \\ \theta_g \end{bmatrix} = \begin{bmatrix} 0 \\ 0 \end{bmatrix} \tag{6-59}$$

式（6-59）的解具有式（6-45）的形式。

将式（6-45）代入式（6-59）后，可得到特征方程：

$$(K_s - J_r \omega^2)(K_s - J_g \omega^2) - K_s^2 = 0 \tag{6-60}$$

展开后得

$$J_g J_r \omega^4 - K_s (J_r + J_g) \omega^2 = 0 \tag{6-61}$$

$\omega = 0$ 显然是式（6-61）的一个解，表示风力机转子系统发生刚体运动。

当 $\omega \neq 0$ 时，有

$$J_g J_r \omega^2 - K_s (J_r + J_g) = 0 \tag{6-62}$$

解得

$$\omega = \sqrt{\frac{K_s}{J_r} + \frac{K_s}{J_g}} = \sqrt{\frac{K_s}{J_r}} \sqrt{1 + \frac{J_r}{J_g}} \qquad (6-63)$$

这一频率对应的是叶轮与发电机发生反相振动振型。

事实上,令传动比 $N_g = 1$,上述关于双馈型风力机的推导过程和结论对直驱型风力机也是适用的。

6.3　塔　　架

塔架的动力学仿真同样可以使用离散时间传递矩阵模型,塔架模型的构建过程和叶片相同。

塔架离散时间传递矩阵的状态矢量[11]表示如下:

$$\boldsymbol{Z}_i = [x \quad y \quad \theta_x \quad \theta_y \quad \theta_z \quad M_x \quad M_y \quad M_z \quad Q_x \quad Q_y \quad 1]_i^{\mathrm{T}} \qquad (6-64)$$

式中,下标 i 表示第 i 个塔架截面;M 为弯矩;Q 为剪切力。

以下分别给出风力机塔架各个类型单元的离散时间传递矩阵。

塔架无质量梁单元的离散时间传递矩阵为[11]

$$\boldsymbol{B}_i = \begin{bmatrix} 1 & 0 & 0 & l_i & 0 & 0 \\ 0 & 1 & l_i & 0 & 0 & \dfrac{l_i^2}{2EI_i} \\ 0 & 0 & 1 & 0 & 0 & \dfrac{l_i}{EI_i} \\ 0 & 0 & 0 & 1 & 0 & 0 \\ 0 & 0 & 0 & 0 & 1 & 0 \\ 0 & 0 & -\displaystyle\sum_{j=i+1}^{N_s} m_j g l_i & 0 & 0 & 1 - \dfrac{\displaystyle\sum_{j=i+1}^{N_s} m_j g l_i^2}{2EI_i} \\ 0 & 0 & 0 & -\displaystyle\sum_{j=i+1}^{N_s} m_j g l_i & 0 & 0 \\ 0 & 0 & 0 & 0 & 0 & 0 \\ 0 & 0 & 0 & 0 & 0 & 0 \\ 0 & 0 & 0 & 0 & 0 & 0 \\ 0 & 0 & 0 & 0 & 0 & 0 \end{bmatrix}$$

$$\begin{bmatrix}
\dfrac{l_i^2}{2EI_i} & 0 & \dfrac{l_i^3}{6EI_i} & 0 & 0 \\[2ex]
0 & 0 & 0 & \dfrac{l_i^3}{6EI_i} & 0 \\[2ex]
0 & 0 & 0 & \dfrac{l_i^2}{2EI_i} & 0 \\[2ex]
\dfrac{l_i}{EI_i} & 0 & \dfrac{l_i^2}{2EI_i} & 0 & 0 \\[2ex]
0 & \dfrac{l_i}{GJ_{\mathrm p}^i} & 0 & 0 & 0 \\[2ex]
0 & 0 & 0 & l_i\left(1-\dfrac{\displaystyle\sum_{j=i+1}^{N_{\mathrm s}}m_jgl_i^2}{6EI_i}\right) & 0 \\[3ex]
1-\dfrac{\displaystyle\sum_{j=i+1}^{N_{\mathrm s}}m_jgl_i^2}{2EI_i} & 0 & l_i\left(1-\dfrac{\displaystyle\sum_{j=i+1}^{N_{\mathrm s}}m_jgl_i^2}{6EI_i}\right) & 0 & 0 \\[3ex]
0 & 1 & 0 & 0 & 0 \\
0 & 0 & 1 & 0 & 0 \\
0 & 0 & 0 & 1 & 0 \\
0 & 0 & 0 & 0 & 1
\end{bmatrix} \qquad (6-65)$$

塔架集中质量惯量单元的离散时间传递矩阵为[11]

$$\boldsymbol{H}_i(t_j)=\begin{bmatrix}
1 & 0 & 0 & 0 & 0 & 0 & 0 & 0 & 0 & 0 & 0 \\
0 & 1 & 0 & 0 & 0 & 0 & 0 & 0 & 0 & 0 & 0 \\
0 & 0 & 1 & 0 & 0 & 0 & 0 & 0 & 0 & 0 & 0 \\
0 & 0 & 0 & 1 & 0 & 0 & 0 & 0 & 0 & 0 & 0 \\
0 & 0 & 0 & 0 & 1 & 0 & 0 & 0 & 0 & 0 & 0 \\
0 & 0 & 0 & 0 & 0 & 1 & 0 & 0 & 0 & 0 & 0 \\
0 & 0 & 0 & 0 & 0 & 0 & 1 & 0 & 0 & 0 & 0 \\
0 & 0 & 0 & 0 & h_{8,5}^i & 0 & 0 & 1 & 0 & 0 & h_{8,11}^i \\
h_{9,1}^i & 0 & 0 & 0 & 0 & 0 & 0 & 0 & 1 & 0 & h_{9,11}^i \\
0 & h_{10,2}^i & 0 & 0 & 0 & 0 & 0 & 0 & 0 & 1 & h_{10,11}^i \\
0 & 0 & 0 & 0 & 0 & 0 & 0 & 0 & 0 & 0 & 1
\end{bmatrix} \qquad (6-66)$$

其中

$$h^i_{8,5} = J_i A + c^i_{\text{rot}} C$$

$$h^i_{8,11} = J_i B_{\theta z} + c^i_{\text{rot}} D_{\theta z}$$

$$h^i_{9,1} = -m_i A - c^i_{\text{h}} C$$

$$h^i_{9,11} = f^i_x(t_j) - m_i B_x - c^i_{\text{h}} D_x$$

$$h^i_{10,2} = -m_i A - c^i_{\text{h}} C$$

$$h^i_{10,11} = f^i_y(t_j) - m_i B_y - c^i_{\text{h}} D_y$$

$$A = \frac{1}{\beta \Delta T^2}$$

$$C = \frac{\gamma}{\beta \Delta T}$$

$$B_x = A \left[-x_{i,i+1}(t_{j-1}) - \dot{x}_{i,i+1}(t_{j-1}) \Delta T - \left(\frac{1}{2} - \beta \right) \ddot{x}_{i,i+1}(t_{j-1}) \Delta T^2 \right]$$

$$B_y = A \left[-y_{i,i+1}(t_{j-1}) - \dot{y}_{i,i+1}(t_{j-1}) \Delta T - \left(\frac{1}{2} - \beta \right) \ddot{y}_{i,i+1}(t_{j-1}) \Delta T^2 \right]$$

$$B_{\theta z} = A \left[-\theta^{i,i+1}_z(t_{j-1}) - \dot{\theta}^{i,i+1}_z(t_{j-1}) \Delta T - \left(\frac{1}{2} - \beta \right) \ddot{\theta}^{i,i+1}_z(t_{j-1}) \Delta T^2 \right]$$

$$D_x = \dot{x}_{i,i+1}(t_{j-1}) + (1 - \gamma) \ddot{x}_{i,i+1}(t_{j-1}) \Delta T + \gamma B_x \Delta T$$

$$D_y = \dot{y}_{i,i+1}(t_{j-1}) + (1 - \gamma) \ddot{y}_{i,i+1}(t_{j-1}) \Delta T + \gamma B_y \Delta T$$

$$D_{\theta z} = \dot{\theta}^{i,i+1}_z(t_{j-1}) + (1 - \gamma) \ddot{\theta}^{i,i+1}_z(t_{j-1}) \Delta T + \gamma B_{\theta z} \Delta T$$

$$(6 - 67)$$

此处,同样选取 $\gamma = 1/2, \beta = \gamma/2 = 1/4$ 作为修正系数。

为了建模简便,这里也可以将塔架底部法兰盘看成一个集中质量单元,使用式 (6-30) 的传递矩阵,将塔架基础阻尼产生的阻尼力包含到塔架底部法兰盘的传递矩阵中。因此,塔架基础仅需要考虑基础的水平刚度。将基础的刚度等效为一弹簧系统,塔架基础的传递矩阵[11] 为

$$
\boldsymbol{F} =
\begin{bmatrix}
1 & 0 & 0 & 0 & 0 & 0 & 0 & 0 & -\dfrac{1}{K_{\text{h}}} & 0 & 0 \\
0 & 1 & 0 & 0 & 0 & 0 & 0 & 0 & 0 & -\dfrac{1}{K_{\text{h}}} & 0 \\
0 & 0 & 1 & 0 & 0 & 0 & 0 & 0 & 0 & 0 & 0 \\
0 & 0 & 0 & 1 & 0 & 0 & 0 & 0 & 0 & 0 & 0 \\
0 & 0 & 0 & 0 & 1 & 0 & 0 & 0 & 0 & 0 & 0 \\
0 & 0 & 0 & 0 & 0 & 1 & 0 & 0 & 0 & 0 & 0 \\
0 & 0 & 0 & 0 & 0 & 0 & 1 & 0 & 0 & 0 & 0 \\
0 & 0 & 0 & 0 & 0 & 0 & 0 & 1 & 0 & 0 & 0 \\
0 & 0 & 0 & 0 & 0 & 0 & 0 & 0 & 1 & 0 & 0 \\
0 & 0 & 0 & 0 & 0 & 0 & 0 & 0 & 0 & 1 & 0 \\
0 & 0 & 0 & 0 & 0 & 0 & 0 & 0 & 0 & 0 & 1
\end{bmatrix}
\qquad (6 - 68)
$$

同叶片建模情况相同,将各个单元离散时间传递矩阵按照塔架离散化顺序相乘,就可以得到塔架整体离散时间传递矩阵模型,从而可以进行塔架动力学仿真。

塔架顶部载荷主要是来自传动链支承系统传递的叶轮载荷及传动链自身负载。根据模型自由度,所受载荷由三个力及三个力矩组成,对塔架顶部节点进行受力分析可以很容易得到塔架顶部载荷条件,这里就不再详细介绍。

6.4 控 制 系 统

风力机的控制系统是风电机组的"大脑",负责实现相应的控制策略和保证机组的正常运行。现代变速变桨风力机的控制可以分为三个层级[4]。最高层级为运行管理与安全控制,它会监测风力机运行参数、风况参数和电网状态,从而决定风力机的启动、停机、控制策略的切换并保证故障紧急停机等。中间层级是风力机控制器,它主要负责叶片变桨控制、发电机力矩控制和偏航控制的组织实施,从而实现功率和载荷控制。最低层级为底层基本控制,包括发电机内部及变流器的控制、变桨执行机构的设计和保护、传感器的监测和报警、数据和历史记录备份等。风力机控制目标主要包括:

1)能量捕获:最大限度地获取风能,提高风力机的风能利用率。

2)功率限制:在额定风速以上,保证功率恒定为额定功率。

3)降低机械载荷:避免风轮、传动系统机械载荷过大,提高机组寿命。

4)电能质量:保证发电质量与电网要求一致。

5)辅助电网控制:应对电网故障,支持电网稳定,如低电压穿越控制等。

变速变桨风力机并网运行区域可分为四个部分[4],每一个运行区域的风速、能量转换目标、控制策略都是不同的。如图6-6所示为运行区域的划分方法及对应的功率、力矩和转速的变化(通常规律)。各个运行区域的基本控制要求:

1)1区:风力机工作在并网的最低转速,桨角保持恒定或者随着风速增加逐渐减小到最佳桨角。

2)2区:风力机工作在最佳叶尖速比下,桨角工作在最佳桨角,追求最大输出功率。但在特殊情况下,例如电网限电,可通过变桨减小输出功率。

3)3区:转速接近或达到最大转速,力矩急剧增加。此区为低于额定风速区(2区,不变桨)和高于额定风速区(4区,变桨)之间的过渡区,要采用滞后环控制模式,避免频繁变桨,详见第7章。

4)4区:转速达到额定转速并保持不变,力矩达到额定转矩并保持不变,功率达到额定功率并保持不变。实际上,当风速快速波动时,要使转速随之微调,保证载荷和功率输出平滑,同时,避免风力机发生失稳振动,详见第 7 章。

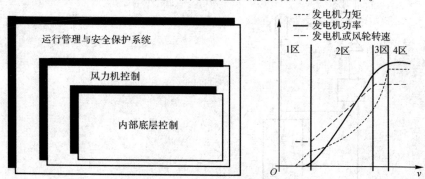

图 6 - 6　风力机控制层级和运行区域[4]

(a)风力机控制层级;　(b)运行区域

变速变桨风力机在并网运行阶段起主要作用的是转矩控制、变桨控制及偏航控制。它们直接保证风力机按照规定的工作曲线进行工作。当对风力机正常工况进行仿真模拟时,通常并不考虑风向偏转。因此,这里仅对转矩控制和变桨控制进行说明。

1. 转矩控制

在额定风速以下风况时,风力机工作在如图 6 - 6(b)所示的 1 区、2 区和 3 区,通常被称为部分载荷区。此时主要通过转矩控制调整风力机叶轮转速,实现最大风能的获取。

当转矩控制运行时,叶片桨角通常不发生变化,即只有电磁转矩受控制。转矩控制通常都是通过 PID 控制器来实现的[9]。1 区为风力机启动区域,3 区为部分载荷到满载的过渡区。这两个区域均较窄,PID 控制器的参考值通常设为 2 区或者满载情况的边界值,使风力机能迅速过渡。对于 2 区,叶轮应尽可能的捕获风能,可通过改变发电机电磁扭矩从而调整叶轮转速,使叶尖速比一直保持设计叶尖速比,从而获得最大功率系数。此时,有[9]

$$T_{g,ref} = \frac{1}{2}\rho\pi \frac{\omega_g^2 R^5}{\lambda_{opt}^3 N_g^3}c_{p,max} = K\omega_g^2 \qquad (6-69)$$

式中,λ_{opt} 为设计叶尖速比;$c_{p,max}$ 为最大功率系数;ω_g 为发电机转速;N_g 为齿轮箱增速比;R 为叶轮半径;ρ 为空气密度。从式(6-69)可以看出,发电机给定力矩与发电机转速的二次方成正比,K 为比例系数。

如图 6 - 7 所示为一种简单转矩控制器的 Simulink 结构图。该控制系统考虑了各个工作区域的转矩控制器的切换和 PID 控制器的积分饱和现象[11]。

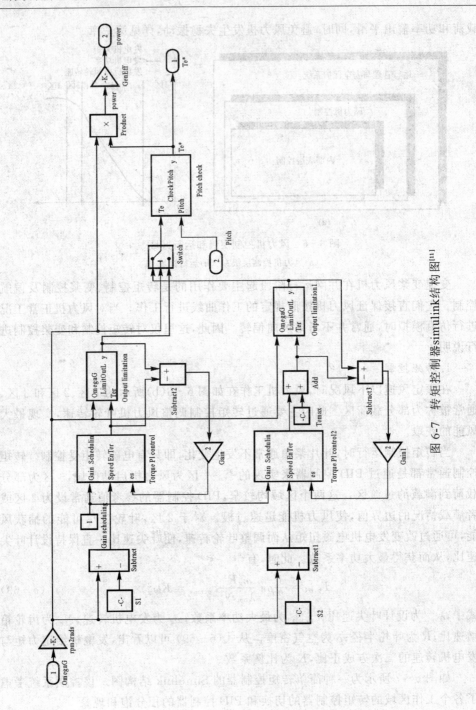

图 6-7 转矩控制器simulink结构图[11]

风力机转矩控制通常通过其电气系统来实现,主要是由变流器提供的发电机转子励磁电压或定子端口电压来控制发电机的电磁转矩,从而实现相应的控制策略。电气系统动态响应方程[5]为

$$\dot{T}_{\mathrm{g}} = -\frac{1}{\tau_{\mathrm{g}}} T_{\mathrm{g}} + \frac{1}{\tau_{\mathrm{g}}} T_{\mathrm{g,ref}} \tag{6-70}$$

式中,$T_{\mathrm{g,ref}}$为转矩控制输入值;τ_{g}为时间常数,但通常比较小,即发电机力矩控制响应很快。因此,通常在仿真中忽略发电机转矩的响应时间。

2. 变桨控制

在额定风速以上,风力机将运行在额定状态,也称满载状态。此时,变桨变速风力机将通过变桨来调节风力机输出功率,使其保持在额定功率。通常,满载运行时发电机电磁转矩会保持在额定转矩,通过变桨和小幅度变速保证输出功率恒定。

转矩和变桨控制器通常情况下均使用 PID 控制器。PID 控制器的设计过程主要是确定 PID 控制参数 $K_{\mathrm{p}}, K_{\mathrm{i}}, K_{\mathrm{d}}$ 的过程。理论上获取这些控制参数的方法很多,详细见参考文献[5] ～ 参考文献[7]。

但是在不同风况下,风力机变桨控制的要求有所不同,这就要求控制器参数随风况变化。因此,当设计 PID 控制器时,通常在额定风速和切出风速之间选取多个点,分别建立线性化模型来确定该工况下的控制器参数。然后,选择一个合理的增益规则来确保其他风况点的控制器性能,详细内容在第 7 章中介绍。

目前,风力机变桨系统驱动方式主要有液压变桨和电机驱动两种方式。变桨系统的动态特性方程可以用一阶或者二阶微分方程进行表示。

一阶微分方程[6]表示为

$$\dot{\beta} = -\frac{1}{\tau_{\beta}} \beta + \frac{1}{\tau_{\beta}} \beta_{\mathrm{r}} \tag{6-71}$$

式中,τ_{β}为时间常数,通常取 0.2 s;β_{r}为控制输入桨角。

二阶微分方程[8]表示为

$$\ddot{\beta} + 2\zeta\omega\dot{\beta} + \omega^2 \beta = \omega^2 \beta_{\mathrm{r}} \tag{6-72}$$

式中,ω为频带宽度;ζ为阻尼系数。

如图 6-8 所示为一种简单变桨控制器的 Simulink 结构图。该流程考虑了控制器增益变化及积分饱和保护[11]。

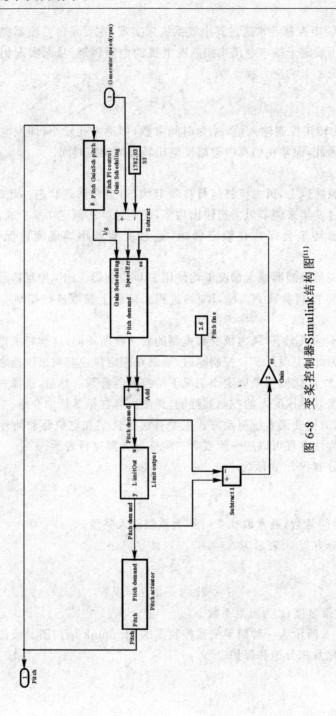

图 6-8 变桨控制器 Simulink 结构图[11]

6.5　仿真系统的实现

将上述各部件按其关联关系组合到一起就可以得到风力机整机动力学仿真系统。仿真系统可以建立在任何计算机语言平台上。如图 6 - 9 所示为 Matlab (Simulink)平台下的风力机整机动力学仿真系统图。在该仿真系统中,使用 Matlab 代码编写结构动力学子系统仿真代码,并将其封装为 S - Function 函数;控制子系统使用 Simulink 来实现。在 Simulink 平台上把两个子系统拼装在一起,实现对风力机各工况的仿真模拟。风力机模型参数使用文件形式输入。在仿真结束后,仿真结果也将自动保存到指定文件中。目前定义的系统输出参数总共有 19 个,分别为叶轮前端风速,叶轮转速,发电机转速,叶轮驱动力矩,发电机转矩,发电机功率,叶轮推力,1 号叶片桨角,1 号叶片叶尖平面外方向及平面内方向位移,1 号叶片叶尖绕变桨轴的角位移,1 号叶片根部平面外方向和平面内方向弯矩,机舱横向及纵向位移,机舱绕偏航轴的角位移,塔架根部左、右向及前、后向弯矩,塔架根部扭矩等。如果有需求,还可以把其他工况及载荷参数增加到输出参数序列中[11]。

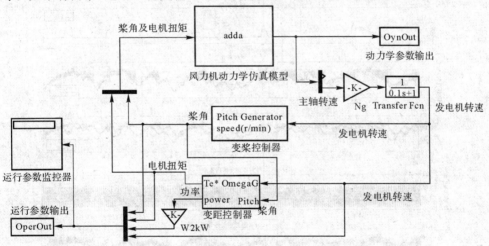

图 6 - 9　风力机整机动力学仿真系统图[11]

如图 6 - 10 所示为风力机远端来流平均风速为 10 m/s 时,NREL 1.5 MW 示例风力机仿真结果时域波形图。本图给出了仿真系统除叶片和塔架扭转变形外的所有输出参数的时域波形图,并同 NREL FAST 结果进行了对比。从结果上看,两个仿真系统时域波形结果基本相符,均符合风力机实际工作表现。该风力机整机动力学仿真系统同样可用于风力机设计分析中。与 FAST 程序相比,本节所述仿真系统考虑了叶片及塔架的扭转变形,在气动载荷计算中考虑了叶片的气弹效应影响,因此,叶片和塔架载荷及变形结果比 FAST 程序计算的结果要大。

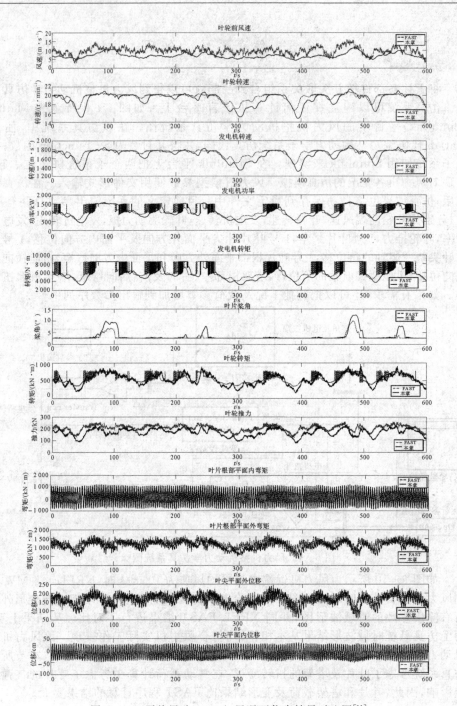

图 6-10　平均风速 10 m/s 风况下仿真结果对比图[11]

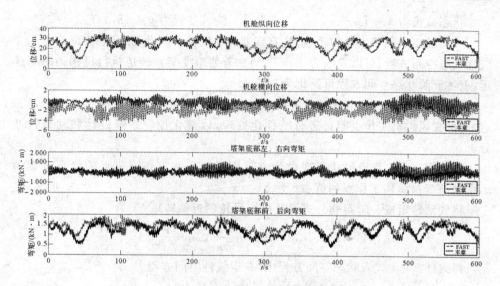

续图 6-10　平均风速 10 m/s 风况下仿真结果对比图[11]

6.6　风力机系统状态空间描述及模型线性化

当设计风力机转矩和变桨控制器时,通常需要将风力机模型线性化。

根据前文中风力机各系统的动力学方程,如图 6-4 所示双馈型风力机系统的状态空间方程[10]为

$$
\left.
\begin{aligned}
\dot{\omega}_r &= \frac{T_r(\omega_r, v, \beta)}{J_r} - \frac{N_g^2 D_s \omega_r}{J_r} + \frac{N_g D_s \omega_g}{J_r} - \frac{N_g K_s \delta}{J_r} \\
\dot{\omega}_g &= -\frac{T_g}{J_r} - \frac{N_g^2 D_s \omega_r}{J_r} + \frac{N_g D_s \omega_g}{J_r} - \frac{N_g K_s \delta}{J_r} \\
\dot{\delta} &= N_g \omega_r - \omega_g \\
\dot{T}_g &= -\frac{1}{\tau_g} T_g + \frac{1}{\tau_g} T_{g,\text{ref}} \\
\dot{\beta} &= -\frac{1}{\tau_\beta} \beta + \frac{1}{\tau_\beta} \beta_r
\end{aligned}
\right\}
\tag{6-73}
$$

式中,ω_r 为叶轮转速,$\omega_r = \dot{\theta}_r$;$\omega_g$ 为发电机转速,$\omega_g = \dot{\theta}_g$;$T_r$ 为气动力矩($T_r = \frac{1}{2}\rho\pi R^3 v^2 c_M(\lambda, \beta)$,其中,$v$ 为来流风速,R 为叶轮半径,c_M 为叶轮力矩系数,它是叶尖速比 λ 和叶片桨角 β 的函数);K_s 为扭转刚度;D_s 为扭转阻尼。

状态变量为 $x = \begin{bmatrix} \omega_r & \omega_g & \delta & \beta & T_g \end{bmatrix}^T$,输入变量为 $u = \begin{bmatrix} \beta_r & T_{g,ref} \end{bmatrix}^T$。

气动转矩依赖于风速和转速,具有高度的非线性。因此,该状态空间方程为非线性状态空间方程,可以表示为 $\dot{x} = f(x)$。若忽略变桨和转矩执行机构的时间延迟,上述五阶状态空间方程可简化为三阶。

风力机系统的高度非线性给控制系统设计、动态特性分析带来了许多困难。通常,可在风力机工作点附近进行线性化处理,以简化控制系统设计和动态特性分析。

若系统在某工作点的状态变量为 x^*,则系统在该工作点邻近的状态变量为 x,则状态变量偏离工作点的值 Δx 为 $\Delta x = x - x^*$。

将气动转矩按一阶泰勒公式展开得到风轮的近似转矩[10]为

$$T_r(v, \omega_r, \beta) \approx T_r(v^*, \omega_r^*, \beta^*) + \frac{\partial T_r}{\partial \omega_r}\Delta\omega_r + \frac{\partial T_r}{\partial v}\Delta v + \frac{\partial T_r}{\partial \beta}\Delta\beta \quad (6-74)$$

将式(6-74)代入状态空间方程中,获得线性空间方程[10]为

$$\Delta\dot{x} = A\Delta x + B\Delta u + B_d\Delta v \quad (6-75)$$

式中

$$A = \begin{bmatrix} \dfrac{1}{J_r}\dfrac{\partial T_r}{\partial \omega_r} - \dfrac{N_g^2 D_s}{J_r} & \dfrac{N_g D_s}{J_r} & \dfrac{-N_g K_s}{J_r} & 0 & \dfrac{1}{J_r}\dfrac{\partial T_r}{\partial \beta} \\[2mm] \dfrac{N_g D_s}{J_g} & -\dfrac{D_s}{J_g} & \dfrac{K_s}{J_g} & -\dfrac{1}{J_g} & 0 \\[2mm] N_g & -1 & 0 & 0 & 0 \\[2mm] 0 & 0 & 0 & -\dfrac{1}{\tau_g} & 0 \\[2mm] 0 & 0 & 0 & 0 & -\dfrac{1}{\tau_\beta} \end{bmatrix}_{x=x^*}$$

$$\Delta x = \begin{bmatrix} \Delta\omega_r \\ \Delta\omega_g \\ \Delta\delta \\ \Delta T_g \\ \Delta\beta \end{bmatrix} \quad \Delta u = \begin{bmatrix} \Delta T_{g,ref} \\ \Delta\beta_r \end{bmatrix} \quad B = \begin{bmatrix} 0 & 0 \\ 0 & 0 \\ 0 & 0 \\ \dfrac{1}{\tau_g} & 0 \\ 0 & \dfrac{1}{\tau_\beta} \end{bmatrix} \quad B_d = \begin{bmatrix} \dfrac{1}{J_r}\dfrac{\partial T_r}{\partial v} \\ 0 \\ 0 \\ 0 \\ 0 \end{bmatrix}$$

$$\frac{\partial T_r}{\partial \omega_r} = \frac{1}{2}\rho\pi R^3 v^2 \frac{\partial c_M}{\partial \lambda}\frac{\partial \lambda}{\partial \omega_r} = \frac{1}{2}\rho\pi R^4 v \frac{\partial c_M}{\partial \lambda}$$

$$\frac{\partial T_r}{\partial \beta} = \frac{1}{2}\rho\pi R^3 v^2 \frac{\partial c_M}{\partial \beta}$$

$$\frac{\partial T_r}{\partial v} = \rho \pi R^3 v c_M + \frac{1}{2} \rho \pi R^3 v^2 \frac{\partial c_M}{\partial \lambda} \frac{\partial \lambda}{\partial v} = \rho \pi R^3 v c_M - \frac{1}{2} \rho \pi \omega_r R^4 \frac{\partial c_M}{\partial \lambda}$$

其中，$\dfrac{\partial c_M}{\partial \lambda}$ 与 $\dfrac{\partial c_M}{\partial \beta}$ 可以根据叶轮偏载特性曲线获得。

参 考 文 献

[1]　芮筱亭, 贠来峰, 何斌, 等. 多体系统传递矩阵法及其应用[M], 北京: 科学出版社, 2008.

[2]　William T Thomson, Marie Dillon Dahleh. Theory of vibration with applications[M]. New York: Pearson, 2005.

[3]　van der Hooft E L, Schaak P, van Engelen T G. Wind Turbine Control Algorithms, Technical Report ECN－C－03－111[R]. Petten: ECN Petten, 2003.

[4]　Johnson K E, Pao L Y, Balas M J, et al. Control of variable-speed wind turbines: standard and adaptive techniques for maximizing energy capture [J]. Control Systems, IEEE , 2006, 26 (3): 70－81.

[5]　Sven Creutz Thomsen. Nonlinear Control of Wind Turbine [D]. Copenhagen: Technical University of Denmark, 2006.

[6]　Butterfield S, Musial W, Scott G. Definition of a 5－MW reference wind turbine for offshore system development [M]. Colorado: National Renewable Energy Laboratory, 2009.

[7]　Wright A D. Modern control design for flexible wind turbines[M]. Colorado: National Renewable Energy Laboratory, 2004.

[8]　Bossanyi E A. GH bladed theory manual[M]. Bristol, United Kingdom: GH & Partners Ltd, 2003.

[9]　Burton T, Sharpe D, Jenkins N, et al. Wind energy handbook[M]. Hoboken: John Wiley & Sons, 2011.

[10]　董礼. 水平轴变速变桨风力机气动设计与控制技术研究[D]. 西安: 西北工业大学, 2010.

[11]　黄巍. 大型水平轴风力机整机动力学动力学研究[D]. 西安: 西北工业大学, 2012.

[12]　廖明夫, 金路, 等. 控制系统引起的风力机传动系统失稳扭振[J]. 太阳能学报, 2011, 32(7): 985－991.

第7章 风力机控制策略及其稳定性

变速变桨控制使得大型风电机组控制系统与结构之间、子结构与子结构之间的耦合效应加强。当设计控制系统时,既要满足第 6 章对控制系统目标、功能和可靠性的要求,同时还要考虑控制策略对风力机结构动力学的影响。

本章在第 6 章的基础上介绍变桨控制器中的增益调节和邻近额定功率的过渡区的控制律设计,分析控制系统对风力机振动的影响,并给出控制系统引起风力机失稳振动的实例。

7.1 变桨控制的增益调节

由 6.4 节可知,变桨控制器通常使用 PID 控制器,而 PID 控制器的设计过程主要指的是确定 PID 控制器参数 K_P,K_I 和 K_D 的过程。此处,K_P 为比例增益系数,K_I 为积分增益系数,K_D 为微分增益系数。理论上获取这些控制参数的方法[1-3] 如下所述。

假定传动链为单自由度,即传动链为刚性连接,于是有

$$J_{total}\dot{\omega}_r = T_r - N_g T_g \tag{7-1}$$

式中,J_{total} 为传动链相对于低速轴总转动惯量,由式(6-55)确定。

若 $T_g = P_r / N_g \omega_r$,对 T_r 和 T_g 在工作点附近进行一阶泰勒展开,则有

$$T_r \approx T_{r0} + \frac{\partial T_r}{\partial \beta}\Delta\beta + \frac{\partial T_r}{\partial v}\Delta v + \frac{\partial T_r}{\partial \omega_r}\Delta\omega_r \tag{7-2}$$

$$T_g \approx T_{g0} + \frac{\partial T_g}{\partial \omega_r}\Delta\omega_r = T_{g0} + \left(-\frac{P_r}{N_g \omega_r^2}\Delta\omega_r\right) \tag{7-3}$$

于是有

$$J_{total}\Delta\dot{\omega}_r = \frac{\partial T_r}{\partial \beta}\Delta\beta + \frac{\partial T_r}{\partial v}\Delta v + \frac{\partial T_r}{\partial \omega_r}\Delta\omega_r + \frac{P_r}{\omega_r^2}\Delta\omega_r \tag{7-4}$$

$$\Delta\dot{\omega}_r = (A + K)\Delta\omega_r + B_d\Delta v + B\Delta\beta \tag{7-5}$$

其中,$A = \frac{1}{J_{total}}\frac{\partial T_r}{\partial \omega_r}$,$K = \frac{P_r}{J_{total}\omega_r^2}$,$B_d = \frac{1}{J_{total}}\frac{\partial T_r}{\partial v}$,$B = \frac{1}{J_{total}}\frac{\partial T_r}{\partial \beta}$,而 $\frac{\partial T_r}{\partial \omega_r}$,$\frac{\partial T_r}{\partial v}$,$\frac{\partial T_r}{\partial T_\beta}$ 在式(6-75)中已经定义过。

由 PID 控制器可知

$$\Delta \beta = K_{P} \Delta \omega_{r} + K_{I} \int \Delta \omega_{r} dt + K_{D} \frac{\partial \Delta \omega_{r}}{\partial t} \tag{7-6}$$

对式(7-6)作拉普拉斯变换,得

$$\Delta \beta(S) = K_{P} \Delta \omega_{r} + \frac{K_{I}}{S} \Delta \omega_{r} + K_{D} S \Delta \omega_{r} \tag{7-7}$$

对式(7-5)进行拉普拉斯变换,并将式(7-7)代入,整理得到系统的传递函数为

$$T(S) = \frac{\Delta \omega_{r}(S)}{\Delta V(S)} = \frac{B_{d} S}{(1 - BK_{D}) S^{2} + (-A - K - BK_{P}) S - BK_{I}} \tag{7-8}$$

特征方程为

$$S^{2} + \frac{-A - K - BK_{P}}{1 - BK_{D}} S + \frac{-BK_{I}}{1 - BK_{D}} = 0 \tag{7-9}$$

令特征方程表示为

$$S^{2} + 2\delta_{n} \omega_{n} S + \omega_{n}^{2} = 0 \tag{7-10}$$

则有

$$K_{I} = \frac{-\omega_{n}^{2}(1 - BK_{D})}{B}, \quad K_{P} = -\frac{A + K}{B} - \frac{2\delta_{n} \omega_{n}(1 - BK_{D})}{B} \tag{7-11}$$

由上述结果可知,只要确定了控制参数 δ_{n} 和 ω_{n} 就可以确定 PID 控制器三个参数的选取范围。当 $K_{D} = 0$ 时,动态特性最好,这时控制器又被称为 PI 控制器,增益系数 K_{I} 和 K_{P} 可以由式(7-11)确定。

根据以上方法可以确定风力机在某一工作点的 PID 控制器参数。但风力机在额定转速以上的风况范围较大,因此,需要选取多个工作点进行变桨控制器的 PID 控制器设计,制定控制器增益变化规律,这样才能满足风力机控制要求。

以 ZDS—2500 风力机为例介绍控制器增益的选择。对于该型风力机,可取控制参数 $\delta_{n} = 0.8, \omega_{n} = 0.5$。表 7-1 列出了 ZDS—2500 风力机变桨控制器设计工作点参数[11]。

表 7-1　ZDS—2500 风力机变桨控制器工作点参数[11]

风速 /(m·s⁻¹)　 工作点参数	12	14	16	18	20	22	24
$\beta_{0}/(°)$	0.56	6.06	9.60	12.56	15.20	17.62	19.89
$\omega_{r0}/(\text{rad} \cdot \text{s}^{-1})$	1.95						
$T_{g0}/(\text{N} \cdot \text{m})$	11 998						

根据第 3 章给出的 ZDS—2500 风力机偏载特性曲线(见图 3 - 27),并利用式(6 - 75),可以计算出工作点的气动力矩灵敏度 $\partial T_r/\partial \omega_r$,$\partial T_r/\partial v$ 和 $\partial T_r/\partial \beta$,如图 7 - 1 所示。从图中可以看出,气动力矩灵敏度为非线性,小桨角下的气动力矩灵敏度比较小(绝对值),需要相对大的增益值,而大桨角下气动力矩灵敏度大,需要的增益则相对小。表 7 - 2 列出了 ZDS—2500 风力机设计工作点的 PID 增益值,这里取 $K_D = 0$。而对于其他工作点,可以通过插值获得对应的控制器增益[11]。

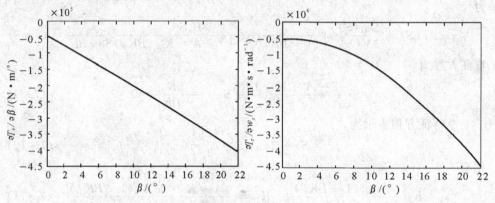

图 7 - 1   气动转矩在不同桨角下的灵敏度(分别为对桨角、风轮角速度)

表 7 - 2   PID 控制器参数[11]

参数 \ 风速 /(m·s⁻¹)	12	14	16	18	20	22	24
K_P	1.67	0.64	0.43	0.31	0.21	0.16	0.11
K_I	0.51	0.21	0.15	0.122	0.102	0.089	0.078

7.2   变速和变桨控制的联动及过渡区的控制

变速控制和变桨控制分别作用在风力机的两个不同的工作模式:部分载荷和满载。部分载荷运行时风力机控制的目的是获取最大功率,而满载时则为限制功率输出。理论上两种控制不存在联动。实际上,在不同的工作模式下,变速控制和变桨控制可以同时作用于风力机,即综合控制。特别是在额定功率之上的区域,在变桨的同时,可以通过适当调节转速实现最佳的功率平稳输出。在风力机从部分载荷到满载模式切换或从满载向部分载荷模式切换的过程中,即风力机处于工作模式过渡状态,会存在指令滞后、控制参数跳变等现象,导致过渡区出现载荷冲击,故在过渡区需进行柔性控制。

7.2.1 基于转矩调整的功率稳定控制

通常,满载工作时发电机电磁转矩为额定转矩,且恒定不变。此时功率会随着转速的波动而波动。由于变桨控制相对于发电机转矩控制响应时间长,很难保证功率的平稳控制。

为了获得风力机更好的功率平稳特性,克服变桨控制时间响应周期长的缺点,可建立基于转矩调整的功率稳定控制策略,即在变桨控制的同时,调整电磁转矩以实现平稳功率输出,即额定工况以上采用转矩和变桨综合控制。

要实现风力机满载状态下,功率输出恒定为额定功率,可以随着转速的波动将发电机转矩进行反向调节,此时转矩为额定功率值除以实时波动的转速值。

如图 7-2 所示为某风速下的仿真结果。从图中可以看出,输出功率保持在额定功率不变、控制功率平稳的情况下,但此时转矩的波动会很大[11]。

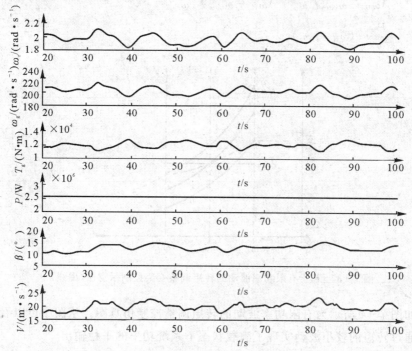

图 7-2 恒定功率的转矩调节控制仿真[11]

　　为了降低转矩波动,这里介绍一种基于有限功率波动的转矩修正功率控制策略,即允许功率在满足要求的范围内波动,从而降低转矩的振荡。如图 7-3 所示,首先确定转矩与功率同时调整时所允许的转速波动范围,假设最小转速为 ω_L,最大转速为 ω_H。同时,定义在转速 ω_H 下的功率为最高功率 P_H,转速若高于 ω_H,功率将保持在 P_H。定义在转速 ω_L 下的转矩为最高转矩 T_H,转速若低于 $P_L = T_H \omega_L$,转矩将保持在 T_H。这样允许的最低功率就为 $P_L = T_H \omega_L$,额定转速 ω_r 处的最高允许功率为 P_H,最低允许功率就为 P_L,而额定转速时转矩必须为 T_{rated}。由此,可以根据实际转速所处的位置,对允许最高功率或最低功率下的转矩与额定功率下转矩之间进行线性插值,具体公式为

$$\left.\begin{aligned}
T_g &= T_H \quad (\omega_r < \omega_L) \\
T_g &= \left(\frac{\omega_r - \omega_L}{\omega_{rated} - \omega_L}\right)\frac{P_L}{\omega_r} + \left(\frac{\omega_{rated} - \omega_r}{\omega_{rated} - \omega_L}\right)\frac{P_{rated}}{\omega_r} \quad (\omega_L \leqslant \omega_r \leqslant \omega_{rated}) \\
T_g &= \left(\frac{\omega_H - \omega_r}{\omega_H - \omega_{rated}}\right)\frac{P_H}{\omega_r} + \left(\frac{\omega_r - \omega_{rated}}{\omega_H - \omega_{rated}}\right)\frac{P_{rated}}{\omega_r} \quad (\omega_{rated} \leqslant \omega_r \leqslant \omega_H) \\
T_g &= \frac{P_H}{\omega_r} \quad (\omega_H < \omega_r)
\end{aligned}\right\} \quad (7-12)$$

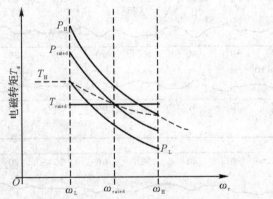

图 7-3　基于有限功率波动的转矩调整变桨控制示意图(虚线)[11]

　　如图 7-4 所示为有限功率波动的转矩调整控制仿真图。从图中可以看出,该策略通过转矩的较小波动实现了满载状态下系统功率的平稳输出[11]。

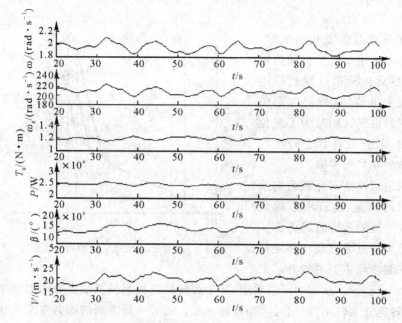

图 7 - 4　基于有限功率波动的转矩调整控制仿真图[11]

7.2.2　动态柔性过渡控制

通常,风力机的转矩控制和变桨控制是独立运行的,即部分载荷运行时,只有转矩控制器起作用,而变桨控制器不工作,桨角将一直位于最佳桨角;满载运行时,转矩保持恒定,只有变桨控制器工作。这样随着风速和风轮转速的提高,只要在额定点切换变桨和转矩控制器,即可实现部分载荷和满载之间的过渡。但是在实际风力机控制中并没有使用这样的设计。这主要是因为这种控制策略在过渡区会带来很大的风力机载荷和功率波动。另外,若风速在过渡区波动较大,会导致变桨控制系统持续动作,即叶片频繁变桨,易于造成故障。因此,在实际风力机控制器设计中,会针对过渡区进行必要的处理。本节介绍动态柔性过渡控制策略。该控制策略的转矩控制如图 7 - 5 所示,主要策略[11] 如下所述。

当从满载向部分载荷切换时,把静态过渡 3 区的曲线由静态切换点 C 平移到动态切换点 D,图 7 - 5 中箭头表示控制方向。若转矩没来得及过渡到原始静态 2 区或 3 区的曲线,转速就上升,则控制曲线将沿着当前运行点 O 到切换点 C 线性过渡;若转速又下降,则沿着 3 区曲线平移到运行点 O 的曲线下降,如此反复,直到运行点回到原始静态 2 区或 3 区的控制曲线上。这样就可以有效的避免转矩的突变。

从部分载荷向满载切换时，把变桨参考转速设定为瞬间的风轮转速，然后逐渐再过渡到原始静态给定参考值，这样可以避免桨角突变的情况。同时为了避免积分饱和，部分载荷状态时将风轮转速作为变桨参考输入。

可以适当提高部分载荷向满载切换点的转速，这样可以保证风力机在 2 区的运行时间更长。

动态柔性过渡控制在额定风速附件的湍流风速下的仿真结果

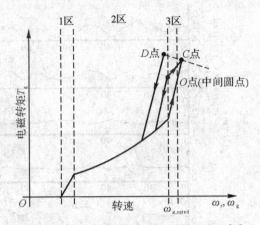

图 7-5　动态柔性过渡控制策略示意图[11]

如图 7-6 所示[11]。从图中可以看出，桨角和转矩在控制模式切换瞬间无突变的情况，同时转速波动较小，额定时功率比较平稳。图 7-6 最下面的图为变桨控制参考转速的变化情况，可以看到在模式切换瞬间，变桨参考转速进行了必要调整，从而避免了桨角突变。因此，这里提出的动态柔性过渡控制策略非常适合风力机的过渡控制，在满足柔性过渡的同时，也达到了功率平稳、转速波动小、载荷低的最佳控制目标。

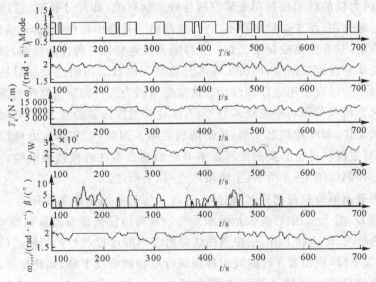

图 7-6　动态柔性过渡控制策略仿真结果[11]

因此,可以得出如下结论:动态柔性过渡控制策略适用于风力机的过渡控制,在满足柔性过渡的同时,也达到了功率平稳、转速波动小、载荷低的最佳控制目标。

7.3　控制策略对风力机结构动力学的影响

风力机的控制策略除了对风力机的功率输出和功率限制有着决定性的影响外,它还影响风力机的振动。若设计不当,控制系统会引起风力机发生失稳振动。这也是风力机设计和维护中经常出现的问题。本节分三方面分析风力机振动策略对风力机结构动力学的影响。

7.3.1　控制策略对传动系统扭振稳定性的影响

假设当风速为 v 时,风力机以转速 ω_{r0} 旋转,发电机以转速 ω_{g0} 旋转。若受某种干扰,在旋转的同时叶轮发生扭转振动,则叶轮瞬间角速度为

$$\omega_r = \omega_{r0} + \dot{\theta}_r \tag{7-13}$$

$$\omega_g = \omega_{g0} + \dot{\theta}_g \tag{7-14}$$

式中, $\dot{\theta}_r$ 和 $\dot{\theta}_g$ 分别为叶轮和发电机转子扭转振动速度。由于扭转振动改变了叶轮和发电机转子的转速,因此,叶轮上的气动力矩和发电机上的负载转矩都将分别随扭转振动速度 $\dot{\theta}_r$ 和 $\dot{\theta}_g$ 发生变化。于是,转子扭转振动方程由式(6 - 40)和式(6 - 41)变为

$$J_r \ddot{\theta}_r + N_g^2 K_s \theta_r - N_g K_s \theta_g = \frac{\partial T_r}{\partial \omega_r} \dot{\theta}_r \tag{7-15}$$

$$J_g \ddot{\theta}_g + K_s \theta_g - K_s N_g \theta_r = -\frac{\partial T_g}{\partial \omega_g} \dot{\theta}_g \tag{7-16}$$

式(7 - 16)右端的负号表示 T_g 为负载转矩。 $\dfrac{\partial T_r}{\partial \omega_r}$ 在式(6 - 75)中给出:

$$\frac{\partial T_r}{\partial \omega_r} = \frac{1}{2} \rho \pi R^3 v^2 \frac{\partial c_M}{\partial \lambda} \frac{\partial \lambda}{\partial \omega_r} = \frac{1}{2} \rho \pi R^4 v \frac{\partial c_M}{\partial \lambda} \tag{7-17}$$

气动力矩随转速的变化除与风速有关外,还取决于力矩系数随叶尖速比的变化。一般情况下,在最佳叶尖速比附近(通常为 6 ~ 8),力矩系数与叶尖速比成负斜率的线性关系,如图 3 - 27 所示。因此,力矩系数可表达为

$$c_M = c_{M0} - q_0 \lambda \tag{7-18}$$

式中, c_{M0} 和 q_0 为常数。

将式(7-18)代入式(7-17)后,得

$$\frac{\partial T_r}{\partial \omega_r} = \frac{\rho}{2}\pi R^4 \frac{\partial c_M}{\partial \lambda} v = -\frac{\rho}{2}\pi R^4 v q_0 \qquad (7-19)$$

假设负载转矩在转速 ω_{g0} 附近为线性函数,即

$$T_g = k_0 \omega_g + M_0 \qquad (7-20)$$

式中,k_0 为常数;M_0 为停机状态的静力矩。

对式(7-20)关于转速 ω_g 求导数,得

$$\frac{\partial T_g}{\partial \omega_g} = k_0 \qquad (7-21)$$

将式(7-19)和式(7-21)分别带入式(7-15)和式(7-16)后,可得

$$J_r \ddot{\theta}_r + \frac{\rho}{2}\pi R^4 v q_0 \dot{\theta}_r + N_g^2 K_s \theta_r - N_g K_s \theta_g = 0 \qquad (7-22)$$

$$J_g \ddot{\theta}_g + k_0 \dot{\theta}_g + K_s \theta_g - N_g K_s \theta_r = 0 \qquad (7-23)$$

由此可见,气动力矩和负载转矩都将对转子的扭振施加阻尼作用,使系统趋于稳定[12]。

假设转子的运动符合式(7-22)和式(7-23),方程的解为

$$\theta_r = \Theta_r e^{\gamma t} \qquad (7-24)$$

$$\theta_g = \Theta_g e^{\gamma t} \qquad (7-25)$$

同时,令

$$L_0 = \frac{\rho}{2}\pi R^4 v q_0 \qquad (7-26)$$

将式(7-24)~式(7-26)代入式(7-22)和式(7-23)得

$$(J_r \gamma^2 + L_0 \gamma + N_g^2 K_s)\Theta_r - N_g K_s \Theta_g = 0 \qquad (7-27)$$

$$(J_g \gamma^2 + k_0 \gamma + K_s)\Theta_g - N_g K_s \Theta_r = 0 \qquad (7-28)$$

特征方程为

$$(J_r \gamma^2 + L_0 \gamma + N_g^2 K_s)(J_g \gamma^2 + k_0 \gamma + K_s) - N_g K_s^2 = 0 \qquad (7-29)$$

展开之后,得

$$J_r J_g \gamma^4 + (k_0 J_r + L_0 J_g)\gamma^3 + (L_0 k_0 + K_s J_r + N_g^2 K_s J_g)\gamma^2 +$$
$$(N_g^2 K_s k_0 + K_s L_0)\gamma = 0 \qquad (7-30)$$

方程的零解 $\gamma = 0$ 对应转子系统的刚体转动。当 $\gamma \neq 0$ 时,式(7-30)变为

$$J_r J_g \gamma^3 + (k_0 J_r + L_0 J_g)\gamma^2 + (L_0 k_0 + K_s J_r + N_g^2 K_s J_g)\gamma + N_g^2 K_s k_0 + K_s L_0 = 0$$
$$(7-31)$$

式(7-31)可以简写为

$$e_3 \gamma^3 + e_2 \gamma^2 + e_1 \gamma + e_0 = 0 \qquad (7-32)$$

式中

$$\left.\begin{aligned}
e_0 &= N_g^2 K_s k_0 + K_s L_0 \\
e_1 &= L_0 k_0 + K_s J_r + N_g^2 K_s J_g \\
e_2 &= k_0 J_r + L_0 J_g \\
e_3 &= J_r J_g
\end{aligned}\right\} \qquad (7-33)$$

由于 $e_i > 0 (i=0,1,2,3)$，故式(7-30) 在 $\gamma \geqslant 0$ 的实数域无根。

另外，由于

$$\left.\begin{aligned}
e_0 &= N_g^2 K_s k_0 + K_s L_0 > 0 \\
\Delta_1 &= e_1 = L_0 k_0 + K_s J_r + N_g^2 K_s J_g > 0 \\
\Delta_2 &= \begin{vmatrix} e_1 & e_0 \\ e_3 & e_2 \end{vmatrix} > 0 \\
\Delta_3 &= \begin{vmatrix} e_1 & e_0 & 0 \\ e_3 & e_2 & e_1 \\ 0 & 0 & e_3 \end{vmatrix} > 0
\end{aligned}\right\} \qquad (7-34)$$

根据 Hurwitz 稳定性判据[4]，式(7-31) 所有根的实部全部为负，表明系统是稳定的。由此可见，当用发电机转速 ω_g 作为控制输入信号施行控制时，电磁转矩向风力机转子系统施加正阻尼作用，使转子系统趋于稳定[12]。

假设把叶轮转速 ω_r 作为发电机负载转矩的控制输入信号，则风力机转子系统的扭振方程中的式(7-16) 改为

$$J_g \ddot{\theta}_g + K_s \theta_g - K_s N_g \theta_r = -\frac{\partial T_g}{\partial \omega_r} \dot{\theta}_r \qquad (7-35)$$

此时，式(7-20) 变为

$$T_g = k_0 N_g \omega_r + M_0 \qquad (7-36)$$

对式(7-36) 关于转速 ω_r 求导数，得

$$\frac{\partial T_g}{\partial \omega_r} = k_0 N_g \qquad (7-37)$$

将式(7-19) 和式(7-37) 分别代入式(7-15) 和式(7-35)，可得

$$J_r \ddot{\theta}_r + \frac{\rho}{2} \pi R^4 v q_0 \dot{\theta}_r + N_g^2 K_s \theta_r - N_g K_s \theta_g = 0 \qquad (7-38)$$

$$J_g \ddot{\theta}_g + k_0 N_g \dot{\theta}_r + K_s \theta_g - N_g K_s \theta_r = 0 \qquad (7-39)$$

按照前文所述步骤，可以求得振动系统的特征方程为

$$J_r J_g \gamma^4 + L_0 J_g \gamma^3 + (K_s N_g^2 J_g + K_s J_r)\gamma^2 + (N_g^2 K_s k_0 + K_s L_0)\gamma = 0$$

$$(7-40)$$

$\gamma = 0$ 同样对应刚体转动。当 $\gamma \neq 0$ 时,特征方程为

$$J_r J_g \gamma^3 + L_0 J_g \gamma^2 + (K_s N_g^2 J_g + K_s J_r)\gamma + N_g^2 K_s k_0 + K_s L_0 = 0 \quad (7-41)$$

把式(7-41)简化为

$$b_3 \gamma^3 + b_2 \gamma^2 + b_1 \gamma + b_0 = 0 \quad (7-42)$$

式中

$$\left. \begin{aligned} b_0 &= N_g^2 K_s k_0 + K_s L_0 \\ b_1 &= K_s J_r + N_g^2 K_s J_g \\ b_2 &= L_0 J_g \\ b_3 &= J_r J_g \end{aligned} \right\} \quad (7-43)$$

由于 $b_i > 0 (i=0,1,2,3)$,故式(7-41)在 $\gamma \geqslant 0$ 的实数域无根。而

$$\left. \begin{aligned} b_0 &= N_g^2 K_s k_0 + K_s L_0 > 0 \\ \Delta_1 &= b_1 = K_s J_r + N_g^2 K_s J_g > 0 \\ \Delta_2 &= \begin{vmatrix} b_1 & b_0 \\ b_3 & b_2 \end{vmatrix} = K_s N_g^2 J_g (J_g L_0 - J_r k_0) \\ \Delta_3 &= \begin{vmatrix} b_1 & b_0 & 0 \\ b_3 & b_2 & b_1 \\ 0 & 0 & b_3 \end{vmatrix} = J_r J_g^2 K_s N_g^2 (J_g L_0 - J_r k_0) \end{aligned} \right\} \quad (7-44)$$

根据 Hurwitz 稳定性判据[4],如果式(7-44)中 Δ_2,Δ_3 皆为正,则式(7-41)所有根的实部全部为负,系统是稳定的[12]。

但当风速增加,转速接近额定转速时,式(7-44)中 Δ_2,Δ_3 可能会为负。Hurwitz 稳定性判据不能给出系统必然失稳的结论,因为它不是充要条件[12]。

为此,不妨设式(7-41)的解为

$$\gamma = i\omega \quad (7-45)$$

表示振系处在稳定性边界。代入式(7-41),并令实部与虚部分别为零,得

$$\begin{aligned} J_r J_g \omega^2 &= K_s N_g^2 J_g + K_s J_r \\ L_0 J_g \omega^2 &= N_g^2 K_s k_0 + K_s L_0 \end{aligned} \quad (7-46)$$

由此解得稳定性边界条件为

$$K_s N_g^2 J_g (J_g L_0 - J_r k_0) = 0 \quad (7-47)$$

即

$$J_g L_0 - J_r k_0 = 0 \quad (7-48)$$

说明当 $J_r k_0 > J_g L_0$ 时,特征根的实部确实会为正数,风力机传动系统将失稳[12]。

在启动转速至额定转速以下,风力机以最佳叶尖速比 $\lambda = \lambda_{opt}$ 运行,当转速增加时,虽然负载力矩随转速变化的斜率 k_0 也不断增加,如图 6-6 所示的工作区 2,但由式(7-18)和式(7-26)知,在此工作范围有

$$J_g L_0 > J_r k_0 \qquad\qquad (7-49)$$

因此,在该工作区传动系统是稳定的[12]。

当接近额定转速时,风力机将偏离最佳功率系数点。此时,负载力矩与转速不再遵循最佳效率控制律,斜率 k_0 将会急剧增加,如图 7-7 所示。其中,实线为实际控制曲线,虚线为理论控制曲线。

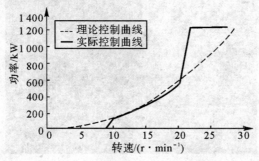

图 7-7　风力机实际控制曲线

另外,由图 3-27 可见,力矩系数随叶尖速比变化的斜率为正,即 $L_0 < 0$。在这种情况下,将会出现:

$$J_g L_0 - J_r k_0 < 0 \qquad\qquad (7-50)$$

此时,风力机将发生扭转失稳振动[12]。

上述分析表明,用发电机转速 ω_g 作为控制输入信号,使系统趋于稳定;而用风轮转速 ω_r 作为控制输入信号,负载力矩随转速的变化将成为激励传动系统发生失稳振动的激振力矩,不断向振系输入能量。但在额定转速下,负载力矩产生的失稳激振力矩小于叶轮上作用的气动阻尼力矩,故传动系统仍然维持稳定状态。但接近额定转速时,负载力矩和气动力矩均成为失稳激振力矩,使传动系统失稳。可见,这种失稳振动的显著特征是,自某一边界点开始,失稳振动突然发作;而转速降至边界点以下时,振动会突然消失。因此,当设计控制系统时,应避免使用叶轮转速 ω_r(低速端转速)作为负载力矩控制信号[12]。

【故障实例】　某风电场两台某型 1.5 MW 双馈型风电机组当风速接近额定风速时,发生剧烈振动,使齿轮箱两侧的减振器严重损坏,如图 7-8 所示。

更换减振器后,对该机组进行了现场振动监测。监测结果表明,机组当临近额定转速时,发生失稳扭转振动。进一步诊断后发现,故障的原因是误将风轮转速 ω_r 作为输入信号来控制发电机转矩所致[12]。如图 7-9 所示为实测的发电机转速和转矩差[12]。由图 7-9 可见,发电机转速从 1 500 r/min 增加到 1 600 r/min 时,传动系统(包括发电机)突然发生大幅度扭转振动,振动频率约为 0.31 Hz(可能是传动系统的自振频率),发电机转矩差(控制目标转矩与实测转矩之差)也出现同频同相的波动。在转速降低之后,振动突然消失。这是明显的扭振失稳特征。把控制输入信号换成发电机转速 ω_g(高速端转速)后,失稳振动消失[12]。

图 7-8　某型 1.5 MW 双馈型风电机组减振器损坏故障

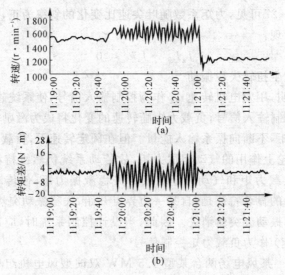

图 7-9　实测的某 1.5 MW 风电机组发电机转速和转矩差随时间的变化[12]

(a) 发电机转速的波动(扭振);　(b) 转矩差的波动

7.3.2　控制策略对轴向振动稳定性的影响

风力机的控制系统通过改变风力机的转速及桨角实现最大功率输出或者功率保持。由前文可知,当风力机转速及桨角变化时,风力机的气动载荷也会同时发生改变,从而对风力机的轴向振动产生影响,甚至引起轴向振动失稳。如图 7 - 10 所示为实测的某型 1.5 MW 风电机组轴向失稳振动[13]。

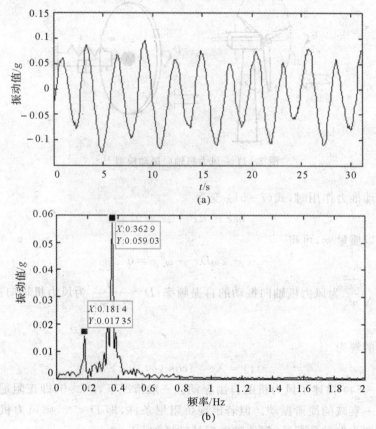

(a)

(b)

图 7 - 10　某型 1.5 MW 风电机组轴向失稳振动数据[13]

(a) 轴向振动波形;

(b) 轴向振动频谱(0.362 9 Hz 为风力机轴向振动自振频率)

因此,本小节针对控制策略与风力机轴向振动稳定性之间的关系进行了分析。

风力机轴向振动模型可以简化为如图 7 - 11 所示[6] 的单自由度振系。设风力

机机舱轴向振动为 x，向后为正，则运动微分方程为

$$m\ddot{x} + d\dot{x} + sx = F(\beta, \omega_r, v) \qquad (7-51)$$

式中，m 为机舱（包括叶片）的总质量；d 为风力机在常态下轴向的气动和结构阻尼；s 为塔架的刚度；$F(\beta, \omega_r, v)$ 为作用在风力机上的气动推力。气动推力 F 是桨角 β、转速 ω_r 和风速 v 的函数[6]。

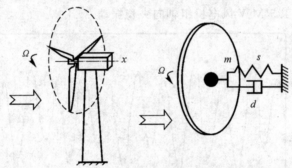

图 7-11　风力机轴向振动模型[6]

无气动推力作用时，式(7-51)变为

$$m\ddot{x} + d\dot{x} + sx = 0 \qquad (7-52)$$

两边同除以质量 m，可得

$$\ddot{x} + 2\omega D\dot{x} + \omega^2 x = 0 \qquad (7-53)$$

式中，$\omega = \sqrt{\dfrac{s}{m}}$ 为风力机轴向振动的自振频率；$D = \dfrac{d}{2\sqrt{ms}}$ 为风力机轴向振动的阻尼比。

方程的解为

$$x(t) = X e^{-\omega D t} \cos(\omega t + \varphi) \qquad (7-54)$$

式(7-54)描述了风力机的自由振动。一般情况下，$D > 0$，即正阻尼条件，自由振动为一衰减的简谐振动。但若出现负阻尼条件，即 $D < 0$，则风力机将失稳，自由振动变为发散的振动，幅值随时间持续增加[7]。

因此，通过判断阻尼的正、负就可以分析风力机轴向振动的稳定性。换句话说，通过求解特征方程，判断特征根实部的正、负来确定振动的稳定性。判据为特征根实部为正，对应负阻尼条件，振动失稳；特征根为负，对应正阻尼条件，振动稳定。

1. 对变速变桨风力机不同工作区的稳定性分析

（1）最佳控制率下风力机的振动稳定性

风力机工作在额定功率以下时，风力机不变桨，转速按照最佳控制律变化，即

叶尖速比始终保持在最佳叶尖速比处。因此,转速 ω_r 与风速 v 线性相关,同时,推力与桨角 β 无关,即

$$F(\beta,\omega_r,v) = F(v) \quad (v < v_{\text{rated}}) \tag{7-55}$$

假设风力机运行在稳态风速 $v = v_0 (v_0 < v_{\text{rated}})$ 以下,转速为 ω_{r0}。风力机在某一干扰下发生轴向振动,振动速度为 $\Delta\dot{x}$(向后为正)。将推力在 $v = v_0$ 处按泰勒级数展开:

$$F(v) \approx F_0 + \left. \frac{\partial F}{\partial v} \right|_{\substack{v=v_0 \\ \Omega=\Omega_0}} \mathrm{d}v \tag{7-56}$$

由推力为 $F = \dfrac{1}{2}\rho A c_T(\lambda,\beta) v^{2[6]}$ 可得

$$\frac{\partial F}{\partial v} = \frac{1}{2}\rho A c_T(\lambda,\beta) 2v = \frac{2F}{v} \tag{7-57}$$

带入式(7-56)得

$$F(v) = F_0 + \frac{2F_0}{v_0}\mathrm{d}v \tag{7-58}$$

此时,假设风速的变化由风力机轴向振动引起,即

$$\mathrm{d}v = -\Delta\dot{x} \tag{7-59}$$

将推力的表达式式(7-58)带入风力机轴向振动微分方程式(7-51),并考虑式(7-59)得到

$$m\ddot{x} + d\dot{x} + sx = F_0 - \frac{2F_0}{v_0}\Delta\dot{x} \tag{7-60}$$

方程的解为

$$x = x_0 + \Delta x \tag{7-61}$$

带入式(7-60)解得

$$x_0 = \frac{F_0}{s} \tag{7-62}$$

$$m\Delta\ddot{x} + \left(d + \frac{2F_0}{v_0}\right)\Delta\dot{x} + s\Delta x = 0 \tag{7-63}$$

引入等效阻尼 d_{opt}:

$$d_{\text{opt}} = d + \frac{2F_0}{v_0} \tag{7-64}$$

式中,$F_0/v_0 > 0$。由式(7-64)可见,最佳变速控制使风力机阻尼增加,将提高风力机抗振稳定性[13]。

（2）恒转速下变桨的振动稳定性

在额定风速以上，风力机工作在满载状态，若采取转速恒定 $\omega_r = \omega_{r,rated}$、完全依靠变桨来保证输出功率恒定（$P = P_{rated}$）的控制策略，则风速为 $v = v_0$（$v_0 > v_{rated}$）、转速为 $\omega_r = \omega_{r,rated}$ 时的推力可近似表示为

$$F(\beta,v) = F_0 + \frac{\partial F}{\partial \beta}\bigg|_{\substack{v=v_0 \\ \omega_r=\omega_{r,rated}}} d\beta + \frac{\partial F}{\partial v}\bigg|_{\substack{v=v_0 \\ \omega_r=\omega_{r,rated}}} dv \qquad (7-65)$$

由推力为 $F = \frac{1}{2}\rho A c_T(\lambda,\beta)v^2$ 可以得到

$$\frac{\partial F}{\partial v}\bigg|_{\substack{v=v_0 \\ \omega_r=\omega_{r,rated}}} = \frac{F_0}{v_0}\left(2 - \frac{\frac{\partial c_T}{\partial \lambda}}{c_T/\lambda}\right) \qquad (7-66)$$

$$\frac{\partial F}{\partial \beta}\bigg|_{\substack{\beta=\beta_0 \\ v=v_0 \\ \omega_r=\omega_{r,rated}}} = \frac{F_0}{\beta_0}\frac{\frac{\partial c_T}{\partial \beta}}{c_T/\beta} \qquad (7-67)$$

此处，设变桨规律为

$$\beta = k_1 v \qquad (7-68)$$

式中，k_1 为变桨控制系数，它是一阶跃函数，当风速小于额定风速时，$k_1=0$，在风速大于额定风速后，k_1 为一常数。

将变桨规律式（7-68）带入式（7-65），并考虑到式（7-59）的关系，可得

$$F(\beta,v) = F_0 - \frac{F_0}{\beta_0}\frac{\frac{\partial c_T}{\partial \beta}}{c_T/\beta}k_1\Delta\dot{x} - \frac{F_0}{v_0}\left(2 - \frac{\frac{\partial c_T}{\partial \lambda}}{c_T/\lambda}\right)\Delta\dot{x} \qquad (7-69)$$

将式（7-69）带入微分方程式（7-51）得

$$m\Delta\ddot{x} + \left[d + k_1\frac{F_0}{\beta_0}\frac{\frac{\partial c_T}{\partial \beta}}{c_T/\beta} + \frac{F_0}{v_0}\left(2 - \frac{\frac{\partial c_T}{\partial \lambda}}{c_T/\lambda}\right)\right]\Delta\dot{x} + s\Delta x = 0 \qquad (7-70)$$

于是，得到等效阻尼 d_β：

$$d_\beta = d + k_1\frac{F_0}{\beta_0}\frac{\frac{\partial c_T}{\partial \beta}}{c_T/\beta} + \frac{F_0}{v_0}\left(2 - \frac{\frac{\partial c_T}{\partial \lambda}}{c_T/\lambda}\right) \qquad (7-71)$$

由于 $\frac{\partial c_T}{\partial \beta} < 0$，$\frac{\partial c_T}{\partial \lambda} > 0$[6,8]，且在 $\beta=\beta_0$，$v=v_0$，$\omega_r=\omega_{r,rated}$ 的邻域，$\dfrac{\frac{\partial c_T}{\partial \beta}}{c_T/\beta} \approx$

$-\dfrac{\dfrac{\partial c_T}{\partial \lambda}}{c_T/\lambda} \approx -1$。另外，考虑到式(7-68)，$\beta_0 = k_1 v_0$，得到 $d_\beta \approx d$。由此可见，定转速变桨不改变风力机轴向振动阻尼。一般情况下，风力机在常态下的气动和结构阻尼 d 很小，稳定性完全要靠 d 来保证，裕度就会很小[13]。

（3）变速变桨控制下的振动稳定性

若在风力机变桨的同时，也变转速，则在风速为 $v = v_0$（$v_0 > v_{rated}$）、转速为 $\omega_r = \omega_{r,rated}$ 时的邻域，推力可近似表示为

$$F(\beta, \omega_r, v) = F_0 + \frac{\partial F}{\partial \beta}\bigg|_{\substack{v=v_0 \\ \omega_r=\omega_{r,rated}}} \mathrm{d}\beta + \frac{\partial F}{\partial v}\bigg|_{\substack{v=v_0 \\ \omega_r=\omega_{r,rated}}} \mathrm{d}v + \frac{\partial F}{\partial \omega_r}\bigg|_{\substack{v=v_0 \\ \omega_r=\omega_{r,rated}}} \mathrm{d}\omega_r$$

$$(7-72)$$

而

$$\frac{\partial F}{\partial \Omega} = \frac{\partial F}{\partial \lambda}\frac{\partial \lambda}{\partial \Omega} = \frac{\partial F}{\partial \lambda}\frac{R}{v_0} = \frac{F_0}{\omega_{r,rated}}\frac{\frac{\partial c_T}{\partial \lambda}}{c_T/\lambda} \quad (7-73)$$

在 $v = v_0$ 和 $\omega_r = \omega_{r,rated}$ 的邻域，假设：

$$\omega_r = k_2 v \quad (7-74)$$

式中，k_2 为控制常数。

于是，有

$$\mathrm{d}\omega_r = k_2 \mathrm{d}v \quad (7-75)$$

$$F(\beta, \omega_r, v) = F_0 + \frac{F_0}{\beta_0}\frac{\frac{\partial c_T}{\partial \beta}}{c_T/\beta}k_1 \mathrm{d}v + \frac{F_0}{v_0}\left(2 - \frac{\frac{\partial c_T}{\partial \lambda}}{c_T/\lambda}\right)\mathrm{d}v + \frac{F_0}{\omega_{r,rated}}\frac{\frac{\partial c_T}{\partial \lambda}}{c_T/\lambda}k_2 \mathrm{d}v$$

$$(7-76)$$

把式(7-76)带入微分方程式(7-51)，并考虑到式(7-59)，得到等效阻尼 $d_{\beta\omega}$：

$$d_{\beta\omega} = d + k_1 \frac{F_0}{\beta_0}\frac{\frac{\partial c_T}{\partial \beta}}{c_T/\beta} + \frac{F_0}{v_0}\left(2 - \frac{\frac{\partial c_T}{\partial \lambda}}{c_T/\lambda}\right) + \frac{F_0}{\omega_{r,rated}}\frac{\frac{\partial c_T}{\partial \lambda}}{c_T/\lambda}k_2 \quad (7-77)$$

同上，$\dfrac{\partial c_T}{\partial \beta} < 0$，$\dfrac{\partial c_T}{\partial \lambda} > 0$[6,8]，且在 $\beta = \beta_0$，$v = v_0$，$\omega_r = \omega_{r,rated}$ 的邻域，$\dfrac{\frac{\partial c_T}{\partial \beta}}{c_T/\beta} \approx$

$-\dfrac{\frac{\partial c_T}{\partial \lambda}}{c_T/\lambda} \approx -1$。另外，考虑到式(7-68)，$\beta_0 = k_1 v_0$，$\omega_{r,rated} = k_2 v_0$，得到 $d_{\beta\omega} \approx d +$

$\dfrac{F_0}{v_0}$。由此可见,风力机变桨时,若同时变速,有助于提高风力机抗振的稳定性[13]。稳定性条件为

$$d + \frac{F_0}{v_0} > 0 \qquad (7-78)$$

当设计变桨系统时,应采用变桨同时也变速的控制策略,使稳定性条件式(7-78)在所有条件下都能满足[13]。

风力机变速控制提高稳定性的机理:当风力机向后振动时,转速降低,使推力减小;当风力机向前振动时,转速增高,使推力增大。相当于在风力机上始终作用一个阻尼力[13]。

2. 考虑变桨系统响应时间影响的稳定性分析

以上主要分析了控制策略在不同工作区对风力机轴向振动稳定性的影响,未考虑变桨系统响应时滞的影响。以下分别对定转速变桨和变转速变桨两种变桨控制策略进行分析。

(1) 定转速变桨

为此,回到式(7-70),并带入

$$\mathrm{d}v = -\Delta\dot{x}(t-\tau) \qquad (7-79)$$

式中,τ 为变桨系统的时间延迟。

式(7-70)变为

$$F(\beta, v) = F_0 - \frac{\partial F}{\partial \beta}k_1\Delta\dot{x}(t-\tau) - \frac{\partial F}{\partial v}\Delta\dot{x}(t-\tau) \qquad (7-80)$$

带入微分方程式(7-51),则有

$$m\Delta\ddot{x} + d\Delta\dot{x} + s\Delta x = -\frac{\partial F}{\partial \beta}k_1\Delta\dot{x}(t-\tau) - \frac{\partial F}{\partial v}\Delta\dot{x}(t-\tau) \qquad (7-81)$$

方程两边同除 m,得

$$\Delta\ddot{x} + 2\omega D\Delta\dot{x} + \omega^2\Delta x = -\frac{\partial F}{\partial \beta}\frac{k_1}{m}\Delta\dot{x}(t-\tau) - \frac{\partial F}{\partial v}\frac{1}{m}\Delta\dot{x}(t-\tau) \qquad (7-82)$$

设方程的解为

$$\Delta x = X\mathrm{e}^{\mu t} \qquad (7-83)$$

带入到式(7-82)后,得到如下特征方程:

$$\mu^2 + \left[2\omega D + \left(\frac{\partial F}{\partial \beta}\frac{k_1}{m} + \frac{\partial F}{\partial v}\frac{1}{m}\right)\mathrm{e}^{-\mu\tau}\right]\mu + \omega^2 = 0 \qquad (7-84)$$

令

$$D_{\mathrm{pitch}} = \left|\frac{\partial F}{\partial \beta}\frac{k_1}{2\sqrt{ms}} + \frac{\partial F}{\partial v}\frac{1}{2\sqrt{ms}}\right| \qquad (7-85)$$

$$\tau = \frac{2\pi}{\omega}\alpha = T\alpha \tag{7-86}$$

这里，$T = 2\pi/\omega$ 为无阻尼时风力机轴向振动的周期。

将式（7-85）和式（7-86）带入式（7-84）得特征方程为

$$\mu^2 + 2\omega(D - D_{pitch} e^{-T\alpha\mu})\mu + \omega^2 = 0 \tag{7-87}$$

假设时间延迟为零，且不计常态下的气动与机械阻尼，即 $\alpha = 0, D = 0$，则

$$\mu = \omega D_{pitch} \pm i\omega\sqrt{1 - D_{pitch}^2} \tag{7-88}$$

特征根的实部 $\text{Re}(\mu) = \omega D_{pitch} > 0$，故风力机振动失稳[13]。

假设仍不计阻尼在稳定性边界时，须有

$$\mu = i\delta \tag{7-89}$$

带入式（7-87）得

$$\delta^2 + 2\omega D_{pitch}[i\delta\cos(T\alpha\delta) + \delta\sin(T\alpha\delta)] - \omega^2 = 0 \tag{7-90}$$

使实部和虚部分别为零，得到如下两个方程：

$$\delta^2 + 2\omega D_{pitch}\delta\sin(T\alpha\delta) - \omega^2 = 0 \tag{7-91}$$

$$2\omega D_{pitch}\delta\cos(T\alpha\delta) = 0 \tag{7-92}$$

由式（7-92）解得

$$\alpha_1 = \frac{\omega}{4\delta} \tag{7-93}$$

或

$$\alpha_2 = \frac{3\omega}{4\delta} \tag{7-94}$$

分别带入式（7-91），解得

$$\delta_1 = (-D_{pitch} \pm \sqrt{1 + D_{pitch}^2})\omega \tag{7-95}$$

$$\delta_2 = (D_{pitch} \pm \sqrt{1 + D_{pitch}^2})\omega \tag{7-96}$$

事实上，$D_{pitch} \ll 1, \delta_{1,2} \approx \pm\omega$，即变桨对风力机轴向振动的自振频率改变很小，可忽略不计。带入到式（7-93）和式（7-94）得到，稳定性边界对应的时延 $\tau_1 = \alpha_1 T = T/4, \tau_2 = \alpha_2 T = 3T/4$。考虑到 $\tau = 0$，即无时延时，风力机失稳，故可推测，时延域 $0 \sim T/4$ 和 $3T/4 \sim T$ 对应失稳区；时延域 $T/4 \sim 3T/4$ 对应稳定区[13]。

给定参数 D_{pitch} 和 α 不同的值，求解式（7-87），可以得到特征根实部为负的时延 α 的值域，如图 7-12 所示，实部大于零，对应于失稳区；实部小于零，对应于稳定区。计算的结果与上述的分析是一致的，对应 D_{pitch} 不同的值，时延域的稳定区不变，即 $T/4 \sim 3T/4$。但随 D_{pitch} 增大，特征根实部的绝对值增大，表明一旦进入失稳区，失稳振动会快速发作[13]。

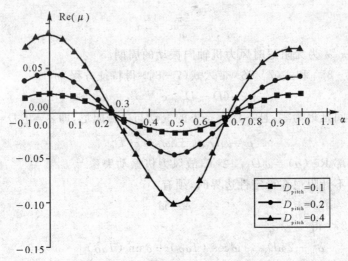

图 7-12 定转速变桨情况下特征根的实部随时延参数 α 的变化[13]

（2）变转速变桨

在风力机的控制中，转速的变化要比桨角的变化快得多。因此，可不考虑变转速的时间延迟。此种情况下的特征方程为

$$\mu^2 + \left[2\omega D + \frac{k_2}{m}\frac{R}{v_0}\frac{\partial F}{\partial \lambda} + \left(\frac{\partial F}{\partial \beta}\frac{k_1}{m} + \frac{\partial F}{\partial v}\frac{1}{m}\right)e^{-\mu\tau}\right]\mu + \omega^2 = 0 \qquad (7-97)$$

变转速的阻尼作用不改变，令

$$D_\Omega = \frac{k_2}{2\sqrt{ms}}\frac{R}{v_0}\frac{\partial F}{\partial \lambda} \qquad (7-98)$$

带入到式（7-97），并考虑到式（7-85）和式（7-86），可得

$$\mu^2 + 2\omega(D + D_\Omega - D_{\text{pitch}}e^{-T\mu\alpha})\mu + \omega^2 = 0 \qquad (7-99)$$

采用前文中相同的处理方法，得到稳定性边界对应的特征方程：

$$\delta^2 + 2\omega\{-iD - iD_\Omega + D_{\text{pitch}}[i\cos(T\alpha\delta) + \sin(T\alpha\delta)]\}\delta - \omega^2 = 0$$

$$(7-100)$$

实部方程和虚部方程分别为

$$\delta^2 + 2\omega D_{\text{pitch}}\delta\sin(T\alpha\delta) - \omega^2 = 0 \qquad (7-101)$$

$$D_{\text{pitch}}\cos(T\alpha\delta) - (D + D_\Omega) = 0 \qquad (7-102)$$

由式（7-102）解得

$$\cos(T\delta\alpha) = \frac{D + D_\Omega}{D_{\text{pitch}}} \qquad (7-103)$$

若设 $D_{\text{pitch}} = D + D_\Omega$，则稳定性边界对应的时延 $\tau = nT(n=0,1,2,\cdots)$，说明风

力机在所有时延域都是稳定的。而 $D_{pitch} < D + D_\Omega$ 则对应风力机无条件稳定[13]。

当 $D_{pitch} > D + D_\Omega$ 时,由于气动和结构阻尼以及变转速的阻尼影响,使得风力机稳定区域对应的时延范围增大。例如,$\cos(T\delta\alpha) = (D + D_\Omega)/D_{pitch} = 1/2$ 时,稳定区域对应的时延范围约为 $T/8 \sim 7T/8$[13]。

给定 D,D_Ω,D_{pitch} 和 ω 的值,求解式(7-91),可得到保证风力机稳定性的参数取值区间,如图 7-13 所示。若实部大于零,对应于失稳区;若实部小于零,对应于稳定区。从图 7-13 还可以看出,在时延域上,D_{pitch} 越大,稳定区域越窄;D_{pitch} 越小,稳定区域越宽。而 $D + D_\Omega$ 越大,稳定区域越宽。任何情况下,最佳时延皆为 $T/2$[13]。

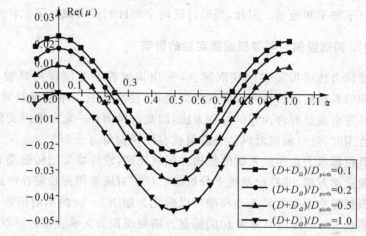

图 7-13　变转速变桨情况下特征根的实部随时延参数 α 的变化[13]

可对变桨时延(即滞后)能够改善风力机轴向抗振稳定性的物理意义进行如下解释:假设风力机以 $x = X\cos \omega t$ 的形式振动。当风力机向后振动 $T/2$ 时,幅值达到最大,而振动速度为零。但至此还未开始变桨。从 $t = T/2$ 开始,风力机向前振动,而此时刻开始变桨。但由于时延 $T/2$,反馈给变桨系统的速度变化仍然为风力机向后振动的速度,故桨角减小,推力增大。结果是,风力机向前振动,推力增大。当 $t = T$ 时,振动幅值又达到最大,而振动速度为零。风力机开始下一个周期的振动,从 $t = T + T/2$ 开始,风力机又向后振动。由于时延 $T/2$,反馈给变桨系统的速度变化为风力机向前振动的速度,故桨角增大,推力减小,即风力机向后振动,推力减小。最终的效果相当于作用在风力机上一个阻尼力,使振动衰减[13]。

综上所述,本小节分析了风力机控制策略对风力机轴向振动稳定性的影响,揭示了定转速变桨和变转速变桨控制方式对稳定性产生影响的机理,解释了变桨时

延改善风力机抗振稳定性的物理意义,并得出如下结论[13]:

1) 额定功率以下的最佳变速控制有助于提高风力机抗振稳定性。

2) 在额定风速之上,若采取定转速变桨控制,则有可能激起风力机轴向失稳振动。振动频率为风力机轴向自振频率,振动会非常剧烈。恰当地选择变桨时延,可使风力机镇定。最佳时延为 $T/2$(T 为风力机轴向振动的周期)。

3) 在额定风速之上,若采取变转速变桨控制,则可改善风力机抗振稳定性,抑制轴向失稳振动。但为保证有足够的稳定性裕度,应恰当选择变桨时延。最佳时延仍为 $T/2$。

4) 增加风力机的结构阻尼有利于提高风力机抗振稳定性。风力机的结构阻尼主要来自于塔架和地基。因此,当设计这两个部件时应考虑其阻尼特性。

7.3.3   偏航控制对塔架扭振稳定性的影响

为了使风力机尽可能多的获取风能,采用偏航控制系统保持机舱与风向一致。但是偏航系统的滞后性和风向的频繁变化,使得机舱很难精确对风。目前广泛采用的是带有偏航容许误差的控制方法,即允许风向在一定角度内变化,当风向变化超过范围时,进行偏航对风。一般偏航容许误差角为 $\pm 15°$。

本小节根据风力机偏航系统的结构和偏航原理,建立塔架扭转振动的模型,给出塔架扭振运动方程,并在此基础上分析偏航控制对塔架扭振稳定性的影响。

风力机机舱和塔架扭转振动模型可以简化为如图 7-14 所示的振系[14]。机舱模拟为一质量为 m_1,转动惯量为 I_1 的圆盘。塔架模拟为支承在扭转弹簧和扭振阻尼之上的圆盘,其转动惯量为 I_2。偏航电机的作用相当于在盘 1 和盘 2 之间产生内力 F,形成力矩 $M=RF$,使盘 1 和盘 2 产生相对运动。同时,盘 1 和盘 2 之间存在摩擦力,产生摩擦力矩 M_f(见图 7-15)。

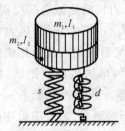

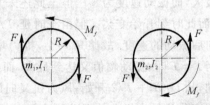

图 7-14   机舱和塔架扭转振动模型[14]   图 7-15   偏航产生的盘 1 和盘 2 之间的内力

F— 偏航驱动力; M_f— 摩擦力矩

　　由于机舱的质量(包括叶片)和转动惯量较之于塔架大得多,故当考虑塔架扭振时,可将机舱,即盘 1 视作施力装置,且只发生匀加速运动或匀速运动。

　　只有在偏航力矩 $M=RF$ 大于或等于摩擦力矩 M_f 时,盘 1 和盘 2 才会发生相对运动,即偏航开始。

　　偏航开始后,盘 2 的扭转运动方程为

$$I_2\ddot{\theta}_2 + d\dot{\theta}_2 + s\theta_2 = M - M_f \qquad (7-104)$$

式中,I_2 为盘 2 的转动惯量;d 和 s 分别为塔架的阻尼和刚度。由于盘 1,即机舱的转动方向始终为偏航方向,因此,盘 1 和盘 2 相对运动的变化主要取决于 θ_2,即方程的解。

　　偏航力矩 $M=RF$ 刚刚克服静摩擦力矩 M_{f0} 时的位置为平衡点 $\dot{\theta}_2(0)=0$,即在平衡点有

$$M = M_{f0} \qquad (7-105)$$

　　任意时刻的摩擦力矩 M_f 为

$$M_f = M_{f0} - \Delta M_f(\delta\dot{\theta}) \qquad (7-106)$$

式中,$\delta\dot{\theta}=\dot{\theta}_1-\dot{\theta}_2$;$\Delta M_f$ 为摩擦力矩减量($\Delta M_f(\delta\dot{\theta}) \geqslant 0$),与盘 1 和盘 2 的相对旋转速度 $\delta\dot{\theta}=\dot{\theta}_1-\dot{\theta}_2$ 有关。

　　代入式(7-104)可得

$$I_2\ddot{\theta}_2 + d\dot{\theta}_2 + s\theta_2 = \Delta M_f(\delta\dot{\theta}) \qquad (7-107)$$

　　在平衡点附近,摩擦力矩减量可近似地表示为

$$\Delta M_f(\delta\dot{\theta}) = \Delta M_f'(0)\dot{\theta}_2 \qquad (7-108)$$

式中,$\Delta M_f'(0)$ 为 ΔM_f 在原点的斜率。

　　代入式(7-107)之后得

$$I_2\ddot{\theta} + d\dot{\theta}_2 + s\theta_2 = \Delta M_f'(0)\dot{\theta}_2 \qquad (7-109)$$

移项后得

$$I_2\ddot{\theta} + [d - \Delta M_f'(0)]\dot{\theta}_2 + s\theta_2 = 0 \qquad (7-110)$$

　　可见,当有效阻尼系数 $d - \Delta M_f'(0) < 0$,即 $\Delta M_f'(0) > d$ 时,出现负阻尼现象,塔架将发生扭振失稳[14]。

　　以下针对两种常见的偏航系统分别分析其扭振稳定性。

1.滑动摩擦型的偏航系统

　　某些类型的风力机采用滑动摩擦型的偏航系统,如图 7-16 所示[14]。机舱上固定若干个滑动块,直接压在塔架顶部法兰的上表面。偏航时,滑块在塔架法兰上

表面滑动。为防止机舱在不偏航时相对塔架转动,用若干个刹车装置来固定。刹车装置上端与机舱连接,下端的滑块与塔架法兰下表面压紧。当机舱与塔架相对运动时,刹车装置产生摩擦力矩,阻止机舱转动。刹车装置上安装有若干压紧调节螺栓,用于调节压紧力。偏航时,偏航电机必须克服刹车装置产生的摩擦力矩,偏航才能够实现。

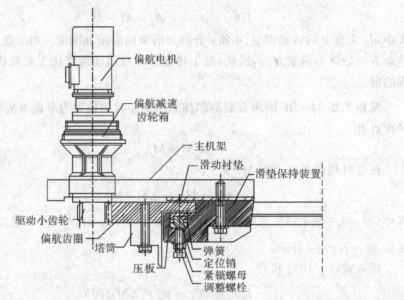

图 7-16　滑动摩擦型偏航系统示意图[14]

　　偏航摩擦面(法兰上表面)上加有润滑剂,但刹车摩擦面(法兰下表面)一般不加或者加很少量的润滑剂。

　　这种偏航系统较容易激起塔架扭转振动失稳[14]。失稳的机理:风力机偏航时,偏航驱动力矩 M 必须大于静摩擦力矩 M_f,机舱的偏航运动才能发生,即盘 1 和盘 2 发生相对转动。假定偏航力矩 M 此时为定值,$M > M_f = M_{f0} - \Delta M_f(\delta\dot\theta)$,在此作用下,塔架顶端发生扭转运动 $\dot\theta_2$,$\dot\theta_2$ 与 $\dot\theta_1$ 的方向相反。盘 1 和盘 2 间的相对旋转速度($\dot\theta_1 - \dot\theta_2$)增大,摩擦力矩减小[10],即 $\Delta M_f(\delta\dot\theta)$ 增大。图 7-17 和图 7-18 分别表示了摩擦力矩和摩擦力矩减量随盘 1 和盘 2 相对转速变化的示意图。摩擦力矩所做的负功减小。当扭转振动 θ_2 逐渐达到最大值时,$\dot\theta_2$ 逐渐趋于零,($\dot\theta_1 - \dot\theta_2$)逐步减小,摩擦力矩逐渐增大,负功增大。当盘 2 沿反方向扭转振动时,相对速度($\dot\theta_1 - \dot\theta_2$)继续减小,摩擦力增大,且沿 θ_2 的方向作用,即摩擦力矩 M_f 做正功。

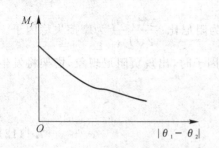

图 7-17　摩擦力矩随盘 1 和盘 2 相对
转速变化的示意图

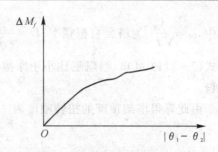

图 7-18　摩擦力矩减量随盘 1 和盘 2
相对转速变化的示意图

由于塔架扭振一个周期,摩擦力矩做的正功大于所做的负功,能量增大,扭振速度 $\dot{\theta}_2$ 增加,直至 $\dot{\theta}_1=\dot{\theta}_2$。若 $\dot{\theta}_2>\dot{\theta}_1$,则塔架受到反方向的摩擦力矩,摩擦力矩始终做负功,塔架扭振能量减小,最终还是回到 $\dot{\theta}_2=\dot{\theta}_1$ 的状态。这就使得塔架扭振稳定在 $\dot{\theta}_2=\dot{\theta}_1$ 的水平上。

2. 带偏航轴承的偏航系统

大多数兆瓦级风力机的偏航系统都带有偏航轴承[9]。轴承的外环带着齿圈固定在塔架顶部,内圈固定在机舱上,或者相反。用四个或者更多个偏航电机通过齿轮和齿圈啮合来驱动偏航,并保证在不偏航时锁紧机舱。不偏航时,一半电机和另一半电机施加相反的力矩,将机舱与塔架固定。需要偏航时,所有电机驱动力矩同向,使机舱偏航。由于偏航轴承为球轴承或滚子轴承,机舱和塔架间无滑动摩擦,而滚动摩擦力矩相比之下,非常小,且摩擦因数不变化。因此,一般不会引起塔架扭振失稳。参考文献[10]给出,固体滑动摩擦因数为 $0.1\sim1.0$,滚动摩擦因数为 $0.001\sim0.005$。

以下对表 7-3 列出参数的塔架进行了数值仿真,分析其扭振稳定性[14]。

表 7-3　塔架参数

参数名称	高度 H mm	外径 D mm	厚度 t mm	材料密度 kg/m³	截面极矩 I m⁴	剪切模量 G GPa
数值	62 400	3 348	23	7 800	0.335 5	80

对式(7-110)两边同除 I_2 得

$$\ddot{\theta}_2+2\omega\left[D-\frac{\Delta M'_f(0)}{2\sqrt{I_2 s}}\right]\dot{\theta}_2+\omega^2\theta_2=0 \qquad (7-111)$$

其中，$\omega=\sqrt{\dfrac{s}{I_2}}$ 为塔架自振频率；$D=\dfrac{d}{2\sqrt{I_2 s}}$ 为阻尼比；$\dfrac{\Delta M'_f(0)}{2\sqrt{I_2 s}}$ 为摩擦失稳因子。

由式（7-111）可知，当阻尼比小于摩擦失稳因子时，出现负阻尼现象，塔架将发生失稳。

由此算得塔架顶部的扭转刚度为

$$s=\frac{GI}{H} \tag{7-112}$$

式中，G 为剪切模量，取 $G=80$ GPa；I 为截面极矩；H 为塔架高度。

$$I=\frac{\pi(D_{外}^4-d_{内}^4)}{32}=\frac{3.14\times(3.348^4-3.325^4)}{32}=0.335\ 5\ \text{m}^4 \tag{7-113}$$

于是，$S=0.430\ 1$ GN·m/rad。

转动惯量为

$$I_2=\frac{\pi(D_{外}^4-d_{内}^4)}{32}\rho h \tag{7-114}$$

式中，$D_{外}$ 为外径；$d_{内}$ 为内径；ρ 为塔架材料密度，取 7 800 kg/m³；h 为塔架等效参照高度，取 $h=H/3$。

带入后得

$$I_2=0.335\ 5\times7\ 800\times62.4/3=54\ 431.52\ \text{kg·m}^2 \tag{7-115}$$

机舱总质量（包括叶片）$W=84\ 000$ kg。取静摩擦因数为 $\mu=0.05$，滑动面的平均半径为 $R=1$ m，则机舱质量产生的静摩擦力矩为

$$M_{f01}=W\mu R 4\ 200\times9.81=41\ 202\ \text{N·m} \tag{7-116}$$

另外，调节螺栓所加的锁紧力矩 $T=280$ N·m，共计 30 个螺栓。计算刹车静摩擦力矩为 $M_{f02}=127\ 272.727$ N·m，总的静摩擦力矩为

$$M_{f0}=M_{f01}+M_{f02}=168\ 474.727\ \text{N·m} \tag{7-117}$$

假设摩擦力矩减量为

$$\Delta M'_f(0)=M_{f0}\times50\%=84\ 237.36\ \text{N·m} \tag{7-118}$$

则摩擦失稳因子为

$$\frac{\Delta M'_f(0)}{2\sqrt{I_2 s}}=\frac{84\ 237.36}{2\sqrt{54\ 431.52\times0.430\ 1\times10^9}}=87.05\times10^{-4}\approx8.7‰ \tag{7-119}$$

根据上述结论，如果塔架阻尼比 $D<8.7‰$，则塔架扭转振动失稳就会发生。实际上，塔架扭转振动的阻尼要比横向振动的阻尼小得多。这一条件可能会成立。另外，仿真计算中所取的塔架几何参数、机舱质量以及调节螺栓的锁紧力矩基

本是真实的数据。但摩擦因数和摩擦力矩减量 $\Delta M_f'(0)$ 取的较低。考虑到这个因素,实际的摩擦失稳因子可能还要大一些[14]。

如取摩擦因数 $\mu = 0.1$(钢-钢最小摩擦因数),则摩擦失稳因子达到 1.74%。可见,失稳的可能性很大。

如果把调节螺栓所加的锁紧力矩减到 $T = 200$ N·m,则刹车静摩擦力矩为 $M_{f02} = 45\ 454.55$ N·m。由此算得摩擦失稳因子 $\dfrac{\Delta M_f'(0)}{2\sqrt{I_2 s}} \approx 4.5\permil$,减小了约一半。

对于带偏航轴承的偏航系统,由于无刹车静摩擦力矩,另外,滚动摩擦因数很小,例如 $\mu = 0.005$,则摩擦失稳因子约为 2×10^{-4}。

如图 7-19 所示为实测的某型 1.5 MW 风力机不偏航与偏航时发电机承力底盘的水平振动。确证为偏航引起的失稳振动。失稳时振动增加约 35 倍,噪声增加 10 dB[14]。

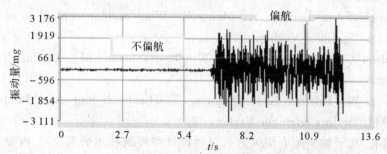

图 7-19　某型 1.5 MW 风力机不偏航与偏航时发电机承力底盘的水平振动[14]

综上所述,本小节建立了风力机偏航时的塔架扭振模型和运动方程,引入了摩擦失稳因子,得到塔架扭振失稳的条件。基于失稳机理分析和仿真检验,得到如下结论[14]:

1)带滑动摩擦型偏航系统的风力机偏航时,摩擦力矩可能会引起塔架扭振失稳。这种失稳振动会对风力机造成损害,应当予以重视。

2)适当减小滑动摩擦型偏航系统刹车块的静摩擦力矩,有助于消除失稳振动。

3)使用偏航轴承(滚动轴承)可以避免风力机偏航时可能发生的失稳振动。

参 考 文 献

[1]　Butterfield S, Musial W, Scott G. Definition of a 5 - MW reference wind

turbine for offshore system development [M]. Colorado：National Renewable Energy Laboratory，2009.

[2] Wright A D. Modern control design for flexible wind turbines [M]. Colorado：National Renewable Energy Laboratory，2004.

[3] Wright A D，Fingersh L J. Advanced control design for wind turbines[R]. Technical Report NREL/TP-500-42437. Colorado：National Renewable Energy Laboratory，2008.

[4] Gasch R，Pfuetzner H. Rotordynamik[M]. Berlin：Springer-Verlag，1975.

[5] 西北工业大学旋转机械与风能装置测控研究所. 某型 1 500 kW 风电机组振动测试报告[R]. 西安：2009.

[6] 廖明夫. 风力发电技术[M]. 西安：西北工业大学出版社，2009.

[7] William T Thomson，Marie Dillon Dahleh. Theory of vibration with applications[M]. New York：Pearson，2005.

[8] Bianchi F，de Battista H，Mantz R. Wind turbine control system [M]. Berlin：Springer-Verlag，2007.

[9] Robert Gasch，Jochen Twele. Windkraftanlagen [M]. Berlin：Teubner，2005.

[10] Beitz W，Küttner K H Dubbels. Taschenbuch fuer den Maschinenbau [M]. Berlin：Springer-Verlag，1981.

[11] 董礼. 水平轴变速变桨风力机气动设计与控制技术研究[D]. 西安：西北工业大学，2010.

[12] 廖明夫，金路，等. 控制系统引起的风力机传动系统失稳扭振[J]. 太阳能学报，2011，32(7)：985-991.

[13] 廖明夫，黄巍，等. 控制策略对风力机振动稳定性的影响[J]. 机械科学与技术，2013(03)：313-318.

[14] 廖明夫，黄巍，等. 风力机偏航引起的失稳振动[J]. 太阳能学报，2009，30(4)：488-492.

第8章 风电机组的运行与维护

风电机组投入运行后,需要大量的运行和维护。虽然相对传统的能源形式,风电机组的运行维护成本降低到 20%,但也面临着其他传统能源形式不具有的困难,如分布范围广而分散、运行情况复杂不稳定、高空作业多、维护周期长、作业空间狭小、部件尺寸和质量大、更换困难等问题。

本章从实际运行过程中选择了几个具有代表性的问题加以讨论,介绍了风电机组运行过程中最常见的叶轮不平衡、传动链不对中、轴承损坏等故障发生的原因和故障机理以及治理方案,并给出应用实例。最后介绍了风电场监控 SCADA (supervisory control and data acquisition,SCADA)系统的设计及应用。

8.1 风电机组叶轮不平衡

风电机组叶轮不平衡是风电机组运行过程中最常见的问题之一。叶轮不平衡主要分为质量不平衡和气动不平衡。气动不平衡是风电机组三个叶片升力和阻力不相同造成的,也就是由风电机组的三个叶片的气动特性不同所致。针对气动不平衡的特点,可以通过调整叶片的安装角度、去除叶片上的附着物、叶背处加失速条等办法平衡气动力来消除气动不平衡。质量不平衡通常由叶片制造误差、叶片安装误差、表面结垢或结冰、内部积水等引起。根据德国 Wind Guard 公司对德国风电机组的调查,有大约 20%的机组存在着不平衡问题[1]。不平衡所产生的后果主要表现为风电机组发生剧烈振动,导致风电机组的可靠性降低,增大风电机组的噪声,缩短风电机组的寿命。

8.1.1 风电机组叶轮质量不平衡

本小节主要讨论叶轮质量不平衡问题。

图 8-1 表示了风电机组叶轮质量不平衡模型。由于叶片尺寸大、加工误差、安装不对称等因素,在叶轮上有一不平衡质量。设风电机组的旋转方向为顺时针方向,转速为 Ω,带不平衡质量叶片的初始相位角为 ψ_0。当风电机组运行时,叶片的位置为 $\psi_0 + \Omega t$,不平衡质量中心距旋转轴心距离为 r,质量为大小为 Δm。此时,作用在机组上的离心力为

$$\Delta F = \Delta m r \Omega^2 \tag{8-1}$$

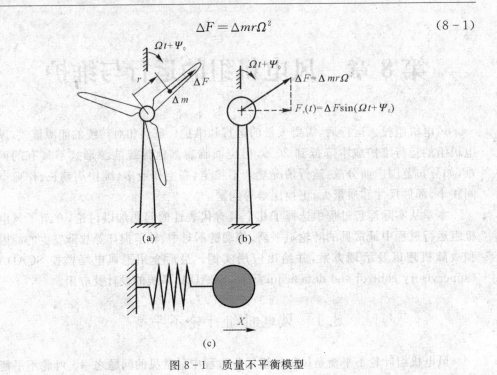

图 8-1 质量不平衡模型

把机组简化为如图 8-1(b) 所示的模型。因铅垂方向的刚度较大,水平方向的刚度较小,质量不平衡引起的机组振动主要表现在水平方向上。离心力 ΔF 在水平方向上的分力为

$$F_x(t) = \Delta F \sin(\Omega t + \Psi_0) \tag{8-2}$$

此力即为机组水平方向振动的激振力,其频率为叶轮转动频率。风电机组的振动可等效为一单自由度、激励为简谐力的受迫振动,模型如图 8-1(c) 所示。塔筒的刚度简化为弹簧的刚度。这一模型的运动微分方程为

$$m\ddot{x} + d\dot{x} + sx = F_x(t) \tag{8-3}$$

式中,m 为机舱及叶轮质量;d 为阻尼系数;s 为弹簧(塔筒)的刚度系数;x 为质量 m 离开平衡位置的位移,即风电机组的水平振动。

方程两边同除 m,可得

$$\ddot{x} + 2\omega_n D\dot{x} + \omega_n^2 x = \frac{F_x(t)}{m} \tag{8-4}$$

式中,$D = \dfrac{d}{2\sqrt{ms}}$ 称为阻尼比(相对阻尼系数);$\omega_n = \sqrt{\dfrac{s}{m}}$ 称为系统无阻尼自振

频率。

式(8-4)的解为

$$x = X\cos(\Omega t - \varphi) , \tag{8-5}$$

其中

$$\left. \begin{array}{l} X = \dfrac{\dfrac{\Delta F}{m}}{\sqrt{(\omega_n^2 - \Omega^2)^2 + (2\omega_n \Omega D)^2}} \\[3ex] \varphi = \arctan \dfrac{2\omega_n \Omega D}{\omega_n^2 - \Omega^2} \end{array} \right\} \tag{8-6}$$

由此可以看出,振动幅值 X 的大小直接与激振力 ΔF 成正比,而减小风电机组不平衡量可以减小激振力,从而可减小风电机组的振动。因此,风电机组动平衡就成为重要的减振措施。

风电机组叶轮尺寸大,无法进行车间工艺动平衡。存在质量不平衡的风电机组,可以通过对风电机组进行现场动平衡来消除不平衡引起的振动。但是风电机组不同于一般的地面设备,存在着机舱内空间狭小、操作困难、难以加载试重、难于重复运行等实际困难,因此,当现场动平衡时,必须要考虑试重的安装位置、安装方法、传感器的安装、远程监测、非稳态测量等问题。这些问题将在下一节结合实际动平衡过程加以介绍。

8.1.2 风电机组现场动平衡技术

本小节介绍风电机组现场动平衡方案,包括专门设计的专用平衡带、动平衡系统、动平衡算法。

1.专用平衡带

风电机组现场动平衡是在高空环境下进行的动平衡。配重所加的位置既要保证动平衡的有效性,又要兼顾操作的方便性,同时配重的质量要容易调整,配重的安装要牢靠以避免配重块脱落。这里以西北工业大学设计的风电机组现场动平衡专用平衡带为例加以说明。

该风电机组专用平衡带由单位带、连接环、锁紧卡扣、卡扣保护套、连接环保护套、锁紧带、配重铁块组成,如图8-2所示。单位带长约1 m,宽为150 mm,沿着每条单位带,并排有 8 个小袋子,每个袋子里面可放 2 kg 的长方体配重铁块,每条单位带可以单独使用也可以多条连接在一起使用。

当风电机组现场动平衡时,该平衡带将缠绕在叶片根部的位置,如图 8-3 所示。因此,平衡带的长度将由叶片根部周长来决定,根据需要,可以通过连接环将多个单位带连接而成。平衡时只需调节单位带上配重铁块的数量,就可以改变配重质量的大小。通过两个锁紧卡扣与两条锁紧带组成的双带锁紧装置来实现平衡带与叶片根部的紧固。为避免平衡时对叶片的损伤,专门设计了保护套,以避免连接环及锁紧卡扣等金属元件直接与叶片接触。

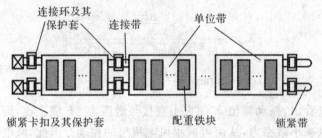

图 8-2 平衡带结构示意图

图 8-3 平衡带实际安装图

由于风电机组机舱外操作困难,因此动平衡时,先用一条引绳绕到叶片根部,然后连接引绳和平衡带,通过引绳将平衡带拉到叶根相应位置。锁紧卡扣包括一个锁紧棘轮装置和一个锁紧带扣。锁紧带扣操作简单,可以快速将平衡带暂时固定在叶根处,这样操作者就很容易用锁紧棘轮来固紧平衡带。同时,双带设计保证了平衡带的可靠性以及拆卸的便捷性。另外,根据平衡实际情况,也可以同时在风电机组叶根处加几条平衡带。

2.动平衡系统

常见的动平衡系统由软件系统和硬件系统两部分组成。硬件系统包括振动传感器、转速传感器、信号调理器、信号采集卡等。

传感器是风电机组振动测试中的关键器件。它把风电机组的振动信号转化为电信号,使后续的显示、记录以及数字化分析成为可能。常用的三种振动传感器为位移传感器、速度传感器和加速度传感器。每种传感器都有特定的应用条件和适用范围。工程中测量主轴振动一般采用低频加速度传感器,而测量发电机振动可以选择速度传感器或加速度传感器。另外,对风电机组动平衡而言,转速信号也是一个重要信息。常用的转速传感器为光电传感器或电涡流转速传感器。

　　信号调理器的作用是把测试信号与数据采集卡相匹配,它还能起到放大、滤波、供电(为光电传感器、加速度振动传感器供电)等作用。经过信号调理器后,信号将被调整到采集卡能正常采集的范围内。信号调理器连接电缆是将信号从信号调理器接入采集卡的。

　　数据采集卡是数据采集的主要组成部分。它是外界电信号与计算机之间建立关系的桥梁,主要功能是将传感器测得的模拟电压信号转换成计算机可以处理的数字信号,使信号能被计算机加以处理、显示和存储。

　　图 8-4 表示了信号的传输路径。

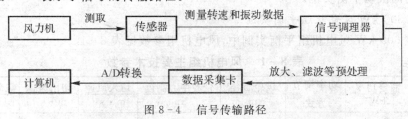

图 8-4　信号传输路径

3. 动平衡算法

　　目前常用的动平衡方法为影响系数法。所谓影响系数法就是利用线性系统中校正量和振幅变化之间的线性关系,即影响系数来平衡转子的方法。应用影响系数法对转子平衡时,影响系数是通过实验求得的。这些影响系数实际上反映了振型、支承刚度及其他各种影响因素的综合影响。采用这个方法不必事先了解风电机组的动力响应特性,因而具有灵活的特点,尤其与计算机相结合,辅助计算平衡量,使平衡工作趋向自动化[8]。另外,也适合风电机组的现场动平衡。

　　引起风电机组振动的不平衡主要由叶轮的不平衡造成。对于叶轮动平衡,仅需一个平衡校正面即可实现。

　　平衡计算步骤:

　　1) 风电机组初始振动值为 A_0。

　　2) 在叶轮上加试重 u_T,测得机组振动 A_1,从而可得到影响系数为

$$\alpha = \frac{A_1 - A_0}{u_T} \tag{8-7}$$

则理想的配重 u 需满足：

$$A_0 + \boldsymbol{\alpha} \cdot \boldsymbol{u} = 0 \qquad (8-8)$$

由式(8-8)可以得到

$$\boldsymbol{u} = -\boldsymbol{\alpha}^{-1} A_0 \qquad (8-9)$$

3）在叶片上安装校正配重 u（有可能需要根据矢量合成原理，在两个叶片上安装），重新启动机组。若振动已减小到满意程度，则平衡结束，振动幅值未达到要求，可重复动平衡一次，即可达到满意的结果。

有关影响系数平衡方法在参考文献[7]中有详细的论述，此处仅做简要介绍。

8.1.3 风电机组叶轮现场动平衡实例

8.1.2 节介绍了现场动平衡方法。本节将介绍在内蒙古某风电场和广东某风电场的两次动平衡实例。

1.600 kW 风电机组平衡实例

在 600 kW 风电机组平衡实例中，风电机组参数见表 8-1。

表 8-1　风电机组主要技术参数

描述	额定功率 kW	功率调节 方式	风轮直径 m	轮毂中心高度 m	切入风速 m·s⁻¹	切出风速 m·s⁻¹	风轮转速 r·min⁻¹
规格	600	失速	43	40	3.5	25	27/18

该风电机组动平衡过程如下所述。

1)停机，安装好光电传感器和振动加速度传感器。以顺风方向观察，风轮的旋转方向为顺时针方向。以光电传感器反光片为 0°，并按照风轮旋转方向确定风轮三个叶片的初始相位分别为 25°,145°和 265°,如图 8-5 所示。

(a)

图 8-5　传感器安装位置和风轮叶片初始相位
(a)光电传感器和振动加速度传感器的安装

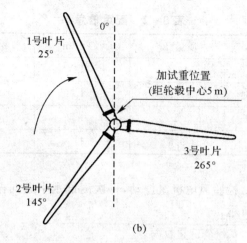

(b)

续图 8-5　传感器安装位置和风轮叶片初始相位

(b)风轮叶片初始相位

2)运行风电机组,并测试水平方向振动的幅值和相位。

3)再次停机,在该叶片上距轮毂中心 1 m 处加 10.5 kg 的试重带,如图 8-6 所示。

4)运行风电机组,并测试水平方向振动的幅值和相位。

图 8-6　在叶片根部加试重带

5)通过风电机组现场动平衡系统进行平衡计算,计算结果为在 233.9°的位置加 8.386 kg 的配重。

6)对计算得到的配重结果进行分解,分解到相邻的两个叶片上。将 233.9°位置的配重结果分解到 145°和 265°的叶片位置,计算结果为在 145°和 265°分别加配重 5 kg 和 9.68 kg。停机,卸下试重带,添加配重数据见表 8-2。

表8-2　配重信息

项目	质量/kg	半径/m	相位/(°)
试重信息	10.5	1	265
理论应加配重	8.386	1	233.9
实际配重1	5	1	145
实际配重2	9.5	1	265

7)运行风电机组,检验风电机组振动,再次测试水平方向振动的幅值和相位。平衡结果如图8-7所示。

平衡记录数据		
	CH03幅值	CH03相位
初始运行(17rpm)	3.074	51.1
试重运行(17rpm)	1.998	314.7
检验运行(17rpm)	0.315	314.2

图8-7　600 kW风电机组平衡结果(振动幅值单位为mg,1 rpm=1 r/min)

2.2 MW风电机组平衡实例

2 MW风电机组平衡实例中,风电机组参数见表8-3。

表8-3　风电机组主要技术参数

描述	额定功率 kW	叶轮直径 m	轮毂中心高度 m	功率调节方式	切入风速 m·s⁻¹	额定转速 r·min⁻¹	叶轮转速范围 r·min⁻¹	叶片根部直径 mm	叶片质量 kg
规格	2 000	80	65	液压独立变桨	4	16.7	9~19	2 120	6 500

风电机组风轮动平衡过程如下所示。

1)停机,安装好光电传感器和振动传感器。以顺风方向观察,风轮的旋转方向为顺时针方向。以光电传感器反光片为0°,并且使0°与1号叶片重合,则按照风轮旋转方向的反方向确定风轮三个叶片的初始相位分别为1号叶片0°,2号叶片120°,3号叶片240°,如图8-8所示。

2)风电机组初始运行并测试水平方向的振动幅值和相位。时间大约为30 min,测试结果作为动平衡的初始运行状态,测试结果如图8-9所示。

3)再次停机,并将0°位置的叶片停在竖直向上的位置。在该叶片上距轮毂中心 2.4 m 处加 147 kg 的试重带，如图 8-10 所示。

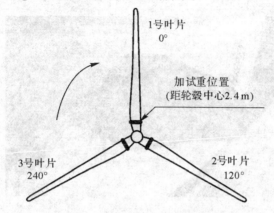

图 8-8　风轮叶片初始相位

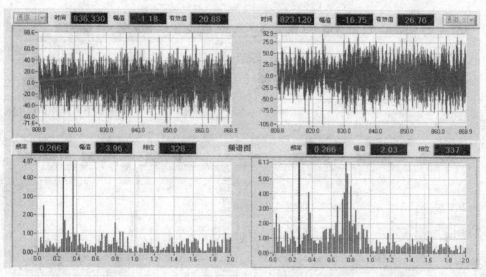

图 8-9　风电机组振动测试结果（左侧 CH01 为水平方向，右侧 CH02 为轴向）

4）运行并测试水平方向的振动幅值和相位，测试结果如图 8-11 所示。

5）通过风电机组现场动平衡系统进行平衡计算，计算结果为在 80.8° 的位置加 107.2 kg 的配重。

6）因为只能在风轮三个叶片的角度上施加配重，所以需对影响系数法计算得到的结果进行分解，分解到相邻的叶片上。矢量分解的原理：若平面上两个非零单位向量 a,b 不平行，则任一向量 c 必可由 a,b 唯一表示，即

$$c = x\boldsymbol{a} + y\boldsymbol{b}$$

图 8 - 10   在叶片根部加装的试重带

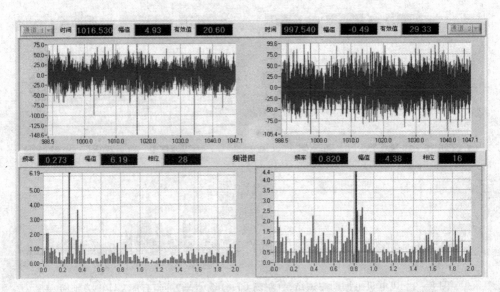

图 8 - 11   加试重后风电机组振动测试结果（左侧 CH01 为水平方向，右侧 CH02 为轴向）

因为 $\boldsymbol{a}$ 和 $\boldsymbol{b}$ 是单位向量，得到的 x 和 y 就是分解后的向量的长度，即是分解到两叶片的配重大小。这里将 $80.8°$ 位置的配重结果分解到 $0°$ 和 $240°$ 的叶片位置。停机，卸下原试重平衡带，并在 $0°$ 叶片处加 $78.2\ \text{kg}$ 的配重，$120°$ 叶片处加 $122.2\ \text{kg}$ 的配重，见表 $8 - 4$。

表 8 - 4　配重信息

项目	质量/kg	半径/m	相位/(°)
试重信息	147	2.4	0
理论应加配重	107.2	2.4	80.8
实际配重 1	78.2	2.4	0
实际配重 2	122.2	2.4	120

7) 开机,重新测试风电机组的振动,对比平衡前、后风电机组振动的变化。

8) 如果振动减少不能满足要求,则需要再次动平衡。

从两次实际平衡案例来看,利用上述的动平衡方法可以快速有效地对风电机组叶轮进行现场动平衡。

8.2　风电机组传动链不对中问题

风电机组的传动链较长,所含部件多,造成不对中的环节很难控制。产生不对中的因素主要包括加工误差、安装误差、部件变形、环境和工况变化、设计不当等。

部件的加工精度是轴系对中的基础。例如,机舱底座上的安装面、支座的标高、轴承座内环轴线和底座的垂直度、齿轮箱输入轴与输出轴的平行度等都有严格的精度要求,在生产和检验过程中应严格控制。但在实际中,加工精度是很难保证的,例如,机舱底座几个安装位置的相对标高无法通过加工来达到很高的精度要求。因此,加工误差难于避免。

对于较长的传动链,轴系的对中一直是个难题。而风电机组的安装要在几十米、甚至上百米高空的机舱中进行,空间狭小,部件尺寸和质量又相对较大,加之机舱晃动,因此,安装中很容易存留较大的不对中。为此,有的制造商在地面把传动系统组装就绪,然后整体吊装。但吊装完成之后,在塔顶仍然需要再次对中。例如,德国 VEM 1.5 MW 发电机要求的不对中度不超过 0.02 mm。

部件变形主要会出现在机舱底座、齿轮箱和发电机的橡胶支承中。机舱底座一般采用焊接或者铸造成型。大部分情况下,要进行时效处理。即使如此,由于尺寸大,残余应力难于完全消除,加之风场环境温度变化较大,在风电机组运行过程中,机舱底座会发生不均匀变形,造成轴系不对中,特别是齿轮箱高速端输出轴与发电机轴不对中。

齿轮箱和发电机的橡胶支承主要用于减振和降噪。虽然看似简单,但其中包含了很复杂的技术。一是要求具有足够的承载能力和抗疲劳特性；二是要有显著的阻尼效果，并且在风电机组整个工作频率范围不衰减；三是产品一致性要好，即每一组橡胶支承的尺寸、刚度和阻尼要严格控制在限定范围内；四是 20 年寿命期内不明显老化。风电机组在各种不同的环境下运行，条件恶劣，要满足这四条技术要求相当困难。实际情况下，橡胶支承很容易发生不均匀变形，特别是支撑发电机的四个橡胶座，很难保证变形一致。这样就会导致发电机和齿轮箱不对中。

另外，叶轮的转矩通过主轴作用在主轴承上后，由于齿轮箱底座刚度较弱，有可能会使其发生较大变形（见图 8-12）。由于湍流、阵风的存在，风电机组叶轮所受的转矩始终随时间变化。叶轮的扭转振动使得齿轮箱输出端和发电机输入端的不对中现象始终存在。这将对齿轮箱和轴承产生严重的不利影响。

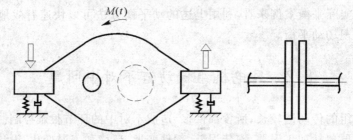

图 8-12　叶轮扭转振动导致的风电机组不对中

由于风切变的存在，导致叶轮始终处于受力不均匀状态，使叶轮受到一个随时间变化的力矩作用。该力矩的存在使风电机组齿轮箱和发动机始终处于垂直方向的不对中状态（见图 8-13）。

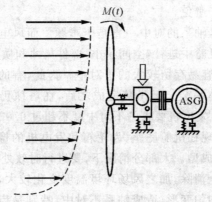

图 8-13　风切变导致的风电机组不对中

在风电机组的设计过程中,应始终贯彻保证轴系良好对中度的技术规范。一是要保证配合精度容易实现,其中包括工艺和检测;二是要尽量避免风电机组运行过程中,对中度恶化;三是预设便于现场检测对中度和现场重新对中的结构措施。目前,一个明显的误区是,只要在发电机和齿轮箱之间使用柔性联轴器就可解决不对中问题。本节将会给出分析结论,柔性联轴器可以减小不对中的影响,但远不足解决不对中问题。

上述分析表明,轴系不对中是风电机组突出的常发故障形式。不论是齿轮箱低速端,还是高速端,不对中出现后,轴承和齿轮箱载荷都要增大,会引起部件(例如发电机)或者整机振动,使得轴承和齿轮箱动载加大。根据 ISO 281—1990 的基本寿命公式,可简单地给出数据说明,当动载荷增大 5% 时,寿命将降低约 15%。可见,轴系不对中是须认真加以应对的问题。

8.2.1　不对中产生的载荷及其特征

1. 高速端角度不对中

取如图 8-14 所示的模型,分析角度不对中条件下风电机组的附加载荷。

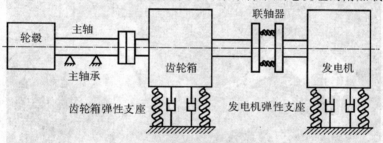

图 8-14　风电机组模型

风电机组的主轴和齿轮箱的低速轴之间一般采用刚性连接,而高速端输出轴与发电机采取柔性联轴器连接,如图 8-15(a)所示。如图 8-15(b)所示为 6 凸爪柔性联轴器的结构图。

现假设发电机轴与齿轮箱高速轴存在角度不对中,如图 8-16 所示,两轴间夹角为 β,齿轮箱高速轴转速为 Ω,驱动转矩为 M。在角度不对中条件下,风电机组的附加载荷由驱动转矩 M 和联轴器变形两个因素所造成。

（1）驱动转矩产生的附加载荷

把驱动转矩 M 向发电机轴线方向和垂直轴线方向投影,可得

$$M_a = M\cos\beta \tag{8-10}$$

$$M_r = M\sin\beta \tag{8-11}$$

式中，M_a 为发电机轴线方向的转矩；M_r 为径向力矩。

传动轴　　柔性联轴器　　刹车盘　　齿轮箱高速端

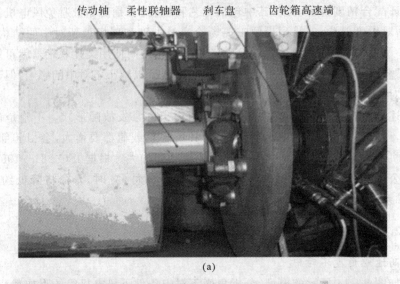

(a)

(b)

图 8-15　风电机组高速端连接结构

(a)齿轮箱高速端输出轴与发电机采用柔性联轴器连接；　(b)6 凸爪柔性联轴器的结构图

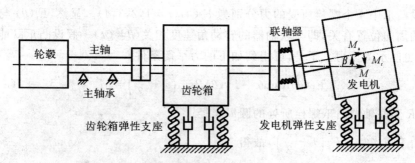

图 8 - 16　发电机轴与齿轮箱高速轴角度不对中

由此可见,出现不对中之后,驱动转矩 M 产生一个径向力矩 M_r,它不产生功率,而使联轴器发生变形。一般情况下,不对中角度 β 很小,故式(8-11)可近似为

$$M_r = M\beta \tag{8-12}$$

不对中角度 β 虽然很小,但 M 却很大。因此,M_r 并不是小量。现以 1.5 MW 风电机组为例,假设额定转速为 1 750 r/min,则额定转矩 $M = 8\ 189$ N·m。若 $\beta = 1.0°$,则 $M_r = 143$ N·m;若 $\beta = 3.0°$,则 $M_r = 429$ N·m。

径向力矩 M_r 由支承动反力来平衡。发电机和齿轮箱高速轴承动反力分别为

$$F_f = \frac{M_r}{I_f} \tag{8-13}$$

$$F_c = \frac{M_r}{I_c} \tag{8-14}$$

式中,I_f 为发电机两个轴承间的距离;I_c 为齿轮箱高速端两个轴承间的距离。若动反力为恒力,则对轴承影响甚微。但实际上,动反力是交变的。现以 4 凸爪和 6 凸爪联轴器为例来进行分析。

图 8 - 17 表示了角度不对中时,4 凸爪联轴器的受力、变形和转动。假设联轴器转动了角度 $\theta(\theta = \Omega t)$,4 个凸爪所处的周向位置分别为 $\theta,\theta+90°,\theta+180°$ 和 $\theta+270°$。

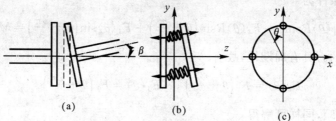

图 8 - 17　角度不对中时,4 凸爪联轴器的受力、变形和转动
(a) 变形;　(b) 受力;　(c) 转动

设凸爪中 4 个螺栓所受的力分别为 $F_i(\theta)(i=1,2,3,4)$。显然，$F_i(\theta)$ 与凸爪所处的周向位置有关，即与联轴器的转动角速度相关（$\theta = \Omega t$）。假设凸爪既能承受拉力，也能承受压力。于是，可得到如下的力平衡条件：

$$F_1(\theta)R\sin\theta + F_2(\theta)R\sin\left(\theta + \frac{\pi}{2}\right) = M_r \qquad (8-15)$$

式中，R 为联轴器凸爪螺栓所处的圆周半径。

由于 $F_2(\theta) = F_1\left(\theta + \frac{\pi}{2}\right)$，故得

$$F_1(\theta) = F_0\sin\theta = F_0\sin\Omega t \qquad (8-16)$$

$$F_0 = \frac{M_r}{R} = \frac{M\beta}{R} \qquad (8-17)$$

螺栓 2、螺栓 3 和螺栓 4 中的力具有相同的函数形式，只是相位分别相差 $90°$、$180°$ 和 $270°$。

由此可见，在联轴器旋转一周的过程中，每一个凸爪螺栓中的应力将交变一次。应力的大小与不对中角度 β 和风电机组的驱动转矩 M 成正比。交变的应力会使联轴器损坏。

对于 6 凸爪联轴器，如图 8-18 所示。

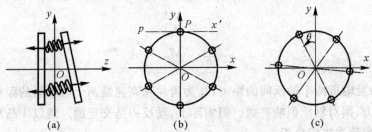

图 8-18　角度不对中时，6 凸爪联轴器的受力与转动
(a) 受力；　(b) 转动前；　(c) 转动后

力平衡条件为

$$F_1(\theta)R\sin\theta + F_2(\theta)R\sin\left(\theta + \frac{\pi}{3}\right) + F_3(\theta)\sin\left(\theta + \frac{2\pi}{3}\right) = M_r \qquad (8-18)$$

螺栓中的力具有周期性，故有

$$F_2(\theta) = F_1\left(\theta + \frac{\pi}{3}\right), \quad F_3(\theta) = F_1\left(\theta + \frac{2\pi}{3}\right)$$

带入式(8-18)，同样可解得

$$F_1(\theta) = F_0\sin\theta = F_0\sin\Omega t \qquad (8-19)$$

$$F_0 = \frac{2M_r}{3R} = \frac{2M\beta}{3R} \tag{8-20}$$

所得结果与 4 凸爪联轴器相似，但是螺栓中的交变应力幅值减小 33%，由此可看出 6 凸爪联轴器的优势。

实际上，联轴器的凸爪承拉和承压特性可能是不同的。因此，凸爪螺栓中的交变应力将传到发电机和齿轮箱的轴承上。

（2）联轴器变形产生的载荷

如图 8-16 ～ 图 8-18 所示，出现角度不对中 β 后，除产生上述的附加力矩 M_r 外，还使得联轴器凸爪变形，由此产生交变载荷。现以 6 凸爪联轴器为例来分析。

如图 8-18 所示，凸爪的轴向伸长量为

$$\Delta l = R\beta(1 - \cos\theta) = R\beta(1 - \cos\Omega t) \tag{8-21}$$

假设每个凸爪的拉伸刚度为 $s_{ti}(i=1,2,3,\cdots,6)$，则由凸爪伸长引起的拉力为

$$F_{li} = s_{ti}\Delta l = s_{ti}R\beta\left[1 - \cos\left(\theta + \frac{i-1}{3}\pi\right)\right] = s_{ti}R\beta\left[1 - \cos\left(\Omega t + \frac{i-1}{3}\pi\right)\right] \tag{8-22}$$

拉力会在凸爪中产生交变应力。

若取联轴器半边法兰盘作为分离体，并考虑到 β 为小量，则轴向力为

$$F_a = \sum_{i=1}^{6} s_{ti}R\beta\left[1 - \cos\left(\Omega t + \frac{i-1}{3}\pi\right)\right] = 6s_{ti}R\beta \tag{8-23}$$

它作用在齿轮箱高速端止推轴承和发电机止推轴承上。

把所有螺栓的拉力对如图 8-18 所示 P 点的轴线 px' 求矩，则得

$$M_t = \sum_{i=1}^{6} F_{li}R\left\{1 - \cos\left[\theta + \frac{(i-1)\pi}{3}\right]\right\} = \sum_{i=1}^{6} F_{li}R\left\{1 - \cos\left[\Omega t + \frac{(i-1)\pi}{3}\right]\right\} \tag{8-24}$$

将式（8-22）代入式（8-24），得

$$M_t = \sum_{i=1}^{6} s_{ti}\beta R^2\left\{\frac{3}{2} - 2\cos\left[\Omega t + \frac{(i-1)\pi}{3}\right] + \frac{1}{2}\cos 2\left[\Omega t + \frac{(i-1)\pi}{3}\right]\right\} = 9s_{ti}\beta R^2 \tag{8-25}$$

此力矩也作用在发电机轴承和齿轮箱高速端轴承上。它与不对中角度 β 成正比，同时也与联轴器的弹性力矩 $s_{ti}R^2$ 成正比。减小联轴器的弯曲刚度，可减小不对中轴向力 F_a 和力矩 M_t，同时，在满足传递转矩的条件下，应尽量减小联轴器的直径，使得 $s_{ti}R^2$ 尽量小，从而有利于减小不对中轴向力 F_a 和力矩 M_t。

对于 4 凸爪联轴器，应用相同的分析方法，可以得到由凸爪伸长引起的拉力为

$$F_{li} = s_{ti}\Delta l = s_{ti}R\beta\left[1 - \cos\left(\theta + \frac{(i-1)}{2}\pi\right)\right] = s_{ti}R\beta\left[1 - \cos\left(\Omega t + \frac{i-1}{2}\pi\right)\right]$$

$$(8-26)$$

同样,会在凸爪中产生交变应力。

轴向力为

$$F_a = \sum_{i=1}^{4} s_{ti}R\beta\left[1 - \cos\left(\Omega t + \frac{i-1}{2}\pi\right)\right] = 4s_{ti}R\beta \qquad (8-27)$$

它作用在齿轮箱高速端止推轴承和发电机止推轴承上。

把所有螺栓的拉力对过 P 点的轴线 px' 求矩,则得

$$M_t = \sum_{i=1}^{4} F_{li}R\left\{1 - \cos\left[\theta + \frac{(i-1)\pi}{2}\right]\right\} = \sum_{i=1}^{4} F_{li}R\left\{1 - \cos\left[\Omega t + \frac{(i-1)\pi}{2}\right]\right\}$$

$$(8-28)$$

将式(8-26)代入式(8-28),得

$$M_t = \sum_{i=1}^{4} s_{ti}\beta R^2\left\{\frac{3}{2} - 2\cos\left[\Omega t + \frac{(i-1)\pi}{2}\right] + \frac{1}{2}\cos 2\left[\Omega t + \frac{(i-1)\pi}{2}\right]\right\} = 6s_{ti}\beta R^2$$

$$(8-29)$$

由式(8-27)和式(8-29)可以看出,4 凸爪联轴器的受力与力矩表达式形式与 6 凸爪联轴器情况类似。

上述分析结论是在稳态条件下得到的。另外,还假设所有凸爪的刚度均匀对称。实际上,凸爪的刚度与联轴器所传的转矩有关,即

$$s_{ti} = s_{ti}(M) \qquad (8-30)$$

转矩随着风速的变化而变化,因此,作用在轴承上的载荷也发生变化。除此之外,凸爪的刚度是不均匀的,而且此不均匀度很可能随转矩变化而加剧。

现假设 6 凸爪联轴器中 1 号凸爪的刚度与其余 5 个不同,表示为

$$s_{t1} = s_{t0} - \Delta s_{t1} \qquad (8-31)$$

式中,s_{t0} 为 5 个均匀凸爪的平均刚度,即 $s_{t0} = \sum_{i=1}^{5} s_{ti}\big/5$;$\Delta s_{t1}$ 为 1 号凸爪刚度的衰减量(例如局部损坏造成的)。

轴向力为

$$F_a = \sum_{i=1}^{6} s_{t0}R\beta\left[1 - \cos\left(\Omega t + \frac{(i-1)}{3}\pi\right)\right] - \Delta s_{t1}R\beta(1 - \cos\Omega t) =$$

$$(6s_{t0} - \Delta s_{t1})R\beta + \Delta s_{t1}R\beta\cos\Omega t$$

$$(8-32)$$

力矩为

$$M_{\mathrm{t}} = \sum_{i=1}^{6} s_{\mathrm{t0}} \beta R^2 \left[\frac{3}{2} - 2\cos\left(\Omega t + \frac{(i-1)\pi}{3}\right) + \frac{1}{2}\cos 2\left(\Omega t + \frac{(i-1)\pi}{3}\right) \right] -$$

$$\Delta s_{\mathrm{t1}} \beta R^2 \left(\frac{3}{2} - 2\cos\Omega t + \frac{1}{2}\cos 2\Omega t \right) =$$

$$\left(9 s_{\mathrm{t0}} - \frac{3}{2}\Delta s_{\mathrm{t1}} \right) \beta R^2 + 2\Delta s_{\mathrm{t1}} \beta R^2 \cos\Omega t - \frac{1}{2}\Delta s_{\mathrm{t1}} \beta R^2 \cos 2\Omega t \qquad (8-33)$$

对于 4 凸爪联轴器,同样的条件下可以得到:

轴向力为

$$F_{\mathrm{a}} = \sum_{i=1}^{4} s_{\mathrm{t0}} R\beta \left[1 - \cos\left(\Omega t + \frac{i-1}{2}\pi\right) \right] - \Delta s_{\mathrm{t1}} R\beta (1 - \cos\Omega t) =$$

$$(4 s_{\mathrm{t0}} - \Delta s_{\mathrm{t1}}) R\beta + \Delta s_{\mathrm{t1}} R\beta \cos\Omega t \qquad (8-34)$$

力矩为

$$M_{\mathrm{t}} = \sum_{i=1}^{4} s_{\mathrm{t0}} \beta R^2 \left\{ \frac{3}{2} - 2\cos\left[\Omega t + \frac{(i-1)\pi}{2} \right] + \frac{1}{2}\cos 2\left[\Omega t + \frac{(i-1)\pi}{2} \right] \right\} -$$

$$\Delta s_{\mathrm{t1}} \beta R^2 \left(\frac{3}{2} - 2\cos\Omega t + \frac{1}{2}\cos 2\Omega t \right) =$$

$$\left(6 s_{\mathrm{t0}} - \frac{3}{2}\Delta s_{\mathrm{t1}} \right) \beta R^2 + 2\Delta s_{\mathrm{t1}} \beta R^2 \cos\Omega t - \frac{1}{2}\Delta s_{\mathrm{t1}} \beta R^2 \cos 2\Omega t \qquad (8-35)$$

可见,在轴向力中出现了一倍频载荷,力矩中出现了一倍频和二倍频载荷。其幅值与角度不对中量和凸爪刚度不均匀度成正比。交变的轴向力和力矩会引起发电机以一倍频和二倍频振动。由于齿轮箱支承在橡胶阻尼器上,自振频率远低于发电机转速,因此一倍频和二倍频载荷不会引起齿轮箱较明显的振动。对于发电机振动来说,可近似认为齿轮箱静止不动。若一倍频载荷或者二倍频引起发电机共振,则通过联轴器作用在齿轮箱高速端轴承上的动载荷会进一步加大。因此,当联轴器出厂检验时,应测试联轴器刚度的均匀性。

2.高速端平行不对中

如图 8-19 所示,齿轮箱高速端输出轴与发电机轴出现平行不对中 δ。联轴器配合的法兰盘之间产生剪力。与角度不对中情况类似,平行不对中产生的剪力也由两部分组成:一部分由联轴器传递的转矩 M 产生;另一部分由联轴器的刚度产生。

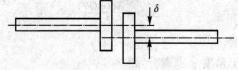

图 8-19　齿轮箱高速端输出轴与发电机轴平行不对中

（1）驱动转矩 M 产生的剪力

假设 4 凸爪联轴器的 4 个凸爪完全一致，即连杆长度、驱动凸爪（联轴器驱动端）和被动凸爪（联轴器被驱动端）间的角度、每一对凸爪连杆机构的几何尺寸和刚度都完全相同，联轴器处于完全对中的状态，传递的转矩为 M，则驱动端法兰盘上每一个凸爪受到的切向力为

$$F_t = \frac{M}{4R} \qquad (8-36)$$

式中，R 为安装凸爪的位置半径。当转速 Ω 和转矩 M 不变时，切向力 F_t 也不会变化。

凸爪受到的径向力为

$$F_r = F_t \tan\phi \qquad (8-37)$$

在完全对中条件下，式中 $\phi = \gamma_0/2$。其中，γ_0 为驱动凸爪（联轴器驱动端）和被动凸爪（联轴器被驱动端）间的角度，如图 8-20 所示。

而合力 $F = \sqrt{F_t^2 + F_r^2}$ 始终作用在凸爪连杆的中心线方向。

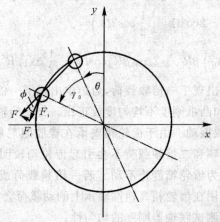

图 8-20　完全对中情况下，联轴器凸爪的受力

当出现平行不对中 δ 时，在不同的角位置 $\theta = \Omega t$，凸爪连杆上的合力 $F = \sqrt{F_t^2 + F_r^2}$ 大小和方向要发生变化，如图 8-21 所示。但切向力 F_t 不变，合力 F 与切向力 F_t 间角度的变化量为

$$\Delta\phi \approx \frac{\delta\cos\Omega t}{L_l} \qquad (8-38)$$

式中，L_l 为连杆的长度。

对式（8-37）关于角度 ϕ 求微分，得

$$dF_r = F_t \frac{1}{\cos^2 \phi} d\phi \qquad (8-39)$$

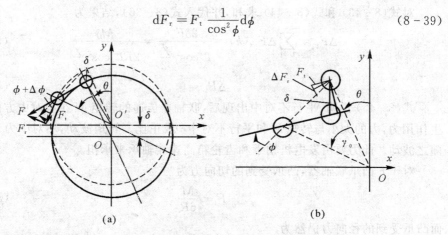

图 8-21 平行不对中情况下,联轴器凸爪的受力和角度关系

(a) 受力分析; (b) 角度关系

由于角度变化量 $\Delta\phi$ 很小,故可将式(8-38)代入式(8-39),求得径向力的变化量为

$$\Delta F_r = F_t \frac{1}{\cos^2 \phi} \Delta\phi \approx F_t \frac{1}{\cos^2 \dfrac{\gamma_0}{2}} \frac{\delta\cos\Omega t}{L_1} \qquad (8-40)$$

在 y 和 x 方向的分量分别为

$$\Delta F_{ry} = \Delta F_r \cos\Omega t = F_t \frac{\delta\cos^2\Omega t}{L_1\cos^2 \dfrac{\gamma_0}{2}} \qquad (8-41)$$

$$\Delta F_{rx} = -\Delta F_r \sin\Omega t = -F_t \frac{\delta\cos\Omega t \sin\Omega t}{L_1\cos^2 \dfrac{\gamma_0}{2}} \qquad (8-42)$$

4 个凸爪产生的合力为

$$\Delta F_y = \sum_{k=1}^{4} \Delta F_{ry}(k) = \sum_{k=1}^{4} F_t \frac{\delta\cos^2\left[\Omega t + (k-1)\dfrac{\pi}{2}\right]}{L_1\cos^2 \dfrac{\gamma_0}{2}} \qquad (8-43)$$

$$\Delta F_x = \sum_{k=1}^{4} \Delta F_{rx}(k) = -\sum_{k=1}^{4} F_t \frac{\delta\sin\left[\Omega t + (k-1)\dfrac{\pi}{2}\right]\cos\left[\Omega t + (k-1)\dfrac{\pi}{2}\right]}{L_1\cos^2 \dfrac{\gamma_0}{2}}$$

$$(8-44)$$

对式(8-43)和式(8-44)求和,并代入式(8-36),结果为

$$\Delta F_y = \sum_{k=1}^{4} \Delta F_{\mathrm{ry}}(k) = \frac{2\delta F_{\mathrm{t}}}{L_1 \cos^2 \frac{\gamma_0}{2}} = \frac{M\delta}{2RL_1 \cos^2 \frac{\gamma_0}{2}} \tag{8-45}$$

$$\Delta F_x = 0 \tag{8-46}$$

式(8-45)说明,平行不对中出现后,联轴器传递的转矩 M 在不对中方向上产生作用力,力的大小与转矩 M 和平行不对中 δ 成正比。转矩波动,不对中力 ΔF_y 也随之波动。此力要由发电机轴承和齿轮箱高速端轴承来承担。

对于 6 凸爪联轴器,凸爪受到的切向力为

$$F_{\mathrm{t}} = \frac{M}{6R} \tag{8-47}$$

而凸爪受到的径向力仍然为

$$F_{\mathrm{r}} = F_{\mathrm{t}} \tan\phi \tag{8-48}$$

在此条件下可以得出 6 凸爪产生的合力为

$$\Delta F_y = \sum_{k=1}^{6} \Delta F_{\mathrm{ry}}(k) = \sum_{k=1}^{6} F_{\mathrm{t}} \frac{\delta \cos^2\left[\Omega t + (k-1)\frac{\pi}{3}\right]}{L_1 \cos^2 \frac{\gamma_0}{2}} \tag{8-49}$$

$$\Delta F_x = \sum_{k=1}^{6} \Delta F_{\mathrm{rx}}(k) = -\sum_{k=1}^{6} F_{\mathrm{t}} \frac{\delta \sin\left[\Omega t + (k-1)\frac{\pi}{3}\right] \cos\left[\Omega t + (k-1)\frac{\pi}{3}\right]}{L_1 \cos^2 \frac{\gamma_0}{2}}$$

$$\tag{8-50}$$

将式(8-47)代入式(8-49)和式(8-50),并求和可得

$$\Delta F_y = \sum_{k=1}^{6} \Delta F_{\mathrm{ry}}(k) = \frac{3\delta F_{\mathrm{t}}}{L_1 \cos^2 \frac{\gamma_0}{2}} = \frac{M\delta}{2RL_1 \cos^2 \frac{\gamma_0}{2}} \tag{8-51}$$

$$\Delta F_x = 0 \tag{8-52}$$

可以看出平行不对中情况下 6 凸爪联轴器产生的合力与 4 凸爪联轴器的结果相同。

另外,由式(8-45)或式(8-51)可见,联轴器的参数对不对中力 ΔF_y 也有影响。在半径 R 和凸爪数目确定之后,$q = L_1 \cos^2 \gamma_0/2$ 越大,不对中力 ΔF_y 越小。

$$q = L_1 \cos^2 \frac{\gamma_0}{2} = 2R \sin\vartheta \cos^2\vartheta \tag{8-53}$$

式中,$\vartheta = \dfrac{\gamma_0}{2}$。

对式(8-53)关于 ϑ 求导,得

$$\frac{\mathrm{d}q}{\mathrm{d}\vartheta}=2R(\cos^2\vartheta-2\cos\vartheta\sin^2\vartheta) \tag{8-54}$$

由此解得最佳 ϑ 值为 $\vartheta=\gamma_0/2=\arctan\sqrt{6}/3\approx35°$,即 $\gamma_0=70°$。

但对于 6 凸爪联轴器,$\gamma_0<60°$。因此,当联轴器设计时,在满足工艺要求的条件下,应使 γ_0 尽量大。还可以使驱动凸爪在驱动法兰盘上的位置半径大于被动凸爪在被动法兰盘上的位置半径,这样会在不改变 γ_0 的情况下,加长连杆长度 L_1,使不对中力减小。

以上假设 6 凸爪刚度完全一致,不对中所产生的力只随转矩的波动而变化,与转速无关。但若刚度存在差异,则式(8-45)、式(8-46)和式(8-51)、式(8-52)不再为常数,而包含一倍频、二倍频甚至更高次倍频动载荷。这取决于 6 凸爪连接差异的形式和量级。

(2)联轴器刚度产生的剪力

凸爪式联轴器的每一个凸爪在不同的角位置承剪刚度不同。仍以 4 凸爪联轴器为例,如图 8-22 所示,若 4 个凸爪刚度均匀一致,联轴器法兰盘之间的剪力不随联轴器转动而变化。

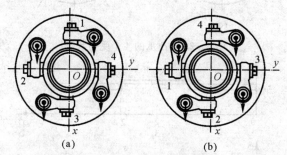

图 8-22　4 凸爪联轴器的受力

实际上,每个凸爪在不同方向的刚度是不同的。可用 4 个刚度系数来表示 4 个方向的不同刚度,如图 8-23 所示。

设图 8-23(a)状态下的刚度为 $s_{11}^{(k)}$,图 8-23(b)状态下的刚度为 $s_{12}^{(k)}$,图 8-23(c)状态下的刚度为 $s_{22}^{(k)}$,图 8-23(d)状态下的刚度为 $s_{21}^{(k)}$。平行不对中为 δ。

由于不同角位置时凸爪的刚度不同,故当确定联轴器两个法兰盘间的剪力时,须分段计算。为此,把每一个凸爪的刚度用两个方波函数来表达,如图 8-24 所示。图 8-24 中,$s_1(\Omega t)$ 表示沿凸爪连杆方向的刚度随角位置 Ωt 变化的函数,$s_t(\Omega t)$ 表示垂直于连杆方向的刚度随角位置 Ωt 变化的函数。显然,每一个凸爪的

刚度是以 2π 为周期的周期函数,相邻之间的相位为 $\pi/2$。如果 4 个凸爪完全一致, 则 4 个凸爪的 4 个刚度系数对应相等。若 4 个凸爪存在差别,则刚度系数有所不同,但描述刚度变化的周期函数的形式不变。

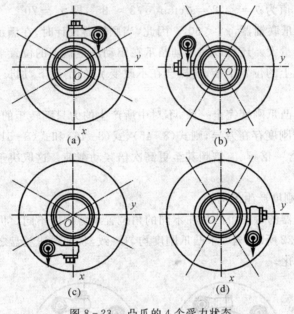

图 8-23 凸爪的 4 个受力状态

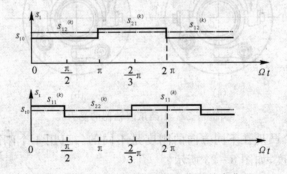

图 8-24 凸爪刚度随角度位置的变化

$s_1(\Omega t)$ — 沿凸爪连杆方向的刚度; $s_t(\Omega t)$ — 垂直于连杆方向的刚度

存在平行不对中 δ 时,联轴器两个法兰盘间的剪力为

$$F_x = \sum_{k=1}^{4} \delta s_t^{(k)} \left[\Omega t + (k-1)\frac{\pi}{2}\right] \cos^2 \left[\Omega t + (k-1)\frac{\pi}{2}\right] +$$

$$\sum_{k=1}^{4} \delta s_1^{(k)} \left[\Omega t + (k-1)\frac{\pi}{2}\right] \sin^2 \left[\Omega t + (k-1)\frac{\pi}{2}\right] \tag{8-55}$$

$$F_y = \frac{1}{2}\delta \sum_{k=1}^{4}\left\{s_t^{(k)}\left[\Omega t + (k-1)\frac{\pi}{2}\right] - s_1^{(k)}\left[\Omega t + (k-1)\frac{\pi}{2}\right]\right\} \times$$

$$\sin 2\left[\Omega t + (k-1)\frac{\pi}{2}\right] \tag{8-56}$$

式中，F_x 和 F_y 分别为 x 和 y 方向的剪力。

当 4 个凸爪刚度完全一致时，即

$$s_1^{(1)} = s_1^{(2)} = s_1^{(3)} = s_1^{(4)}$$

$$s_t^{(1)} = s_t^{(2)} = s_t^{(3)} = s_t^{(4)}$$

则

$$F_x = (a_1 s_{l0} + a_t s_{t0})\delta \tag{8-57}$$

$$F_y = 0 \tag{8-58}$$

式中，s_{l0} 和 s_{t0} 为平均刚度；a_1 和 a_t 为由式(8-55)计算出的常系数。式(8-57)表明，剪力与角位置 Ωt 无关，但刚度越大，不对中产生的载荷越大。因此，采用柔性联轴器可减小不对中的影响。但 s_{l0} 为联轴器凸爪连杆方向的刚度，即在联轴器传递转矩方向上的刚度，在承载条件下，s_{l0} 不会太小。因此，不对中产生的载荷相当可观。

对于 6 凸爪联轴器，应用相同的分析方法可以得出，存在平行不对中 δ 时，联轴器两个法兰盘间的剪力为

$$F_x = \sum_{k=1}^{6}\delta s_t^{(k)}\left[\Omega t + (k-1)\frac{\pi}{3}\right]\cos^2\left[\Omega t + (k-1)\frac{\pi}{3}\right] +$$

$$\sum_{k=1}^{6}\delta s_1^{(k)}\left[\Omega t + (k-1)\frac{\pi}{3}\right]\sin^2\left[\Omega t + (k-1)\frac{\pi}{3}\right] \tag{8-59}$$

$$F_y = \frac{1}{2}\delta \sum_{k=1}^{4}\left\{s_t^{(k)}\left[\Omega t + (k-1)\frac{\pi}{3}\right] - s_1^{(k)}\left[\Omega t + (k-1)\frac{\pi}{3}\right]\right\} \times$$

$$\sin 2\left[\Omega t + (k-1)\frac{\pi}{3}\right] \tag{8-60}$$

式中，F_x 和 F_y 分别为 x 和 y 方向的剪力。

当 6 个凸爪完全一致时，即

$$s_1^{(1)} = s_1^{(2)} = \cdots = s_1^{(6)}, \quad s_t^{(1)} = s_t^{(2)} = \cdots = s_t^{(6)}$$

则

$$F_x = (a_1 s_{l0} + a_t s_{t0})\delta \tag{8-61}$$

$$F_y = 0 \tag{8-62}$$

式中，s_{l0} 和 s_{t0} 为平均刚度；a_1 和 a_t 为由式(8-59)计算出的常系数。

6 凸爪联轴器的结构如图 8-25 所示。

　　用弹性套管把两个凸爪联轴器连接在一起,如图8-26所示,构成复合联轴器,可明显改善联轴器承受不对中度的特性。

图8-25　6凸爪联轴器的结构[9]　　　　　图8-26　复合式联轴器[9]

　　齿轮箱和发电机皆支承在弹性橡胶支座上。当风电机组的功率变化时,即风速变化时,传动系统所承受的扭矩也发生相应变化。扭矩变化使得发电机和齿轮箱不对中度也发生变化,不论是不对中角度 β,还是平行不对中 δ 都是风速的函数,故不对中产生的载荷随着风速波动而变化。因此,当对齿轮箱和轴承进行强度校核时,要计及这种影响。

　　当6个凸爪存在差别时,即 $s_1^{(1)} \neq s_1^{(2)} \neq \cdots \neq s_1^{(6)}$;$s_t^{(1)} \neq s_t^{(2)} \neq \cdots \neq s_t^{(6)}$,不对中产生的力 F_x 和 F_y 不仅与凸爪刚度和平行不对中 δ 有关,而且还取决于联轴器的角位置 Ωt,以联轴器转动周期为周期。图8-27给出了一个示例,说明不对中会产生一倍频、二倍频等高阶倍频载荷分量,从而激起发电机和齿轮箱振动。

　　以上单独分析了角度不对中和平行不对中产生的载荷。实际情况下,不对中既包含角度不对中,也包含平行不对中,所产生的载荷自然也包含了两种不对中条件下的载荷。

　　由上述分析可见,采用柔性联轴器可减小不对中所产生的载荷。但由于联轴器传递的扭矩很大,故不对中造成的动载影响仍然不容忽视。正如参考文献[10]所强调的,柔性联轴器在风电机组运行的短时过渡状态允许承受较大的不对中,例如,不对中角度可到3°,但长期稳态运行时,不对中角度不应超过1°。因此,风电机组的良好对中非常重要。

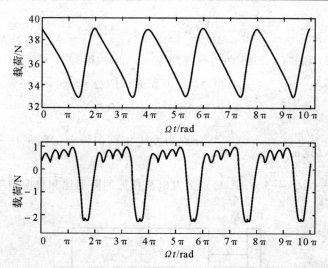

图 8-27　凸爪刚度不一致时,不对中会产生一倍频、二倍频等高阶倍频载荷分量

8.2.2　不对中引起的风电机组振动

以上对不对中所引起的动载荷进行了分析,仅考虑了静态条件。不对中产生的动载荷会引起机组振动,而振动又会影响不对中,从而又使动载荷发生变化。这是一个非线性的耦合过程,需要求解非线性运动方程组。实际上,针对风电机组的结构特点,取分离的线性子结构模型就足以说明不对中所引起的振动现象和特征。

如图 8-28 所示,把不对中时联轴器的动载荷处理成作用在发电机上的激振力 $F(\Omega t)$ 和激振力矩 $M(\Omega t)$,假设转子是绝对刚性的,并经过理想的质量动平衡。因此,可把转子和壳体整体模拟为刚体,质量为 m_g,惯性矩为 I_g,其中包含联轴器的等效质量和惯性矩。弹性支座在轴向的距离为 l_g,刚度为 s_g,阻尼为 d_g。

发电机整机的运动微分方程为

$$m_g\ddot{x} + \left(\dot{x} + \frac{L_g}{2}\dot{\varphi}\right)d_g + \left(\dot{x} - \frac{L_g}{2}\dot{\varphi}\right)d_g + \left(x + \frac{L_g}{2}\varphi\right)s_g + \left(x - \frac{L_g}{2}\varphi\right)s_g = F(\Omega t)$$

$$I_g\ddot{\varphi} + \frac{L_g}{2}\left(\dot{x} + \frac{L_g}{2}\dot{\varphi}\right)d_g - \frac{L_g}{2}\left(\dot{x} - \frac{L_g}{2}\dot{\varphi}\right)d_g + \frac{L_g}{2}\left(x + \frac{L_g}{2}\varphi\right)s_g -$$

$$\frac{L_g}{2}\left(x - \frac{L_g}{2}\varphi\right)s_g = M(\Omega t)$$

合并整理之后得

$$m_g\ddot{x} + 2d_g\dot{x} + 2s_g x = F(\Omega t) \tag{8-63}$$

$$I_g \ddot{\varphi} + \frac{L_g^2}{2} d_g \dot{\varphi} + \frac{L_g^2}{2} s_g \varphi = M(\Omega t) \tag{8-64}$$

式(8-63)和式(8-64)两边分别同除 m_g 和 I_g,得

$$\ddot{x} + 2 D_x \omega_x \dot{x} + \omega_x^2 x = \hat{F}(\Omega t) \tag{8-65}$$

$$\ddot{\varphi} + 2 D_\varphi \omega_\varphi \dot{\varphi} + \omega_\varphi^2 \varphi = \hat{M}(\Omega t) \tag{8-66}$$

式中,$D_x = \dfrac{2 d_g}{2 \sqrt{2 s_g m_g}}$,$\omega_x = \sqrt{\dfrac{2 s_g}{m_g}}$ 分别为发电机横向振动的阻尼比和自振频率;

$D_\varphi = \dfrac{1}{2} \dfrac{L_g d_g}{\sqrt{2 s_g I_g}}$,$\omega_\varphi = \dfrac{L_g}{2} \sqrt{\dfrac{2 s_g}{I_g}}$ 分别为发电机摆振的阻尼比和自振频率。

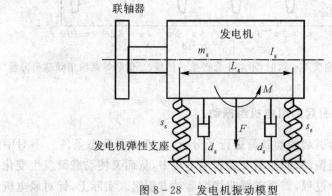

图 8-28   发电机振动模型

如上所述,不对中产生的动载荷 $F(\Omega t)$ 和 $M(\Omega t)$ 为周期交变载荷,故有

$$\hat{F}(\Omega t) = \sum_{k=1}^{N} (f_{ck} \cos k\Omega t + f_{sk} \sin k\Omega t) \tag{8-67}$$

$$\hat{M}(\Omega t) = \sum_{k=1}^{N} (m_{ck} \cos k\Omega t + m_{sk} \sin k\Omega t) \tag{8-68}$$

式中,f_{ck},f_{sk},m_{ck} 和 m_{sk} 分别为激振力 $\hat{F}(\Omega_t)$ 和激振力矩 $\hat{M}(\Omega t)$ 的第 k 阶幅值系数;N 为最高阶次数。

带入式(8-65)和式(8-66)并求解后,得到发电机的振动为

$$x(\Omega t) = \sum_{k=1}^{N} \left[x_{ck} \cos(k\Omega t + \alpha_k) + x_{sk} \sin(k\Omega t + \alpha_k) \right] \tag{8-69}$$

$$\varphi(\Omega t) = \sum_{k=1}^{N} \left[x_{ck} \cos(k\Omega t + \psi_k) + x_{sk} \sin(k\Omega t + \psi_k) \right] \tag{8-70}$$

其中

$$x_{jk} = \frac{f_{jk}}{\sqrt{[\omega_x^2 - (k\Omega)^2]^2 + (2k\Omega D_x)^2}} \quad (j = c, s) \tag{8-71}$$

$$\tan\alpha_k = \frac{-2k\Omega D}{\omega_x^2 - (k\Omega)^2} \tag{8-72}$$

$$\varphi_{jk} = \frac{m_{jk}}{\sqrt{[\omega_\varphi^2 - (k\Omega)^2]^2 + (2k\Omega D_\varphi)^2}} \quad (j = c, s) \tag{8-73}$$

$$\tan\psi_k = \frac{-2k\Omega D_\varphi}{\omega_\varphi^2 - (k\Omega)^2} \tag{8-74}$$

式(8-71)～式(8-74)说明,当某阶激振频率与发电机横向振动自振频率或摆振自振频率重合时,即 $k\Omega = \omega_x$ 或 $k\Omega = \omega_\varphi$ 时,发电机发生共振。这与一般振动系统的规律是完全一致的。当发电机壳体上测量振动时,联轴器端和自由端的振动相位相反,这是不对中的重要特征。

在风电机组的设计过程中,要特别注意,在运行转速范围内风电机组的自振频率应避开激振频率。若在不得已的情况下,有共振的可能性,必须加装阻尼器,例如橡胶弹性支座。由式(8-71)和式(8-73)可见,阻尼器要能在共振的频率范围提供足够的阻尼,才有减振效果。因此,当设计弹性橡胶阻尼器时,必须考虑适用的频率范围,并要进行实验测定。

对于齿轮箱,同样可取类似于图 8-28 的模型。所求得的振动与式(8-69)和式(8-70)的形式一致。但齿轮箱的自振频率要比发电机低得多,且远低于发电机转速 Ω。因此,不对中激起的齿轮箱振动要比发电机小得多。齿轮箱高速轴的两个轴承固装在齿轮箱壳体上,相对于发电机可视作不作横向运动。不对中产生的载荷及其激起的发电机振动载荷皆作用在两个轴承上。另外,齿轮箱高速轴上两个轴承间的距离要比发电机两个轴承间的距离小得多,如图 8-29 所示。如上所述,假设不对中在联轴器处产生剪力 F。由此在齿轮箱轴承上和发电机轴承上产生的作用力分别为

$$F_{L齿} = -\frac{Fa}{L_齿} \tag{8-75}$$

$$F_{R齿} = F + \frac{Fa}{L_齿} \tag{8-76}$$

$$F_{R发} = \frac{Fa}{L_发} \tag{8-77}$$

$$F_{L发} = -F - \frac{Fa}{L_发} \tag{8-78}$$

式中,$F_{L齿}$ 和 $F_{R齿}$ 分别为齿轮箱高速轴左、右轴承上受的力;$F_{L发}$ 和 $F_{R发}$ 分别为发

电机左、右轴承上受的力;a 为联轴器中心截面距齿轮箱轴承间的距离;b 为联轴器到发电机轴承间的距离;$L_齿$ 为齿轮箱高速轴左、右轴承间的距离;$L_发$ 为发电机左、右轴承间的距离。这些参数皆在图 8 - 29 上有所表示。

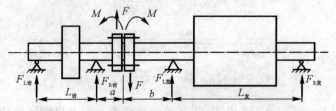

图 8 - 29   齿轮箱高速端轴承和发电机轴承所受的力

式(8 - 75) 和式(8 - 77) 相除可得

$$\left| \frac{F_{L齿}}{F_{R发}} \right| = \frac{L_发}{L_齿} \tag{8 - 79}$$

以 1.5 MW 风电机组为例,$L_发 \approx 1.5$ m,$L_齿 = 0.3$ m。由此可见,发电机自由端轴承和齿轮箱高速轴自由端轴承上受的力会相差很大。因此,当齿轮箱设计时,应保证高速端轴承的良好润滑,并提供易于检查高速端齿轮和轴承的可行性。

8.2.3   风电机组不对中故障诊断实例

8.2.2 节介绍了齿轮箱和发电机不对中故障的动力学特征,本小节介绍风电机组不对中故障诊断的实例。受国内某风电企业的邀请,对其 1.5 MW 的双馈型风电机组进行了现场测试,以下介绍对三台机组(4 号风机、17 号风机和 19 号风机)的测试及诊断。

1. 测试概况

测试传感器及主要安装位置:选择三个振动测量面,如图 8 - 30 所示,测量面 1 是齿轮箱的输出端,测量面 2 是发电机的驱动端,测量面 3 是发电机的自由端。使用振动速度传感器测量振动信号,灵敏度为 75 mV/(mm · s^{-1}),采用光电传感器测量转速信号。

风电机组的结构简图如图 8 - 31 所示。其中,三个测量面表示测试中安装传感器的位置。该风电机组叶轮直径为 77.36 m,切入风速为 3 m/s,额定风速为 11 m/s,切出风速为 25 m/s,叶片额定转速为 17.4 r/min,发电机额定转速为 1 750 r/min,可接受的振动范围:振动速度≤4.5 mm/s。联轴器为某型国产 6 凸爪复合联轴器。

图 8 - 30   振动速度传感器安装位置

(a)测量面 1(左图为在垂直方向的传感器,右图为在水平方向的传感器);

(b)测量面 2; (c)测量面 3

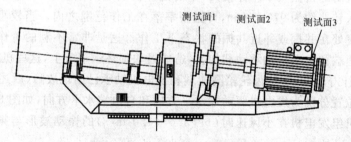

图 8 - 31   风电机组的结构简图

2.测试系统介绍

如图 8 - 32 所示为测试系统硬件。

图 8 - 32   测试系统硬件

测试系统由硬件和软件两部分组成,硬件部分包括传感器及连接导线、信号调理及采集器、连接电缆和计算机。

3. 测试与分析

在发电机驱动端水平和垂直方向、齿轮箱输出端水平和垂直方向分别安装振动速度传感器,在风电机组变速过程中测量机组的振动,得到机组的幅频特性。共测量了四台风电机组,结果如表 8-5 和图 8-33 所示。

表 8-5　四台风电机组高速端的自振频率

风电机组序号	2 号	14 号	17 号	19 号
水平方向 共振转速/(r·min⁻¹)	1 209	1 166	1 083	1 096
垂直方向 共振转速/(r·min⁻¹)	1 413	1 395	1 010	—

由上述结果可见,共振时,齿轮箱的振动很小,主要表现为发电机的振动。由此说明,在上述理论分析中,把发电机和弹性支座取作独立的分析对象是合适的。四台风电机组的自振频率差异较大,主要是弹性支座的刚度不一致引起的。风电机组的切入转速约为 970 r/min,自振频率落在工作范围之内。当较小的风速时,发电机始终处在共振或邻近共振的状态下工作。这是非常不利的工作状态,会使齿轮箱高速端和发电机轴承动载加大,造成过快损坏。事实上,这些机组运行不到6 个月(设计寿命 20 年),齿轮箱高速端和发电机轴承已出现故障(后述)。

测点位置分别为发电机驱动端水平方向和自由端水平方向,如图 8-34 所示。三台风电机组发电机在小风速时($v=3.5\sim4.0$ m/s)的振动波形与频谱如图 8-35~图 8-37 所示。

由图可见,虽然负荷很小,但风电机组在共振区运行,表现为发电机转速一倍频振动,幅值很大,发电机驱动端水平方向和自由端水平方向两个测点的振动反相位,见表 8-6。说明激振源来自齿轮箱高速端和发电机轴的不对中。如前所述,不对中超限在风电机组中很容易出现。在运行过程中,应定期检查机组的对中度和弹性支座的老化变形。

表 8-6　三台风电机组发电机驱动端水平位置和
发电机自由端水平位置振动相位差

风电机组序号	4 号	17 号	19 号
振动相位差/(°)	177	173	186

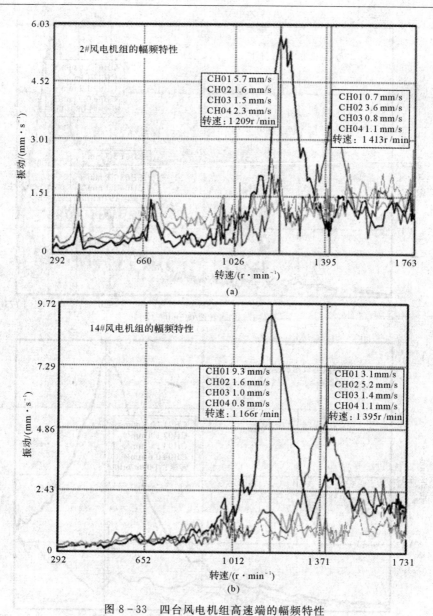

图 8-33　四台风电机组高速端的幅频特性

(a)2♯风电机组高速端的幅频特性；　(b)14♯风电机组高速端的幅频特性

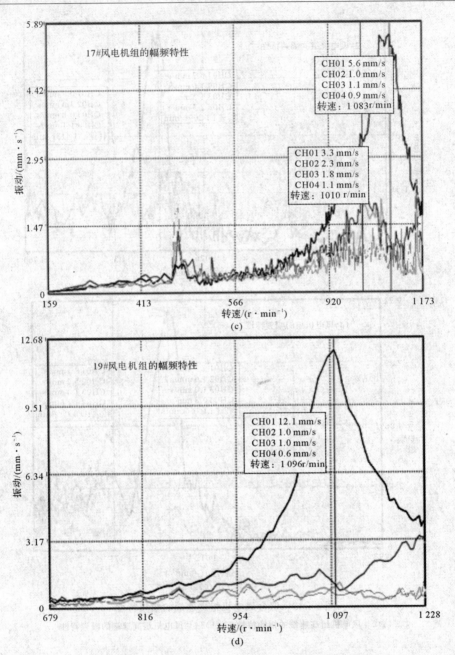

续图 8-33　四台风电机组高速端的幅频特性

(c)17#风电机组高速端的幅频特性；　(d)19#风电机组高速端的幅频特性

CH01—发电机驱动端水平方向；　CH02—发电机驱动端垂直方向；

CH03—齿轮箱水平方向；　CH04—齿轮箱垂直方向

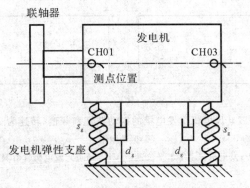

图 8-34　振动测点位置

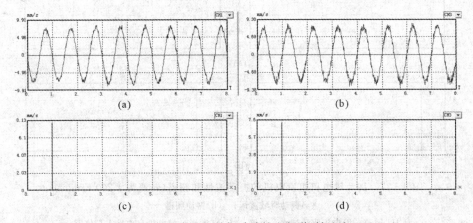

图 8-35　4♯风电机组发电机的振动波性和频谱(转速为 1 170 r/min)

(a)振动时域波形；　(b)振动频谱

CH1 通道—发电机驱动端水平位置；　CH3 通道—发电机自由端水平位置

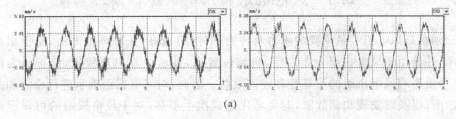

(a)

图 8-36　17♯风电机组发电机的振动波性和频谱(转速为 1 147 r/min)

(a)振动时域波形

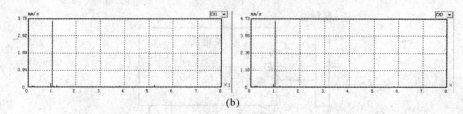

续图 8-36　17#风电机组发电机的振动波性和频谱(转速为 1 147 r/min)
(b)振动频谱
CH1 通道—发电机驱动端水平位置；　CH3 通道—发电机自由端水平位置

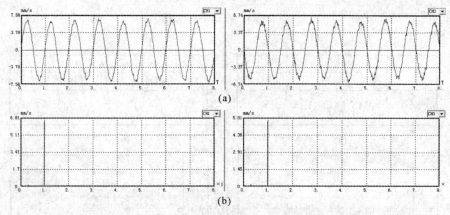

图 8-37　19#风电机组发电机的振动波性和频谱(转速为 1 200 r/min)
(a)振动时域波形；　(b)振动频谱
CH1 通道—发电机驱动端水平位置；　CH3 通道—发电机自由端水平位置

8.3　风电机组轴承的故障诊断

轴承是风电机组最重要的承力及传力部件,负荷高,工作环境恶劣,易于出现故障,并且由于风电机组分布广泛,机舱位置高,轴承一旦出现故障,维护极为困难,严重影响风电机组的可靠性和经济效益。因此,对风电机组轴承进行检测和故障诊断,以及时发现初期故障,避免恶化造成次生损坏,对于风电机组的可靠运行非常重要。

轴承有一个很大的特点,就是其寿命的离散性很大,即用同样的材料、同样的加工工艺、同样的生产设备、同样的工人加工出的一批轴承,其寿命相差很大[11]。由于轴承的这个特点,在实际使用中,有的轴承已大大超出设计寿命仍然完好地工作,而有的则远未达到设计寿命就出现了各种故障[11]。同时,即使有些轴承出现了微小故障,但并不影响风电机组的正常运行和工作性能,如果能够进一步确定故障不会很快发展,则无需立刻更换。因此,对轴承实施状态监测和故障诊断的同时,需要进一步对故障严重性做出判断。这不但可以防止风电机组工作性能下降,减少或杜绝事故发生,而且还可以最大限度地发挥轴承的工作潜力,节约开支。

判断轴承故障形式的方法有很多,表 8 - 7 对比了几种诊断方法的适用性。

表 8 - 7　滚动轴承损伤检测方法及其适用性

检测方法		振动	温度	磨损微粒	声发射	轴承游隙	油膜电阻	光纤法
故障类型	疲劳剥落	O	×	O	O	×	×	O
	裂纹	O	×	△	O	×	×	△
	压痕	O	×	×	×	×	×	O
	磨损	O	△	O	△	O	O	O
	电蚀	O	△	O	△	O	O	△
	擦伤	O	△	O	△	△	O	△
	烧伤	O	O	△	△	×	O	△
	锈蚀	△	O	×	×	×	△	△
	保持架破损	△	×	△	△	×	×	△
	蠕变	△	△	△	△	×	△	△
运动中测定		可	可	可	可	不可	可	可

注:表中符号 O—有效,△—可能有效,×—不适合。

在实际工程中得到了广泛应用的是基于轴承振动信号的诊断方法。振动信号分析诊断方法可以分为时域方法和频域方法两大类。这两类方法并不是完全孤立的,在实际应用中,这两类方法可以互相取长补短。

本节将主要介绍基于轴承振动信号的故障特征倍频诊断方法。

8.3.1　风电机组轴承故障特征倍频诊断方法

滚动轴承的故障特征频率是目前利用振动信号分析来诊断滚动轴承局部故障的重要依据和标准[12-19]。滚动轴承的故障特征频率是轴承故障频域诊断最重要的特征参数,同时也是通行的判断标准,以至于绝大多数文献中都直接应用,而不加说明。可以引入轴承故障特征倍频,以替代故障特征频率。轴承故障特征倍频是通过故障特征频率的公式直接推导得到的,它反映出轴承故障与特征倍频间明确的对应关系,便于在变转速情况下表达轴承故障特征。

1. 滚动轴承局部故障特征频率

滚动轴承可能由于润滑不良、载荷过大、材质不当、轴承内落入异物、锈蚀等原因,引起轴承工作表面上的剥落、裂纹、压痕、腐蚀凹坑和胶合等离散型缺陷或局部损伤。当滚动轴承另一工作表面通过某个缺陷点时,就会产生一个微弱的冲击脉冲信号。随着转轴的旋转,工作表面不断与缺陷点接触冲击,从而产生一个周期性的冲击振动信号。缺陷点处于不同的元件工作表面,冲击振动信号的周期间隔即频率是不相同的,这个频率就称为冲击的间隔频率或滚动轴承的故障特征频率。可以根据轴承的几何参数和其转速计算轴承元件的故障特征频率。对于风电机组,轴承的运转方式一般是外环固定。可用下列公式计算各元件的故障特征频率。

保持架故障特征频率:

$$f_c = \frac{1}{2} f \left(1 - \frac{d}{D} \cos \beta\right) \tag{8-80}$$

滚动体故障特征频率:

$$f_b = \frac{D}{d} f \left[1 - \left(\frac{d \cos \beta}{D}\right)^2\right] \tag{8-81}$$

内环故障特征频率:

$$f_i = \frac{f}{2} \left(1 + \frac{d}{D} \cos \beta\right) Z \tag{8-82}$$

外环故障特征频率:

$$f_e = \frac{f}{2} \left(1 - \frac{d}{D} \cos \beta\right) Z \tag{8-83}$$

式中,f 为轴转动频率;d 为滚动体直径;D 为轴承节径;Z 为滚子数;β 为接触角。

诊断轴承故障时,可以依据式(8-80)~式(8-83),计算出某一转速下滚动轴承特征频率 f_c、f_b、f_i 和 f_e。然后,在频域谱上寻找出滚动轴承某一特征频率或与其倍数接近的突出的频率成分,来确定故障的类型。然而,每当转轴转速变化时,都需要重新计算,再在频域谱上重新寻找对应的故障特征信息。可见,当风电机组变转速运行时,直接用滚动轴承特征频率来判断故障不方便,也不便于表征。同时,也不能将不同转速下的故障信息联系起来,因为不同转速下,故障特征频率是不相同的。

2. 滚动轴承局部故障特征倍频

轴承不同元件的局部故障特征频率可以通过轴承简单的运动关系,由轴承的转速、轴承零件的形状、尺寸参数和滚动体个数计算得到。特征倍频由特征频率直接推导得到。

滚动体局部故障特征倍频:

$$F_b = f_b / f = \frac{D}{d} \left[1 - \left(\frac{d \cos \beta}{D} \right)^2 \right] \tag{8-84}$$

保持架局部故障特征倍频:

$$F_c = f_c / f = \frac{1}{2} \left(1 - \frac{d \cos \beta}{D} \right) = F_e / Z \tag{8-85}$$

内环滚道局部故障特征倍频:

$$F_i = f_i / f = \frac{Z}{2} \left(1 + \frac{d \cos \beta}{D} \right) \tag{8-86}$$

外环滚道局部故障特征倍频:

$$F_e = f_e / f = \frac{Z}{2} \left(1 - \frac{d \cos \beta}{D} \right) \tag{8-87}$$

式中,f_b,f_c,f_i,f_e 分别为滚动体、保持架、内环滚道、外环滚道局部故障特征频率;f 为内环转动频率;D 为轴承节径;d 为滚动体直径;β 为接触角;Z 为单列滚动体个数。

对于某一种确定的轴承,滚动体直径 d、节径 D、接触角 β 和滚动体数目 Z 都是已知的参数,因而 F_b,F_c,F_i 和 F_e 都是常数。也就是说,不同类型的局部故障分别对应着一个确定的转频倍数值。将这种关系定义为滚动轴承的故障特征倍频。

用特征倍频代替特征频率来衡量滚动轴承故障特征后,滚动轴承故障特征可以用对应的倍频值来表征。故障特征倍频建立起轴承各特征频率与转频之间的倍频关系,将不同转速条件下的特征频率转化为特征倍频,从而可得到同一量化表达,便于在不同转速下进行比较。

由式(8-84)~式(8-87)可见,需要已知轴承的节径、滚动体直径、接触角以及滚动体个数才能算得上述的特征倍频。

8.3.2 风电机组轴承故障特征倍频估计方法

如上所述,故障特征频率可用故障特征倍频来替代,便于在变转速情况下表达所要提取的故障特征。为得到故障特征倍频,必须事先已知轴承的几何参数,即滚动体个数、滚动体直径、接触角和轴承节径。但在实际中,有时无法得到这些参数,给故障诊断带来困难。

为此,有必要建立滚动轴承故障特征倍频估计方法。参考文献[12]提出,内环故障特征倍频和外环故障特征倍频分别为 0.6 倍和 0.4 倍的滚动体个数。对 7 个基本类型共 45 个系列 1 274 个轴承型号进行了统计检验,证明参考文献[12]给出的估计值对 SKF 球面滚子轴承 22300 系列、SKF 角接触球轴承 7400 系列、SKF 圆锥滚子轴承 30300 系列和 31300 系列、SKF 圆柱滚子轴承 N200 系列、N300 系列和 N400 系列是适用的,内环特征倍频误差在 5% 以内,外环特征倍频在 7.5% 以内。对其他类型的轴承系列误差较大,需要修正。附录中列出了所统计的 1 274 个轴承型号的故障信频,供读者参考。

依据滚动轴承的几何关系,定义 $p=\dfrac{d\cos\beta}{D}Z$(d 为滚动体直径,D 为轴承节径,β 为接触角,Z 为滚动体个数)为滚动轴承的几何常数。

通过对轴承几何关系的分析和对轴承参数的统计发现,同系列轴承,轴承的几何常数保持不变,即为常数。只需已知轴承类型和滚动体个数,就可得到轴承外环故障、内环故障和滚动体故障的特征倍频,误差范围(与利用标准轴承数据,按照特征倍频公式计算的结果比较)在 2% 以内[4]。

1.基于倍频因子和滚动体个数的故障特征倍频估计方法

如上所述,在实际中,滚动轴承的几何参数较难获得,其故障倍频不能通过式(8-84)~ 式(8-87)直接计算得出,而滚动体个数是容易获知的。如果能从滚动体个数估计出故障特征倍频,就可以给轴承故障诊断带来极大的方便。

把式(8-85)和式(8-86)改写成

$$F_i = Za_i \tag{8-88}$$
$$F_e = Za_e \tag{8-89}$$
$$a_i = \frac{1}{2}\left(1+\frac{d\cos\beta}{D}\right) \tag{8-90}$$
$$a_e = \frac{1}{2}\left(1-\frac{d\cos\beta}{D}\right) \tag{8-91}$$

式中,a_i 和 a_e 分别为内环和外环故障倍频因子。

显而易见,$a_i + a_e = 1$,$a_i - a_e = \dfrac{d\cos\beta}{D}$。

保持架故障特征倍频为

$$F_c = f_c/f = \frac{1}{2}a_e \tag{8-92}$$

当接触角 $\beta = 0°$ 时,滚动体故障特征倍频为

$$F_b = f_b/f = \frac{1}{a_i-a_e}[1-(a_i-a_e)^2] \tag{8-93}$$

而当接触角 $\beta < 30°$ 时,滚动体故障特征倍频的估计误差不超过 14%。

因此,若估计出 a_i 和 a_e,就可得到轴承的故障特征倍频。但从式(8-90)和

式(8-91)可见,若 a_i 和 a_e 存在估计误差,则滚动体特征倍频 F_b 的估计误差要大于由式(8-85)和式(8-86)得到的内环和外环特征倍频的误差。

　　首先利用 7 个基本类型共 45 个系列的轴承数据,算出每一个系列所有型号轴承特征倍频因子 a_i 和 a_e,以轴承内径为横坐标画出曲线图。对于 SKF 的轴承系列,利用 SKF 公司公众网站公布的计算服务程序进行计算。由于数据量很大,因此仅给出如图 8-38 和图 8-39 所示的两个轴承系列的计算结果。

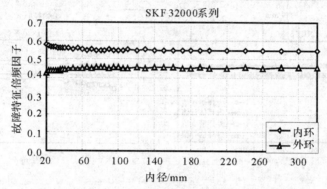

图 8-38　SKF 32000 系列轴承的内、外环故障特征倍频因子

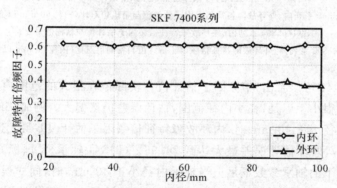

图 8-39　SKF 7400 系列轴承的内、外环故障特征倍频因子

　　对所得的每一轴承系列倍频因子 a_i 和 a_e 进行线性拟合,就得到该轴承系列的倍频因子估计值。只需知道轴承类型和滚动体个数,利用估算得到的倍频因子就可得到对应的特征倍频,而不再必须明确知道轴承参数。

　　基于倍频因子和滚动体个数的故障特征倍频估计方法提高了估计精度,各系列平均估计误差都降到了 1.5％以下。以国标深沟球轴承 6000 系列和 SKF 深沟球轴承 61800 系列为例,给出了精确值与估计值的比较,如图 8-40 所示。

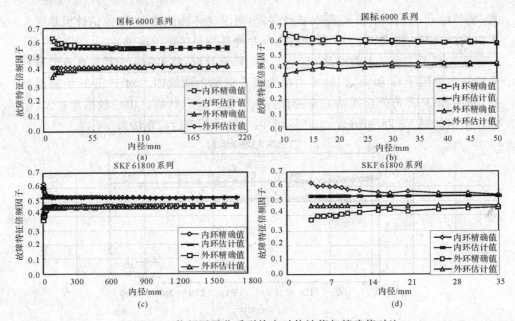

图 8-40　倍频因子分系列给出时估计值与精确值对比

(a)国标 6000 系列内、外环故障特征倍频因子估计值与精确值对比；
(b)国标 6000 系列内、外环故障特征倍频因子估计值与精确值对比(内径 50 mm 以下细化)；
(c)SKF 61800 系列内、外环故障特征倍频因子估计值与精确值对比；
(d)SKF 61800 系列内、外环故障特征倍频因子估计值与精确值对比(内径 55 mm 以下细化)

从图 8-40 可以看出,倍频因子估计值与实际值在很大的范围内都能很好吻合,平均误差很小。但是,在小内径范围,估计误差仍然偏大。例如,SKF 61800 系列,当轴承内径小于 40 mm 时,内环故障特征倍频因子估计误差最大达到14.93%(618/4 轴承),外环估计误差最大达到 24.96%(618/4 轴承)。国标 6000 系列内径 10 mm 以下的轴承参数不足。当轴承内径小于 40 mm 时,同样误差较大。内环特征倍频因子估计误差最大达到 10.6%(6000 轴承),外环估计误差最大达到18.2%(6000 轴承)。

在小内径范围误差大的主要原因是,倍频因子 a_i 和 a_o 与滚动体个数相关联,式(8-88)和式(8-89)表示的几何参数和滚动体个数独立分离的假设不适用。因此,还需建立轴承小内径范围的特征倍频估计方法。

2.滚动轴承的几何常数和故障特征倍频估计的几何常数方法

(1)滚动轴承几何本构关系和几何常数

滚动轴承的滚动体在内环和外环之间的滚道中绕轴承几何中心公转,公转半径指滚动体中心至轴承几何中心的距离,其两倍即为轴承节径 D。图 8-41 所示中 R,即 OA 的长度为轴承公转半径,r 为滚动体半径,O 为轴承几何中心,OB 为滚动体的切线。由图中三角关系,有

$$\sin \theta = \frac{r}{R} = \frac{d}{D} \tag{8-94}$$

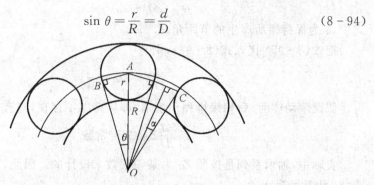

图 8-41　滚动体与滚道的几何关系示意图

　　表 8-8 列出三个系列轴承滚动体直径与节径之比(即滚节比)随内径和滚动体个数的变化。

表 8-8　三个系列轴承滚动体直径与节径之比随内径和滚动体个数的变化

SKF 61800 系列			SKF 61900 系列			国标 6000 系列		
内径 mm	$\dfrac{d}{D}$	Z	内径 mm	$\dfrac{d}{D}$	Z	内径 mm	$\dfrac{d}{D}$	Z
4	0.251 4	7	4	0.266 7	6	10	0.263 1	7
12	0.145 0	12	10	0.204 4	9	12	0.231 2	8
30	0.097 6	17	25	0.141 5	13	20	0.204 8	9
100	0.066 7	27	55	0.105 9	17	25	0.175 4	10
460	0.072 0	25	240	0.084 8	21	45	0.149 9	12
950	0.053 3	30	710	0.080 0	20	70	0.136 7	13
1 700	0.048 5	33	1 700	0.069 6	23	200	0.125 5	14

　　从表中可见,滚动体直径与节径之比很小。对所有 7 类 45 个系列轴承统计的结果表明,滚动体直径与轴承节径之比 d/D 最大为 0.326,代入式(8-94),可得 $\theta \leqslant \arcsin 0.326\ 7 = 0.332\ 8 \approx 19°$,当 $\theta = 0.332\ 8 \approx 19°$ 时,$\sin\theta/\theta = 0.981\ 6$。由泰勒公式可知,$\theta$ 越小,$\sin\theta/\theta$ 比值越接近 1,即 $\sin \theta \approx \theta$。于是式(8-94)对所有滚动轴承变为

$$\theta \approx \frac{d}{D} \qquad (8-95)$$

由图 8-41 所示的几何关系,可得

$$Z\theta + Z\alpha = \pi \qquad (8-96)$$

式中,α 为保持架所产生的节距角。

把式(8-95)代入式(8-96),则有

$$\frac{d}{D}Z + Z\alpha = \pi \qquad (8-97)$$

假设滚动体前、后相接排列于滚道,即保持架不存在,则有 $\alpha = 0°$,于是

$$\frac{d}{D}Z = \pi = 常数 \qquad (8-98)$$

实际中,轴承系列是按照 $Z\alpha$ 为某一常数来设计的。因此,对于同一系列轴承,式(8-98)可写为

$$\frac{d}{D}Z = \pi - Z\alpha = \pi - C_i = 常数 \qquad (8-99)$$

式中,C_i 为某一轴承系列的节距常数。由此可知,对于同一系列轴承始终有 $(d/D)Z = 常数$。

考虑到同系列轴承的滚动体与滚道接触角 β 亦近似为常数,则进一步有 $\frac{d}{D}Z\cos\beta = 常数$。因此,定义 $p = \frac{d}{D}Z\cos\beta$ 为滚动轴承的几何常数。它包含了轴承的几何本构关系。表 8-9 列出了 SKF 61800 和 23200 轴承系列的几何常数。

表 8-9 SKF 61800 和 23200 轴承系列的几何常数

轴承系列	内径范围 /mm	几何常数 p
61800	4 ~ 1 700	1.750 9
23200	90 ~ 480	2.519 2

(2)故障特征倍频估计的几何常数方法

根据上述分析,可很容易算得每一系列轴承的几何常数 p。由几何常数 p 可直接得到如下轴承故障特征倍频。

滚动体局部故障特征倍频:

$$F_b = \frac{Z}{p} - \frac{p}{Z} \qquad (8-100)$$

内环滚道局部故障特征倍频:

$$F_i = \frac{1}{2}(Z + p) \qquad (8-101)$$

外环滚道局部故障特征倍频：

$$F_e = \frac{1}{2}(Z - p) \qquad\qquad (8-102)$$

保持架局部故障特征倍频：

$$F_c = F_e / Z \qquad\qquad (8-103)$$

由式(8-102)和式(8-103)可见，滚动体个数 Z 为正整数，始终是精确值，且总是远大于轴承几何常数 p。而倍频估计公式中，Z 和 p 为和差关系，当 $Z \gg p$ 时，p 的误差对估计值的影响很小。因此，基于几何常数的倍频估计方法精度要高得多。图8-42和图8-43表示了两个系列轴承特征倍频精确值和估计值之间的相对误差，最大不大于 2%。

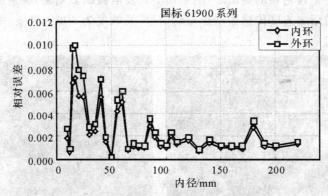

图 8-42　国标 61900 轴承系列几何常数法所得内、外环倍频值的相对误差

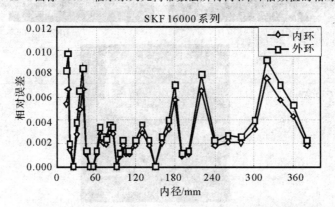

图 8-43　SKF 16000 轴承系列几何常数法所得内、外环倍频值的相对误差

若已知轴承系列和滚动体个数 Z，计算出几何常数 p，根据式(8-100)～式(8-103)就可算出故障特征倍频。

8.3.3 风电机组轴承故障诊断实例

前文介绍了风电机组轴承故障特征倍频诊断方法,本节将介绍该方法的实际应用。在实际测试中对多台某型 1.5 MW 的双馈型风电机组进行了现场测试,并发现其中部分风力机存在轴承损伤情况,限于篇幅,本节只介绍 22 号风力机的测试及诊断结果。

1. 测试概况

下面主要对风电机组的齿轮箱振动信号和发电机振动信号进行测试分析。

测试传感器及主要安装位置:本次振动测试选择三个测量面,如图 8 - 44 所示。测量面 1 是齿轮箱的输出端,测量面 2 是发电机的驱动端,测量面 3 是发电机的自由端。使用加速度传感器测量振动信号,灵敏度为 100 mV/g,采用光电传感器测量转速信号。

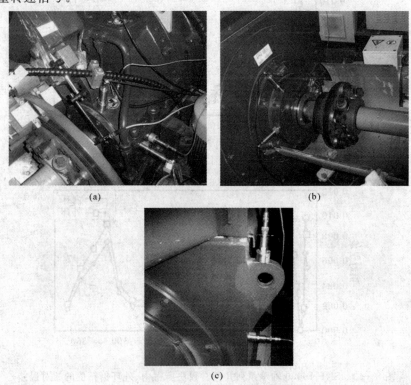

(a)   (b)

(c)

图 8 - 44　振动加速度传感器安装位置

(a)测量面 1(齿轮箱输出端水平和垂直方向);　(b)测量面 2(发电机驱动端水平和垂直方向);

(c)测量面 3(发电机自由端水平和垂直方向)

风电机组的结构简图如图 8 - 45 所示。其中,三个测试面表示了测试中安装传感器的位置。该风电机组叶轮直径为 77.36 m,切入风速为 3 m/s,额定风速为 11 m/s,切出风速为 25 m/s,叶片额定转速为 17.4 r/min,发电机额定转速为 1 750 r/min。

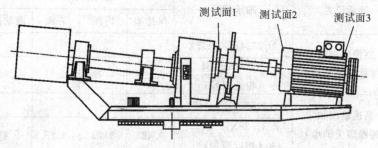

图 8 - 45　风电机组结构简图

2.测试系统介绍

如图 8 - 46 所示为测试使用的测试系统硬件。测试系统由硬件和软件两部分组成,硬件部分包括传感器及连接导线、信号调理器及其连接电缆、数据采集卡和计算机。

图 8 - 46　测试系统硬件

3.轴承故障特征倍频

此次测试的风电机组中使用的轴承型号分别为 NJ2325EC,31328X/DF 和 6332MC3。因为未能得到这几种型号轴承的具体参数,所以在分析过程中使用了 SKF 公司的 NJ2324ECM,31328XJ2/DF 和 6332M 三种轴承参数替代实际参数。由于这三种 SKF 轴承的基本参数和测试的风电机组实际使用的轴承参数一致,可以认为其故障特征倍频相近。特征倍频的估算方法在8.3.2节有详细的介绍,具体的计算过程不再赘述。计算结果见表8-10。

表8-10　齿轮箱轴承故障特征倍频

轴承位置	轴承型号	故障特征倍频			
		保持架	内圈	外圈	滚动体
高速输出轴 (圆柱滚子轴承)	NJ2324EC(原装)				
	NJ2324ECM (相近型号)	0.401	7.79	5.21	4.85
高速输出轴 (圆锥滚子轴承)	31328X/DF(原装)				
	31328XJ2/DF (相近型号)	0.422	9.25	6.75	5.46

4.测试与分析

如图8-47和图8-48所示为在齿轮箱输出端测得的振动加速度波形和时延相关解调谱。发电机转速为606 r/min,CH3通道为齿轮箱输出端水平位置,CH4通道为齿轮箱输出端垂直位置。

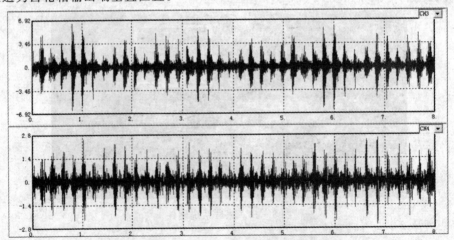

图8-47　22号风电机组齿轮箱输出端振动加速度波形(发电机转速为606 r/min)
CH3通道—齿轮箱输出端水平位置；　CH4通道—齿轮箱输出端垂直位置

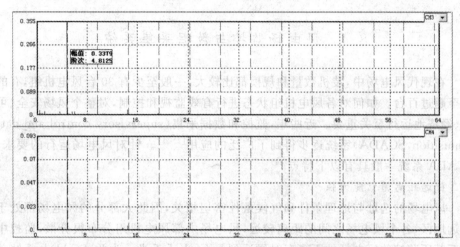

图 8-48　22 号风电机组齿轮箱输出端振动加速度包络时
延相关解调谱（发电机转速为 606 r/min）
CH3 通道—齿轮箱输出端水平位置；　CH4 通道—齿轮箱输出端垂直位置

图 8-48 所示中,垂直背景虚线为滚动体故障特征倍频位置线。从图中可以发现,4.812 5 倍频和 2×4.812 5 倍频的振动分量最为强烈,而且该倍频与型号为 NJ2324ECM 轴承的滚动体故障倍频 4.85 很接近。可以判定,该轴承的滚动体损坏。之后从齿轮箱滑油中发现齿轮箱输出轴轴承滚动体碎片,如图 8-49 所示。

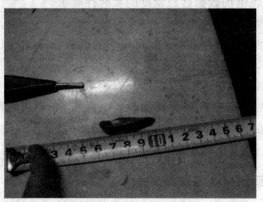

图 8-49　齿轮箱滑油中发现的轴承滚动体碎片

由该实例可以看出,通过对轴承振动信号的分析,使用故障特征倍频法,可有效地诊断出轴承的故障。

8.4 风电场监控与数据采集系统

在现代风电场中,装机数量和规模都比较大,一般至少有 30 台风电机组,有的甚至超过百台。如何对各风电机组状态进行有效监视和控制,对整个风场安全、可靠、经济地运行至关重要。近些年,监控和数据采集(supervisory control and data acquisition,SCADA)系统逐步得到了广泛的应用[22-25]。针对风电场运行的要求,SCADA 系统一般具有以下特点[26]。

1. 远距离通信能力强

风电场的选址与地理条件和气候条件密切相关,因此大部分的风电场都处于偏远地区,各个风电场之间的距离较远,风电场内部风电机组分布很分散,监控中心至其所监控的风电场的距离有时候达到几百、上千千米。为此,SCADA 系统首先要满足远距离通信的要求,以便快捷地对各风电场运行状况进行监控,实现与风电场间的远距离数据通信,保证多风场的统一管理、运营及维护。

2. 信息实时性强

随着风力发电等可再生能源发电量的不断增加,风电对整个电网的影响越来越大。风电具有地域分散和功率波动大的特点。在这种情况下,电力系统必须根据实时数据来计算或预测风电场的影响因素,从而提高电网调度和控制的准确性,这进一步增强了对风电场数据远程调度的实时性要求[27]。

3. 系统可靠性高

SCADA 系统所采集、传送的数据及相应的监控命令对保证电力系统正常运行至关重要。因此,要求远程通信系统必须可靠。

4. 数据库功能强

SCADA 系统的数据库需要承载每台风电机组 20 年运行期间所有的状态数据和维护信息,这是一种数字化的宝贵经验。因此,数据库的设计是 SCADA 系统设计中最重要的部分,要求储存量大,具有数据统计、分析、扩充和继承等功能。

8.4.1 风电场 SCADA 系统简介

SCADA 系统是以计算机为基础的生产过程控制与调度自动化系统,可以对现场的运行设备进行监视和控制,以实现数据采集、设备控制、测量、参数调节、事故报警以及数据库积累等功能[28]。因此,SCADA 系统不完全等同于控制系统,而是比控制系统更高一层次的监控系统。

在风力发电系统中应用 SCADA,可以保证系统信息完整、正确掌握风电系统运行状态、加快生产和维护决策、提高生产效率、帮助快速诊断出系统故障[29]。根据风电场的具体情况和需求，SCADA 系统也具有不同的功能。但大部分风电场 SCADA 系统都应具有以下功能：

1）安全运行监视及事件报警；

2）系统控制和调节；

3）数据采集和处理；

4）运行参数统计记录和生产管理；

5）系统自诊断和冗余切换；

6）总体发电量和输送电量；

7）损耗电量平衡分析；

8）利用实时数据计算和预测风力发电出力的总体趋势；

9）正确安排发电计划等。

常见的风电场 SCADA 系统主要有以下三部分[30]：

1）机组监控部分：布置在每台风电机组塔筒的控制柜内。每台风电机组的就地控制能够对此台风电机组的运行状态进行监控，并对其产生的数据进行采集。

2）风场监控部分：一般在大型风电场采用。风场的工作人员能够随时控制和了解风电场内部风电机组的运行和操作。

3）远程监控部分：根据需要布置在不同地点的远程监控。远程监控可以同时对多个风电场进行监控。

对于风电场监控中心的设计有两种模式：一种模式是在风电场中设置中央监控站，监控站内计算机与风电机组监控网络连接，以监控和实时调度风电场总体运行及对每台风电机组运行状况进行监控和视情维护；另一种模式是风电机组监控网络与互联网连接，将风电机组的实时运行数据和各种参数通过互联网送至远距离的监控中心，由远程监控中心实施监控、调度和维护。

第一种风电场监控模式的优点是，可以让风电场的工作人员能够随时了解和控制风电场内所有风电机组的运行和操作，而且全部数据都存储在风电场本地，容易建立运行、维护、管理与数据之间的物理关联，有利于风场的安全运营。但缺点是，多个风电场之间的交互和共享存在障碍，与风电机组制造商及部件制造商不易建立信息直达路径。第二种模式则适用于在某一区域内对多个风电场的风电机组统一监控、调度和维护，利于统一管理和对不同风电场、不同机型进行评估，便于为风电预报和场网交互提供支持。这样就可以对多个风场使用相同的运营团队，节省人力资源和设备成本，风场投资方还可以将风场运营托管给专业团队，以节省团队建设和培养费用。但这种模式容易造成数据与运维脱节，不易保证多源、远距离数据传输的可靠性。这两种模式可以独立使用,但常常是两者相结合。在大型风电场中采用风电场本地监控模式,同时开放远程监控端口,用于电网公司的远程交互通信,也可用于电力公司的远程管理、分析和专家系统的远程故障诊断。

不论采用什么样的监控模式,都需包含一个数据库。SCADA 系统必须配置一个数据库或者与数据库链接。风电机组的运行寿命为 20 年。在此期间,可能要对风电机组以及整个风电场进行多次维护和损坏件更换,同时管理人员和管理系统也可能多次变更。数据库既要记录风电机组和风电场的运行状态信息,还应及时记录维护和管理信息,保证历史数据的回放和趋势分析,同时不断积累常态谱和故障模式,支持故障诊断;另外,不断总结、积累维护和管理经验,提高运维质量和管理水平。所有信息和活动应全部按照数据库的格式记录入库,以形成数字化的经验。数字化经验具有继承性、累加性、共享性和普适性。因此,在 SCADA 系统设计中设计一个功能强大的数据库系统是重中之重。

8.4.2 风电场 SCADA 系统的结构与数据

1. 风电场 SCADA 系统通信标准

目前 SCADA 系统主要使用的技术标准为 IEC 61400—25。该标准适用于风电场的监控系统,并不涉及厂家专有的监控和数据采集技术。该标准主要用于统一风电场组件、风电场、电力部门三者之间的通信系统。没有涉及组件内部通信的原因是,目前大多数组件的 SCADA 系统是厂商专用的。另外,对物理层设备也没有提出要求。

IEC 61400—25 标准于 2006 年 12 月由国际电工委员会(IEC)公布。该标准是 IEC 61850 标准在风力发电领域内的延伸,为风电场的监控提供了一个统一的通信基础,旨在实现不同监控级别之间、不同供应商的设备之间自由通信。

IEC 61400—25 主要包括六部分:

1)IEC 61400—25—1:标准概述部分。该部分包括对整个系列标准的介绍以及原理和模型的概述,于 2006 年 12 月发布。

2)IEC 61400—25—2:信息模型标准部分。该部分包括风电场信息模型的建模方法和逻辑节点、公用数据类的介绍,于 2006 年 12 月发布。

3)IEC 61400—25—3:信息交换模型标准。该部分包括信息交换的功能模型和抽象通信服务接口的描述,于 2006 年 12 月发布。

4)IEC 61400—25—4:面向通信协议的映射标准。该部分包括映射通信协议描述和映射方法介绍,于 2008 年 7 月发布。

5)IEC 61400—25—5:一致性测试。这部分建立在 IEC 61850—10 的基础上,

详细介绍性能测试的标准技术,定义了通信一致性测试的原则、流程和测试用例,于 2006 年 12 月发布。

6)IEC 61400—25—6:用于环境监测的逻辑节点类和数据类,于 2009 年 8 月发布。

2. 结构与数据传输

如上所述,常用的 SCADA 系统有三部分。下面将分别对这三部分的结构和使用的数据传输技术加以简单地介绍。

(1)机组监控系统

如图 8-50 所示为常见的风电机组 SCADA 系统内部硬件结构示意图。图中主体部分为风电机组塔基内的控制柜,其中可编程逻辑控制器(PLC)主要负责风电机组运行状态的监控及根据程序发出相应控制信号给 I/O 端口,同时负责各种数据和参数的实时获取。因塔基至机舱之间距离较远,PLC 通过光缆与风电机组机舱相连,以保证数据及控制信号的安全快速传输。

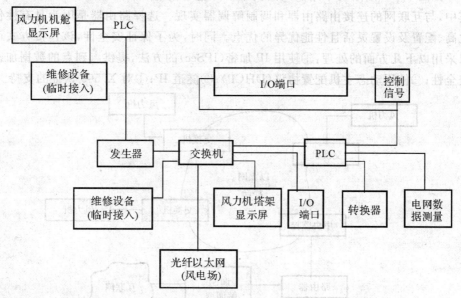

图 8-50 风电机组 SCADA 系统内部硬件结构示意图

(2)风场监控系统

风场的中央监控常采用的方法有异步串行通信和以太网通信。

所谓串行通信,是用一条信号线传输一种数据。常用的串行通信技术标准有 EIA—232(又称 RS—232)、EIA—422(又称 RS—422)和 EIA—485(又称 RS—

485)。因为这种通信方式的特点是通信协议简单,能满足一定的传输速率,设备成本低。但是 EIA-232 的传输距离只有 15 m;EIA—422 的传输距离虽大幅增加到 1 000 m,但是传送速率会随着传输距离大幅下降;EIA-485 相比较 EIA-422 主要的改进只是可以实现多点双向通信。由此可见,串行通信技术只适用于较远距离的情况。

以太网(Ethernet)是一种计算机局域网组网技术,也是当前应用最普遍的局域网技术。IEEE 制定的 IEEE 802.3 标准给出了以太网的技术标准。在新的万兆以太网标准(至少 100 m 的距离上以 10 Gb/s 传输)中,最大传输距离超过 40 km,而且以太网很方便与广域网连接。

由于大型风电场内部的设备数量多,数据信息量大,通信距离远,传输速率要求高,所以大型风电场中,各风电机组与风电场监控中心应采用以太网相连接,以保证风电场内部的集中监控和数据传输。

如图 8-51 所示为采用以太网技术的风电场内部 SCADA 系统通信示意图。其中,与互联网的连接由路由器和调制解调器实现。选择路由器是因为具有性价比高、配置及设置灵活且性能优异的优点。同时,为了保证安全性,该连接方式可以采用以下几方面的处理:①使用 IP 加密(IPSec)的方法,提供点到点的数据加密安全性;②使用动态主机配置协议(DHCP);③隧道 IP;④对 X.509 认证的支持。

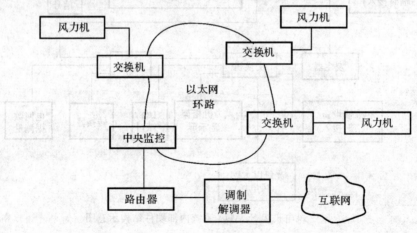

图 8-51　风电场通信结构示意图

(3)远程监控系统

在远程监控模式中可以使用的一种方法是使用公共电话交换网络(public switched telephone network,PSTN),即使用日常生活中常用的电话网实现数据交换,但是数据传输质量及传输速度相对较差。

采用基于 GPRS/CDMA 技术的移动通信系统可以实现无线数据交换[31]。这种传输方式是利用现有的移动通信网络。该技术具有成本低、部署简单、连接点无限制等优点,但是依赖无线通信网络覆盖的范围,并且存在传输速率、稳定性较低和带宽受限的问题,在更新为 3G 通信技术后,可以一定程度解决这些问题。这种远程监控模式比较适合海上风电场。

随着网络的普及和网络技术的快速发展,互联网已经成为工业通信中不可替代的工具,利用现有的互联网来满足现代化风电场远距离通信的要求,实现基于互联网的 SCADA 系统构架是最便捷也是性价比最高的方法。

为了系统的协调,基于 Internet 的 SCADA 系统还应具备以下特点:世界范围的平台;所有风电场的网络通信必须具有同一标准;通信协议和标准必须具有普适性;数据之间自动交换为服务器对服务器的通信。

为了保证系统的安全性,基于互联网的 SCADA 系统常采用 VPN 隧道技术实现节点间的互联[32]。

通过 VPN[32] 技术,用户不再需要拥有实际的长途数据线路,而是依靠互联网服务提供商(ISP)和其他网络服务提供商(NSP),在互联网公众网中建立专用的数据传输通道,构成一个逻辑网络,它不是真的专用网络,但却能够实现专用网络的功能。由于 VPN 是在 Internet 上临时建立的安全专用虚拟网络,无需租用专线,在运行资金支出上,除购买 VPN 设备外,只需向 ISP 支付一定的上网费用,降低了建造和运行成本。只要能接入互联网的地方,就能接入到 VPN,系统具有很大的灵活性和可扩充性。同时,VPN 也完全能够保证系统的安全性。目前,VPN 主要采用隧道(tunneling)技术、加解密(encryption and decryption)技术、密钥管理(key management)技术、使用者与设备身份认证(authentication)技术来保障风电场、电力公司及用户的数据和技术的安全性。

如图 8-52 所示为风电场、风电公司监控中心、电力电网调度中心等多方通过 VPN 在互联网上通信的结构方案简图。

采用基于互联网的 SCADA 方案具有以下优点:可以实现全国范围(甚至全世界范围)内风电场的集中监控和数据传输、可视化的在线数据获取;远程控制、调节和上级调度的控制、调节;系统自动报告操作和诊断数据提供给数据库服务器;通过 VPN 获得安全连接通道;防火墙阻止除 IPSec 之外的所有互联网协议;允许多用户进入;为了保证数据的安全性,应具有"多数用户有读的权限,只有少数用户具有写的权限";采用可扩展置标语言(XML)/简单对象访问协议(SOAP);与互联网之间的连接通常通过服务器路由。

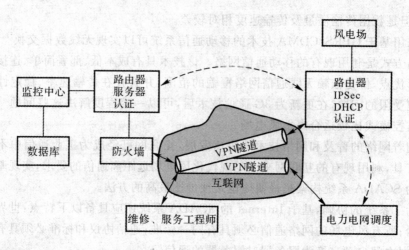

图 8-52　VPN 通信结构方案简图

3. 数据库的设计

在 SCADA 系统中的数据库应具有以下功能:包括所有操作、诊断、测量及结构数据;允许具有不同权限的多用户访问;接收风电机组每天的运行数据;自动接收风电机组的诊断数据;实现客户的在线可视化,同时可通过特定访问端口实现运行数据的访问;参数和数据的统计记录及生产管理,正确安排发电计划,进行趋势预测。

图 8-53 所示为风力发电系统数据库的数据输入、输出结构简图。图 8-54 所示为风力发电系统数据库联络简图。

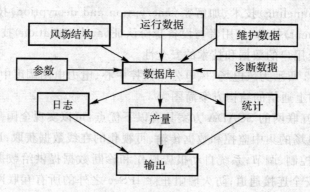

图 8-53　风力发电系统数据库的数据输入、输出结构简图

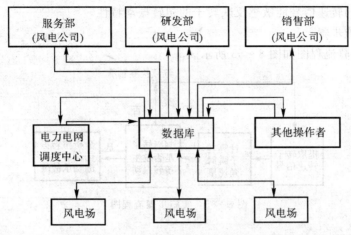

图 8-54　风力发电系统数据库信息联络简图

8.4.3　基于 SCADA 系统的轴承故障检测

目前,风电机组轴承故障检测多采用振动检测方法和油液分析法,但是这两种方法都有一定的局限性。本小节将介如何应用从 SCADA 系统中引出的转速信号,实现对风电机组轴承的常态监控。

1. 数据利用与检测方法

现有常规的振动检测方法是在齿轮箱轴承座位置上安装一只振动速度或者振动加速度传感器,通过测量齿轮箱轴承座的振动来检测齿轮箱齿轮及轴承运行状态,如西北工业大学研发的齿轮与滚动轴承状态监测与故障诊断系统(GBMD2006)。然而,考虑到成本,风电机组并未给所有机组安装监测传感器,从而无法进行常态监测。

对于风电机组轴承检测,除了常规的振动检测方法外,还有油液分析方法。油液分析方法主要有三种:第一种是润滑油性能分析法;第二种是润滑油污染度分析法;第三种是润滑油介质中的磨粒分析法。这些方法只能在风电机组停车状态下,通过提取轴承润滑油,并对其进行分析,才能检测风电机组的轴承状态。因此,油液分析方法在风电机组工作时无法对轴承状态进行实时检测。

2. 基于 SCADA 系统转速信号的轴承检测

风电机组的主轴转速和发电机转速是风电机组 SCADA 系统的关键信号,在风电机组整个运行过程均被监测。目前,并网的风电机组大多使用光栅测量方法检测机组主轴及发电机转速。该方法具有采样率高、实时性好、测量精度高等优点,其输出的转速信号能敏感反映转子的扭转振动特性。

(1)实施步骤

实施步骤流程图如图 8 – 55 所示。

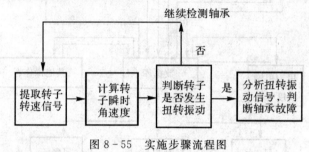

图 8 – 55　实施步骤流程图

第一步:提取转子转速信号并计算转子瞬时角速度。

主轴及发电机转速是风电机组 SCADA 系统常态监测变量。因此,可以很容易导出主轴及发电机转速信号,通过换算可以得到转子的瞬时角速度 Ω_i。

第二步:判断转子是否发生扭转振动。

通过所获得的转子瞬时角速度 Ω_i 判断转子是否发生扭转振动。

若

$$\Omega_1 = \Omega_2 = \Omega_3 = \cdots = \Omega_{N-1} = \Omega_N = \Omega_0 \qquad (8-104)$$

则证明转子没有发生扭转振动。其中,N 为转子一个周期内转速采集的次数;Ω_0 为转子在稳态工作时的稳定角速度。N 的数目由转速测量系统的采样率及转速决定,即

$$N = F_s/F_N \qquad (8-105)$$

式中,F_s 为转速测量系统的采样率;F_N 为稳定运行时的转速频率。

通过式(8 – 106)可以获得转子在稳态工作时的转频。

转子以角速度 Ω_0 稳定运转时的转频 F_N 为

$$F_N = \frac{\Omega_0}{2\pi} \qquad (8-106)$$

若转子瞬时角速度 Ω_i 不为常数 Ω_0,而是绕着稳态角速度值 Ω_0 波动,则表明,风电机组转子发生扭转振动。

当转子没有发生扭转振动,重复第一步至第二步,对轴承继续检测;当转子发生扭转振动,则进入第三步。

第三步:分析扭转振动信号,若包含轴承故障特征倍频,则说明轴承已出现故障。

在该方案中,当风电机组在稳态工作时,若风电机组转子不发生扭转振动,利用 SCADA 系统获得的转子瞬时角速度为常数;若风电机组轴系发生扭转振动,则得到的转子瞬时角速度为绕该常数波动的信号,对该波动信号进行分析,若包含轴承故障特征倍频成分,则说明轴承已发生故障。

直接从 SCADA 系统得到的扭转振动信号传递路径短,信噪比高,能清晰地反映轴承的故障信息。如图 8-56 所示,测量得到的扭转振动信号成分简单,便于分析,是常规振动检测方法的一个很好补充。

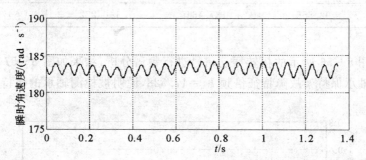

图 8-56 风电机组发电机转轴瞬时角速度时域波形图

(2)应用实例

对某风场 1.5 MW 风电机组 SCADA 系统中的转速信号进行分析,并诊断是否存在轴承故障。

第一步:提取转子转速信号并计算转子瞬时角速度。

该型风电机组使用光栅转速传感器测量风电机组主轴及发电机轴转速,转速采样率为 500 Hz,转速采集量纲为 r/min,通过换算可以得到转子瞬时角速度(单位为 rad/s)。转速信号由该风电机组 SCADA 系统进行采集及保存。如图 8-56 所示为采集到的风电机组发电机转轴瞬时角速度时域波形图。

第二步:判断转子是否发生扭转振动。

本例中,$\Omega_0 = 183.069$ rad/s,转子在该角速度下稳定运转的转速频率 $F_N = 29.136$ Hz,每周期采集点数 $N = 17.16 \approx 17$。如图 8-56 所示,转子瞬时角速度 Ω_i 不为常数 Ω_0,而是绕着稳态角速度值 Ω_0 波动,可以确定风电机组发电机转子发生扭转振动。

第三步:分析扭转振动信号,判断轴承故障。

为判定轴承的状态,首先确定轴承的故障特征倍频,见表 8-11。

表 8-11　轴承故障特征倍频

参数值	转动频率 F_N/Hz	滚动体直径 d/mm	接触角 α/(°)	轴承节径 D/mm	滚动体个数 Z
	29.136	25.4	0	125	8

轴承故障特征倍频	滚动轴承外环局部故障特征倍频 F_e	滚动轴承滚动体局部故障特征倍频 F_b	滚动轴承内环局部故障特征倍频 F_i	滚动轴承保持架故障特征倍频 F_c
	92.856	137.464	140.232	17.528

　　对如图 8-56 所示的扭转振动信号进行频谱分析,结果如图 8-57 所示。频谱中包含轴承保持架故障特征倍频 $F_c=17.528$,说明被检测轴承的保持架已发生故障。

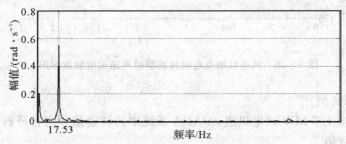

图 8-57　扭转振动信号的频谱

参 考 文 献

[1]　Robert Gasch, Jochen Twele. Wind Power Plants [M]. Berlin: Teubner, 2005.

[2]　董礼,廖明夫,黄巍,等.麦康 600 kW 风电机组现场动平衡研究[J].太阳能学报,2009,30(4):493-496.

[3]　廖明夫,梁媛媛,王四季,等.风电机组的不对中故障分析[J].机械科学与技术,2011,30(2):173-180.

[4]　廖明夫,马振国,雷剑宇.滚动轴承的几何常数和故障特征倍频的估计方法[J].航空动力学报,2008,23(11):44-51.

[5]　宋晓萍,廖明夫.基于 Internet 的风电场 SCADA 系统框架设计[J].电力系

统自动化,2006,30(17):29-33.

[6] Jan Liersch, Michael Melsheimer, Karsten Ohde. Schwingungsberuhigung von Windenergieanlagen – Unterscheidung von aerodynamischer und massenbedingter Unwucht[C]. Wilhelmshaven:DEWEK,2004,10.

[7] 顾家柳,丁奎元,等. 转子动力学[M].北京:国防工业出版社,1985,117-124.

[8] 胡永利,黄永华. 水轮发电机组动平衡实验[J].西北水电,2006(3):62-65.

[9] Maurer J. Windturbinen mit Schlaggelenkrotoren – Baugrenzen und dynamisches Verhalten[J]. Düsseldorf: VDI-Verlag,1992,11:173.

[10] Quarton D C. The evolution of wind turbine design analysis – a twenty years progress report[J]. Wind Energy,1998,1:5-24.

[11] 梅宏斌. 滚动轴承振动监测与诊断:理论·方法·系统[M].北京:机械工业出版社,1995.

[12] Vance J M. Rotordynamics of turbomachinery[M]. New York : Wiley. com, 1988.

[13] 雷剑宇,廖明夫. 基于旋转坐标系转轴振动信号的滚动轴承故障诊断方法[J]. 航空动力学报, 2007, 22(8):1340-1345.

[14] Watson Matt, Sheldon Jeremy, Amin Sanket, et al. A comprehensive high frequency vibration monitoring system for incipient fault detection and isolation of gears, bearings and shafts/couplings in turbine engines and accessories [C]. Proceedings of the ASME Turbo Expo, v 5, Proceedings of the ASME Turbo Expo 2007 — Power for Land, Sea, and Air, 2007, 885-894.

[15] Al-Raheem K F, Roy A, Ramachandran K P, et al. Rolling element bearing fault diagnosis using laplace-wavelet envelope power spectrum[J]. EURASIP Journal on Applied Signal Processing, 2007(1):70-70.

[16] 陈刚,廖明夫. 基于小波分析的滚动轴承故障诊断研究[J]. 科学技术与工程, 2007, 7(12):2812-2814.

[17] 王平,廖明夫. 滚动轴承故障诊断的自适应共振解调技术[J]. 航空动力学报, 2005, 20(4):606-612.

[18] 孟涛,廖明夫. 利用时延相关解调法诊断滚动轴承的故障[J]. 航空学报, 2004, 25(1):41-44.

[19] 雷剑宇,廖明夫. 滚动轴承局部故障的特征倍频诊断方法[J]. 测控技术, 2007, 26(9):72-75.

[20] 成大先,等.机械设计手册轴承[M].北京:化学工业出版社,2004.

[21] 沈庆根.化工机器故障诊断技术[M].杭州:浙江大学出版社.1994.

[22] 王明俊.我国电网调度自动化的发展——从 SCADA 到 EMS[J].电网技术,2004,28(4):43-46.

[23] 刘志宏,吴福保,李宏兵,等.重庆杨家坪 ON2000SCADA 部分的运用特色[J].电力系统自动化,2004,28(5):98-99.

[24] 崔玲.宝鸡第二发电厂 RTU 兼当地 SCADA 系统的设计[J].电力系统自动化,2001(18):60-61.

[25] 葛俊,童陆园,耿俊成,等.配电系统多媒体网络 RTU 的设计和实现[J].电力系统自动化,2000,24(19):50-53.

[26] 张惠刚.变电站综合自动化原理与系统[M].北京:中国电力出版社,2004.

[27] 吴俊玲,周双喜.并网风力发电场的最大注入功率分析[J].电网技术,2004,28(20):28-32.

[28] 周京阳,于尔铿.能量管理系统(EMS)[J].电力系统自动化,1997,21(5):73-76.

[29] Young W F, Stamp J E, Dillinger J D. Communication vulnerabilities and mitigation in wind power SCADA system[C]// Proceedings of American Wind Energy Association WINDPOWER 2003 Conference, May 18-21, 2003, Austin, TX, USA. 2003:15.

[30] 杨大全,鲍金艳,等.风电场 SCADA 系统的数据传输技术[J].沈阳工业大学学报,2008,30(2):632-638.

[31] 姚冰心,卢素霞.基于 GPRS 的电力 SCADA 系统安全功能设计[J].电力系统通信,2004,25(8):5-7.

[32] BROWN S.构建虚拟专用网[M].董晓宇,魏鸿,马洁,等译.北京:人民邮电出版社,2000.

附　　录

附表 1　深沟球系列轴承的故障特征倍频

型号	内环直径 mm	外环直径 mm	中径 mm	滚动体直径 mm	滚动体个数	内环故障特征倍频	外环故障特征倍频	滚动体故障特征倍频
61804	20	32	26.05	3.175	14	7.853	6.147	8.082
61904	20	37	28.5	4.762	11	6.419	4.581	5.818
16004	20	42	31	5.556	10	5.896	4.104	5.4
6004	20	42	31	6.35	9	5.422	3.578	4.678
6204	20	47	34.5	7.938	8	4.92	3.08	4.116
6304	20	52	36	9.525	7	4.426	2.574	3.514
6404	20	72	47.05	15.081	6	3.962	2.038	2.8
61805	25	37	31	3.5	15	8.347	6.653	8.744
61905	25	42	33.5	4.762	13	7.424	5.576	6.892
16005	25	47	37	5.556	12	6.901	5.099	6.51
6005	25	47	36	6.35	10	5.882	4.118	5.492
6205	25	52	39	7.938	9	5.416	3.584	4.71
6305	25	62	43.5	11.5	7	4.425	2.575	3.518
6405	25	80	52.5	17	6	3.971	2.029	2.764
61806	30	42	36	3.5	18	9.875	8.125	10.188
61906	30	47	38.5	4.762	14	7.866	6.134	7.962
16006	30	55	42.55	6.35	12	6.895	5.105	6.552
6006	30	55	43.05	7.144	11	6.413	4.587	5.86
6206	30	62	46.5	9.525	9	5.422	3.578	4.678
6306	30	72	52	12	8	4.923	3.077	4.102
6406	30	90	60	19.06	6	3.953	2.047	2.83

续 表

型号	内环直径 mm	外环直径 mm	中径 mm	滚动体直径 mm	滚动体个数	内环故障特征倍频	外环故障特征倍频	滚动体故障特征倍频
61807	35	47	41	3.5	20	10.854	9.146	11.628
61907	35	55	45	5.556	14	7.864	6.136	7.976
16007	35	62	49.05	6.35	14	7.906	6.094	7.594
6007	35	62	48.5	8	11	6.407	4.593	5.898
6207	35	72	53.5	11.112	9	5.435	3.565	4.606
6307	35	80	58.5	13.494	8	4.923	3.077	4.104
6407	35	100	67.5	21	6	3.933	2.067	2.904
61808	40	52	46	3.5	22	11.837	10.163	13.066
61908	40	62	51	6.747	14	7.926	6.074	7.426
16008	40	68	54.05	6.35	15	8.381	6.619	8.394
6008	40	68	54	8	12	6.889	5.111	6.602
6208	40	80	60	12	9	5.4	3.6	4.8
6308	40	90	65.55	15.081	8	4.92	3.08	4.116
6408	40	120	76.5	21	7	4.461	2.539	3.368
61809	45	58	51.5	3.969	22	11.848	10.152	12.898
61909	45	68	56.5	6.747	15	8.396	6.604	8.254
16009	45	75	60	7.144	15	8.393	6.607	8.28
6009	45	75	60.05	9	12	6.899	5.101	6.522
6209	45	85	66	12	10	5.909	4.091	5.318
6309	45	100	73.5	17.462	8	4.95	3.05	3.972
6409	45	120	84.15	23	7	4.457	2.543	3.386
61810	50	65	57.5	3.969	24	12.828	11.172	14.418
61910	50	72	61	6.747	16	8.885	7.115	8.93
16010	50	80	65	7.144	16	8.879	7.121	8.988
6010	50	80	65.05	9	13	7.399	5.601	7.09
6210	50	90	70	12.7	10	5.907	4.093	5.33

续表

型号	内环直径 mm	外环直径 mm	中径 mm	滚动体直径 mm	滚动体个数	内环故障特征倍频	外环故障特征倍频	滚动体故障特征倍频
6310	50	110	80.5	19.05	8	4.947	3.053	3.99
6410	50	130	92.55	25.4	7	4.461	2.539	3.37
61811	55	72	63.55	4.762	23	12.362	10.638	13.27
61911	55	80	67.55	7.144	16	8.846	7.154	9.35
16011	55	90	72.5	7.938	16	8.876	7.124	9.024
6011	55	90	72.55	11	12	6.91	5.09	6.444
6211	55	100	77.5	14.288	10	5.922	4.078	5.24
6311	55	120	88.5	20.638	8	4.933	3.067	4.056
6411	55	140	99	26.988	7	4.454	2.546	3.396
61812	60	78	69.55	4.762	24	12.822	11.178	14.536
61912	60	85	72.55	7.144	17	9.337	7.663	10.056
16012	60	95	77.5	7.938	17	9.371	7.629	9.66
6012	60	95	78.55	11	13	7.41	5.59	7
6212	60	110	85.05	15.081	10	5.887	4.113	5.462
6312	60	130	95.05	22.225	8	4.935	3.065	4.042
6412	60	150	105.05	28.575	7	4.452	2.548	3.404
61813	65	85	75	5.556	23	12.352	10.648	13.424
61913	65	90	77.55	7.144	19	10.375	8.625	10.764
16013	65	100	82.5	7.938	18	9.866	8.134	10.296
6013	65	100	82.5	11.112	13	7.375	5.625	7.29
6213	65	120	92.5	16.669	10	5.901	4.099	5.37
6313	65	140	102.5	24	8	4.937	3.063	4.036
6413	65	160	112.55	30.162	7	4.438	2.562	3.464
61814	70	90	80	5.556	24	12.833	11.167	14.33
61914	70	100	85	8.731	17	9.373	7.627	9.632
16014	70	110	90	9.525	17	9.4	7.6	9.342
6014	70	110	90	12.303	13	7.389	5.611	7.178
6214	70	125	99	16.669	11	6.426	4.574	5.77

continued

续 表

型号	内环直径 mm	外环直径 mm	中径 mm	滚动体直径 mm	滚动体个数	内环故障特征倍频	外环故障特征倍频	滚动体故障特征倍频
6314	70	150	110.05	25.4	8	4.923	3.077	4.102
6414	70	180	126	34	7	4.444	2.556	3.436
61815	75	95	85	5.556	26	13.85	12.15	15.234
61915	75	105	90	8.731	18	9.873	8.127	10.212
16015	75	115	95	9.525	18	9.902	8.098	9.874
6015	75	115	96	12.303	14	7.897	6.103	7.674
6215	75	130	104.5	17.462	11	6.419	4.581	5.818
6315	75	160	117.5	26.988	8	4.919	3.081	4.124
6415	75	190	134	36.512	7	4.454	2.546	3.398
61816	80	100	90	5.556	27	14.333	12.667	16.136
61916	80	110	95	8.731	19	10.373	8.627	10.788
16016	80	125	102.5	10.319	18	9.906	8.094	9.832
6016	80	125	104	13.494	14	7.908	6.092	7.578
6216	80	140	111	18.256	11	6.405	4.595	5.916
6316	80	170	125.05	28.256	8	4.904	3.096	4.2
6416	80	200	140	38.1	7	4.452	2.548	3.402
61817	85	110	97.5	7.144	24	12.879	11.121	13.574
61917	85	120	102.5	10.319	17	9.356	7.644	9.832
16017	85	130	107.5	10.319	19	10.412	8.588	10.322
6017	85	130	108.5	14	14	7.903	6.097	7.62
6217	85	150	119	19.844	11	6.417	4.583	5.83
6317	85	180	132.5	30.162	8	4.911	3.089	4.166
6417	85	210	147.5	40	7	4.449	2.551	3.416
61818	90	115	102.5	7.144	25	13.371	11.629	14.278
61918	90	125	107.5	10.319	18	9.864	8.136	10.322
16018	90	140	115.05	11.906	17	9.38	7.62	9.56
6018	90	140	117	15.081	14	7.902	6.098	7.63
6218	90	160	125.05	22.225	10	5.889	4.111	5.448
6318	90	190	140	32	8	4.914	3.086	4.146

续 表

型号	内环直径 mm	外环直径 mm	中径 mm	滚动体直径 mm	滚动体 个数	内环故障 特征倍频	外环故障 特征倍频	滚动体故障 特征倍频
6418	90	225	157.5	42.862	7	4.452	2.548	3.402
61819	95	120	107.5	7.144	26	13.864	12.136	14.982
61919	95	130	112.5	10.319	19	10.371	8.629	10.81
16019	95	145	120.05	11.906	18	9.893	8.107	9.984
6019	95	145	120	15.081	14	7.88	6.12	7.832
6219	95	170	132.5	24	10	5.906	4.094	5.34
6319	95	200	147.5	34	8	4.922	3.078	4.108
61820	100	125	112.5	7.144	27	14.357	12.643	15.684
61920	100	140	120.05	11.906	18	9.893	8.107	9.984
16020	100	150	126.05	11.906	19	10.397	8.603	10.492
6020	100	150	125	16	14	7.896	6.104	7.684
6220	100	180	140.05	25.4	10	5.907	4.093	5.332
6320	100	215	157.5	36.512	8	4.927	3.073	4.082
6420	100	250	175	47.625	7	4.452	2.548	3.402
61821	105	130	117.5	7.144	28	14.851	13.149	16.386
61921	105	145	125.05	11.906	19	10.404	8.596	10.408
16021	105	160	132.5	13.494	17	9.366	7.634	9.718
6021	105	160	132.55	17	14	7.898	6.102	7.668
6221	105	190	147.5	26.988	10	5.915	4.085	5.282
6321	105	225	165	38.1	8	4.924	3.076	4.1
61822	110	140	125	8.731	25	13.373	11.627	14.246
61922	110	150	130.05	11.906	19	10.37	8.63	10.832
16022	110	170	140	14.288	17	9.367	7.633	9.696
6022	110	170	141	18.256	14	7.906	6.094	7.594
6222	110	200	156.05	28.575	10	5.916	4.084	5.278
6322	110	240	175	41.275	8	4.943	3.057	4.004
6422	110	280	195.05	52.388	7	4.44	2.56	3.454
61824	120	150	135	8.731	27	14.373	12.627	15.398
61924	120	165	142.5	13.494	19	10.4	8.6	10.466

续 表

型号	内环直径 mm	外环直径 mm	中径 mm	滚动体直径 mm	滚动体个数	内环故障特征倍频	外环故障特征倍频	滚动体故障特征倍频
16024	120	180	150	14.288	18	9.857	8.143	10.404
6024	120	180	150.05	19	14	7.886	6.114	7.77
6224	120	215	167.5	30.162	10	5.9	4.1	5.374
6324	120	260	190	44.45	8	4.936	3.064	4.04
61826	130	165	147.5	10.319	25	13.374	11.626	14.224
61926	130	180	155	15.081	18	9.876	8.124	10.18
16026	130	200	165	17.462	16	8.847	7.153	9.344
6026	130	200	165.05	21	14	7.891	6.109	7.732
6226	130	230	181	30.162	11	6.417	4.583	5.834
6326	130	280	205	48	8	4.937	3.063	4.036
61828	140	175	157.5	10.319	26	13.852	12.148	15.198
61928	140	190	165	15.081	19	10.368	8.632	10.85
16028	140	210	175	17.462	17	9.348	7.652	9.922
6028	140	210	175.05	22.225	14	7.889	6.111	7.75
6228	140	250	195	32	11	6.403	4.597	5.93
6328	140	300	220	50.8	8	4.924	3.076	4.1
61830	150	190	170.05	11.906	25	13.375	11.625	14.212
61930	150	210	180	17.462	18	9.873	8.127	10.212
16030	150	225	187.5	18.256	18	9.876	8.124	10.174
6030	150	225	187.5	23.812	14	7.889	6.111	7.748
6230	150	270	210	35	11	6.417	4.583	5.834
6330	150	320	235.05	52.388	8	4.892	3.108	4.264
61832	160	200	180.05	11.906	26	13.86	12.14	15.056
61932	160	220	190	17.462	19	10.373	8.627	10.788
16032	160	240	200	19.05	18	9.857	8.143	10.404
6032	160	240	200.05	25	14	7.875	6.125	7.878
6232	160	290	225	36.512	11	6.393	4.607	6
6332	160	340	253.05	52.388	9	5.432	3.568	4.624
61834	170	215	192.5	13.494	25	13.376	11.624	14.196

续 表

型号	内环直径 mm	外环直径 mm	中径 mm	滚动体直径 mm	滚动体个数	内环故障特征倍频	外环故障特征倍频	滚动体故障特征倍频
61934	170	230	200	17.462	20	10.873	9.127	11.366
16034	170	260	215.05	21	18	9.879	8.121	10.142
6034	170	260	215	28	14	7.912	6.088	7.548
6234	170	310	240	40	11	6.417	4.583	5.834
6334	170	360	270	55	9	5.417	3.583	4.706
61836	180	225	202.5	13.494	26	13.866	12.134	14.94
61936	180	250	215.05	20.638	19	10.412	8.588	10.324
16036	180	280	230	23.812	17	9.38	7.62	9.556
6036	180	280	232	30.162	14	7.91	6.09	7.562
6236	180	320	252.7	42	11	6.414	4.586	5.85
61838	190	240	215.05	15.081	25	13.377	11.623	14.19
61938	190	260	225.05	20.638	19	10.371	8.629	10.812
16038	190	290	240	23.812	18	9.893	8.107	9.98
6038	190	290	240.05	30.162	14	7.88	6.12	7.834
6238	190	340	267.9	44.45	11	6.413	4.587	5.862
61840	200	250	225.05	15.081	25	13.338	11.662	14.856
61940	200	280	240	23.812	18	9.893	8.107	9.98
16040	200	310	255.05	25.4	18	9.896	8.104	9.942
6040	200	310	255	32	14	7.878	6.122	7.844
6240	200	360	280	45	11	6.384	4.616	6.062
61844	220	270	245.05	15.081	27	14.331	12.669	16.188
61944	220	300	260	23.812	19	10.37	8.63	10.828
16044	220	340	280.05	26.988	18	9.867	8.133	10.28

附表 2　角接触球系列轴承的故障特征倍频

型号	内环直径 mm	外环直径 mm	内环故障特征倍频	外环故障特征倍频	滚动体故障特征倍频
7200	10	30	5.52	3.48	3.21
7201	12	32	6.03	3.97	3.56

续 表

型号	内环直径 mm	外环直径 mm	内环故障 特征倍频	外环故障 特征倍频	滚动体故障 特征倍频
7301	12	37	4.99	3.01	2.91
7202	15	35	6.57	4.43	3.79
7302	15	42	5.51	3.49	3.23
7203	17	40	5.96	4.04	3.84
7303	17	47	5.53	3.47	3.18
7204	20	47	6.5	4.5	4.08
7304	20	52	5.45	3.55	3.48
7205	25	52	7.53	5.47	4.73
7305	25	62	6.01	3.99	3.63
7405	25	80	6.06	3.94	3.44
7206	30	62	7.03	4.97	4.33
7306	30	72	6.01	3.99	3.62
7406	30	90	6.06	3.94	3.45
7207	35	72	7.02	4.98	4.36
7307	35	80	6.55	4.45	3.88
7407	35	100	6.06	3.94	3.44
7208	40	80	8.13	5.87	4.63
7308	40	90	6.53	4.47	3.95
7408	40	110	6.01	3.99	3.63
7209	45	85	8.62	6.38	5
7309	45	100	6.53	4.47	3.95
7409	45	120	6.07	3.93	3.43
7210	50	90	9.11	6.89	5.41
7310	50	110	7.13	4.87	3.91
7410	50	130	6.04	3.96	3.51
7211	55	100	9.13	6.87	5.32
7311	55	120	7.12	4.88	3.94
7411	55	140	6.06	3.94	3.46
7212	60	110	8.59	6.41	5.17

续　表

型号	内环直径 mm	外环直径 mm	内环故障 特征倍频	外环故障 特征倍频	滚动体故障 特征倍频
7312	60	130	7.11	4.89	3.99
7412	60	150	6.04	3.96	3.53
7213	65	120	8.58	6.42	5.19
7313	65	140	7.1	4.9	4.02
7413	65	160	6.02	3.98	3.58
7214	70	125	9.11	6.89	5.4
7314	70	150	7.09	4.91	4.06
7414	70	180	6.07	3.93	3.42
7215	75	130	9.62	7.38	5.69
7315	75	160	7.64	5.36	4.22
7415	75	190	6.05	3.95	3.48
7216	80	140	9.63	7.37	5.67
7316	80	170	7.64	5.36	4.24
7416	80	200	6.09	3.91	3.5
7217	85	150	9.1	6.9	5.49
7317	85	180	7.05	4.95	4.26
7417	85	210	6.03	3.97	3.57
7218	90	160	9.1	6.9	5.45
7318	90	190	7.63	5.37	4.28
7418	90	225	7.68	5.32	4.26
7219	95	170	9.11	6.89	5.39
7319	95	200	7.04	4.96	4.29
7419	95	250	6.1	3.9	3.45
7220	100	180	9.11	6.89	5.41
7320	100	215	7.11	4.89	4.01
7420	100	265	6.11	3.89	3.41
7221	105	190	9.12	6.88	5.36
7321	105	225	7.06	4.94	4.21
7222	110	200	8.56	6.44	5.32

续 表

型号	内环直径 mm	外环直径 mm	内环故障特征倍频	外环故障特征倍频	滚动体故障特征倍频
7322	110	240	7.08	4.92	4.11
7224	120	215	8.53	6.47	5.46
7324	120	260	7.58	5.42	4.48
7226	130	230	9.13	6.87	5.33
7326	130	280	6.99	5.01	4.49
7228	140	250	9.04	6.96	5.8
7328	140	300	6.99	5.01	4.5
7230	150	270	10.1	7.91	6.26
7330	150	320	8.08	5.92	4.82
7232	160	290	10.5	8.47	7.01
7234	170	310	10	8	6.79
7334	170	360	7.54	5.46	4.65
7236	180	320	10	7.95	6.48
7336	180	380	7.51	5.49	4.79
7238	190	340	9.51	7.49	6.34
7338	190	400	8.07	5.93	4.91

附表3　圆柱滚子系列轴承的故障特征倍频

型号	内环直径 mm	外环直径 mm	内环故障特征倍频	外环故障特征倍频	滚动体故障特征倍频
N 206	30	62	7.76	5.24	4.97
N 306	30	72	7.28	4.72	4.47
N 406	30	90	5.57	3.43	3.98
N 207	35	72	8.3	5.7	5.21
N 307	35	80	7.24	4.76	4.64
N 407	35	100	6.1	3.9	4.31
N 208	40	80	8.27	5.73	5.32
N 308	40	90	7.27	4.73	4.5

续 表

型号	内环直径 mm	外环直径 mm	内环故障 特征倍频	外环故障 特征倍频	滚动体故障 特征倍频
N 408	40	110	6.13	3.87	4.19
N 209	45	85	8.76	6.24	5.79
N 309	45	100	7.83	5.17	4.7
N 409	45	120	6.09	3.91	4.37
N 210	50	90	9.25	6.75	6.25
N 310	50	110	7.78	5.22	4.86
N 410	50	130	6.1	3.9	4.32
N 211	55	100	9.81	7.19	6.35
N 311	55	120	7.82	5.18	4.71
N 411	55	140	6.63	4.37	4.65
N 212	60	110	9.3	6.7	5.98
N 312	60	130	7.79	5.21	4.85
N 412	60	150	6.65	4.35	4.56
N 213	65	125	9.28	6.72	6.07
N 313	65	150	7.82	5.18	4.73
N 413	65	180	6.63	4.37	4.68
N 214	70	125	9.79	7.21	6.41
N 314	70	150	7.79	5.21	4.85
N 414	70	180	6.63	4.37	4.64
N 215	75	130	10.3	7.7	6.76
N 315	75	160	7.81	5.19	4.76
N 415	75	190	6.66	4.34	4.52
N 216	80	140	10.3	7.71	6.81
N 316	80	170	7.79	5.21	4.84
N 416	80	200	6.68	4.32	4.45
N 217	85	150	9.79	7.21	6.43
N 317	85	180	8.36	5.64	4.96
N 417	85	210	6.1	3.9	4.31

续　表

型号	内环直径 mm	外环直径 mm	内环故障 特征倍频	外环故障 特征倍频	滚动体故障 特征倍频
N 218	90	160	9.78	7.22	6.48
N 318	90	190	7.79	5.21	4.86
N 418	90	225	6.69	4.31	4.42
N 219	95	170	9.84	7.16	6.2
N 319	95	200	8.31	5.69	5.15
N 419	95	240	7.22	4.78	4.72
N 220	100	180	9.83	7.17	6.25
N 320	100	215	7.8	5.2	4.78
N 420	100	250	7.23	4.77	4.66
N 221	105	190	9.29	6.71	6.05
N 321	105	225	7.82	5.18	4.71
N 421	105	260	7.25	4.75	4.59
N 222	110	200	9.8	7.2	6.37
N 322	110	240	8.34	5.66	5.01
N 422	110	280	6.63	4.37	4.67
N 224	120	215	9.8	7.2	6.37
N 324	120	260	7.79	5.21	4.85
N 424	120	310	7.26	4.74	4.57